発見・予想を積み重ねる
─それが整数論

安福 悠 著

本書を発行するにあたって，内容に誤りのないようできる限りの注意を払いましたが，本書の内容を適用した結果生じたこと，また，適用できなかった結果について，著者，出版社とも一切の責任を負いませんのでご了承ください．

本書は，「著作権法」によって，著作権等の権利が保護されている著作物です．本書の複製権・翻訳権・上映権・譲渡権・公衆送信権（送信可能化権を含む）は著作権者が保有しています．本書の全部または一部につき，無断で転載，複写複製，電子的装置への入力等をされると，著作権等の権利侵害となる場合があります．また，代行業者等の第三者によるスキャンやデジタル化は，たとえ個人や家庭内での利用であっても著作権法上認められておりませんので，ご注意ください．

本書の無断複写は，著作権法上の制限事項を除き，禁じられています．本書の複写複製を希望される場合は，そのつど事前に下記へ連絡して許諾を得てください．

出版者著作権管理機構
（電話 03-5244-5088，FAX 03-5244-5089，e-mail：info@jcopy.or.jp）

JCOPY ＜出版者著作権管理機構 委託出版物＞

まえがき

この本は，数学的な考え方が好きな方に

(1) 整数論の数々の美しい定理の魅力
(2) 暗号という形での，整数論の社会における活躍

を理解して頂くことを目的に書いた．通常，数学の本というのは筆記用具と紙を準備して，自分で手を動かしながら読み進めるものだが，本書はあえて，数学の論理に苦手意識さえなければ，通勤電車の中のような環境でも理解できるよう，極力努めた．証明や説明を変えることで，大学で学ぶ数学は使わないようにし，高校数学の範囲も一部復習しながら読み進められるようになっている．書中にちりばめられたイラストに癒されながら読んで頂きたい．

ただ，数学の内容には妥協せず，第3章以降の内容は通常，大学で代数学・解析学といった学問を習得後に学ぶものが多い．2012年に京都大学数理解析研究所の望月新一教授が証明を発表したことで一躍有名になった，abc 予想やその応用などは，現在の整数論研究の最先端の紹介でもある．

また，第8章の暗号理論においても，なぜこの暗号理論がうまくいくのか，という数学的根拠を丁寧に証明した．暗号の本は，厳密さに欠けているものが多いと数学者はどうしても感じてしまうが，署名理論・IDベース暗号といった，比較的新しい暗号理論の話題も含めて，理論の根幹を証明した．本格的な整数論の話題と暗号の双方を扱っている点が真新しいはずである．

数学的な論理方法が好きで整数に関して興味がある方ならどなたでも読者対象である．より具体的には，例えば，理系・文系問わず教養科目として数学を学びたい大学生，数学が好きな中学・高校生，数学に関心がある社会人・数学愛好家の方，そして暗号を更に発展させたい情報通信系のエンジニアの方などである．大学の数学科においても，代数学や解析学などを学ぶ前に履修する初等整数論のテキストとして十分な内容である．また，素数の密度の話やディオファントス近似などの本格的な内容もあるので，3年生以上の科目でも，より難しい専門書の補完になると思う．

ただ，整数論の研究者を目指すような大学生は，あえて対象から外して書いている．そのような諸君には，鉛筆を動かさないと理解ができないような本を読

むことで力を付けてほしい．数学の専門書には通称「行間」と呼ばれる論理の
ギャップが多数あることが有名である．著者の怠慢さ所以の場合もあるかもしれ
ないが，数学の本当の名著とは，証明の一番根幹部分だけが端的に解説されてい
るもので，そのような本と闘ってこそ，本質が理解できる気がする．

さて，具体的な内容について触れよう．整数論とは，整数，つまり

$$\ldots, -2, -1, 0, 1, 2, \ldots$$

に関しての様々な性質を調べる学問で，2000 年以上の歴史がある．整数同士を
足し算，引き算，掛け算しても，また整数となるが，割り算をすると，例えば
$7 \div 3 = \frac{7}{3}$ のように，たいていは分数になってしまい，結果は整数にはならな
い．ただ，商と余りで割り算の結果を表すことにすれば，やはり整数で結果を書
くことができる．特に，a を b で割ると余りが 0 のとき，b のことを a の約数と
いう．また，2 以上の整数 p が，$2, \ldots, p-1$ のどれをも約数として持たないと
き，p を素数という．

素数の性質，特に分布について調べるのが，整数論の重要テーマの 1 つであ
る．本書でも，4 で割ると 3 余るような素数が無限個存在すること，そして 4 で
割ると 1 余るような素数が無限個存在することを，まず第 1, 2 章で証明する．
その後，リーマン予想に登場するゼータ関数と呼ばれる関数を丁寧に調べること
で，4 で割ると 1 余る素数も 3 余る素数もだいたい同じ位あることを第 4 章で証
明する．

整数論のもう 1 つの重要なテーマは，ディオファントス方程式である．これ
は，複数の変数を持つような方程式に，整数の解があるかどうかを分析する分野
で，フェルマーの最終定理

「n が 3 以上なら，$x^n + y^n = z^n$ を満たす 1 以上の整数解 (x, y, z) はない」

が有名である．本書では，第 5 章のディオファントス近似の応用として，
$x^3 - 2y^3 = 1$ に代表されるトゥエ方程式や，単数方程式と呼ばれる方程式
の紹介を行った．第 6 章では，ディオファントス方程式を幾何学的に考えること
について，ピタゴラス数（整数の長さの辺だけで直角三角形を作ること）から
始める．最後に，第 7 章で，abc 予想が解決されるとどのような方程式について
調べられるのかについて，詳説した．これは専門書でもあまり見ない内容だと
思う．

そして，様々な整数論に登場する「合同式」，つまり「整数 m で割った余りが
同じなら，同じとみなす」というルールで作られる世界についても，説明してい

る．第1, 2章で基本的なことを丁寧に解説したあと，第3章では初等整数論の金字塔ともいえる，平方剰余の相互法則という定理を証明する．合同式は第8章の暗号理論でも根幹となり，楕円曲線暗号でも似たような考え方が活躍する．

以上が本書で扱った主な内容である．始めから読み進まないと，後半が読めないような構成にはなっていないので，何に特に興味があるかで，適宜飛ばしながら読んで頂きたい．第1章から系2.2.3までが基本的な内容で，例えば「数学的帰納法」や「鳩の巣論法」などの証明論法も解説されている．素因数分解など，高校までの数学で紹介済みの内容も多数あるが，数学的に厳密に証明することとはどういうことなのか，をつかみながらこの部分を読んで頂きたい．その後は，目的によって読み進め方は自由である．主な道筋を示そう：

(1) ディオファントス方程式，abc予想：5.1, 5.2, 5.3節（定理5.3.1の証明の概略は飛ばしてもよい），7.1, 7.2節
(2) 楕円曲線：6.1, 6.2, 6.3節
(3) ゼータ関数や素数の分布：2.2節，第4章
(4) 暗号：3.1節，第8章（楕円曲線暗号も学ぶ場合は(2)で挙げたものも）

2.3, 5.4, 5.5, 6.4, 7.3, 7.4節などは基本的に独立した内容で，その後の議論で使われていない．より専門的な内容は余談として独立させ，これらもその後の議論で本質的には使われていない．また，主に第4章で使われる解析学からの知識については，別の本を参照しないで済むよう付録にまとめた．付録には証明もつけたが，証明を読まなくても本書の内容の理解には問題ない．

最初から読み進めることを前提としていないので，こっそり前出の定理を用いるようなことは避け，しつこいと思われるくらい，利用している定理番号を明記するよう心掛けた．定理・命題・補題・系・余談には統一番号を付け，1.2.3なら，第1章の2節の3番目という意味である．また，索引も充実しているので，ぜひ活用して頂きたい．

内容・説明方法など，いろいろなご意見があると思う．この本のためのページ
http://www.math.cst.nihon-u.ac.jp/~yasufuku/num_theory.htm
において，ぜひフィードバックして頂きたい．正誤表もこのページに記録していく．

入試のための数学の勉強ではなかなか味わえない数学，特に整数論の美しさを，堪能して頂きたいと思っている．二言目には「その研究はどう社会に役立つのか」と短期的な視野で研究を評価しがちな世の中だが，云千年もの間，美しい結果だけを純粋に求めて人類が考えてきた整数論が，インターネットの発展に伴

い暗号という形で応用された経緯は忘れてはいけないと思う．整数論が世の中で活躍している，という事実を知って頂いたうえで，整数論の定理を，応用があるかどうかと関係なく，ひたすら美しい，と思う方が増えることに少しでも貢献できれば幸いである．

謝辞

　本の執筆経験がないにもかかわらず，本書の提案をしてくださった株式会社オーム社の皆様に深く感謝いたします．的確なご助言を頂き大変お世話になりました．オフィス sawa のサワダサワコ様には，数学の内容に合わせるという無茶なお願いにもかかわらず，ほんわかと安らぐイラストを多数描いて頂きました．また，Green Cherry の山本様の LaTeX 技術のおかげで，素晴らしい組版となりました．お礼申し上げます．最後に，整数論を著者に教えて下さった，リチャード・テイラー（Richard Taylor）先生（当時ハーバード大，現プリンストン大），ジョー・シルバーマン（Joseph Silverman）先生（ブラウン大），トム・ウェストン（Thomas Weston）氏（当時ハーバード大大学院生，現マサチューセッツ大）に感謝します．

2016 年 11 月

安福　悠

目 次

まえがき iii

第 1 章 古代ギリシャの数学者ユークリッド
——最大公約数の計算の画期的な方法　　1
1.1 巨大な 2 つの数でも求められる最大公約数——互除法を用いて 3
1.2 整数論にとっての原子の世界——素数と素因数分解 12
1.3 余りが同じなら同じ扱い——合同式 18
1.4 整数が $\frac{1}{3}$ の役目——合同式での逆数 23

第 2 章 素因数分解と抜群の相性のものは——数論的関数　　33
2.1 孫子の助けを得て——中国剰余の定理とオイラー φ 関数 35
2.2 小といえども強力
　　——フェルマー小定理とオイラーによる拡張 43
2.3 聖なる完全数—— σ 関数の活躍 53

第 3 章 ガウスが魅せられた宝石とは——平方剰余　　63
3.1 2 のべき乗で全ての余りを網羅できるのか？
　　——原始根とアルティン予想 65
3.2 余りが平方数と同じになるとき——合同 2 次式 77
3.3 素数 p と素数 q の見事な連携
　　——平方剰余の相互法則・補充則 84
3.4 ガウスの 8 つの証明のうちの 3 番目
　　——ガウスの予備定理と長方形にて 91

第4章　4で割って1余る素数と，3余る素数のどちらが多いの？——素数の分布　　103

- 4.1　新しい数論的関数を創作する方法と戻す方法
  ——メビウス反転 105
- 4.2　数論的関数の全情報をまとめよう
  ——ディリクレ級数とオイラー積 111
- 4.3　素数の性質が凝縮——リーマン・ゼータ関数 ζ 122
- 4.4　余り1も余り3も同頻度！
  ——交差4の場合のディリクレの算術級数定理の証明 137

第5章　$\sqrt{2}$ と1億分の1の差となる分数のうち，最小分母のものは？——ディオファントス近似　　149

- 5.1　100年以上の挑戦の末のフィールズ賞
  ——ロスの定理までの近似定理の歴史 151
- 5.2　$x^3 - 2y^3 = 1$ の整数解——トゥエ方程式への応用 162
- 5.3　$2^x 3^y 5^z$ の形の3つの整数 a, b, c が $a + b = c$ を満たすとき
  ——単数方程式への応用 169
- 5.4　0.1234567891011121314… は整数係数方程式を満たすの？
  ——超越数への応用 176
- 5.5　$\sqrt{2}$ をなるべく少ないビット数で分数表示するには
  ——連分数，最良近似と，ペル方程式 181

第6章　座標が有理数である平面曲線上の点——ディオファントス幾何のはじまり　　205

- 6.1　ピタゴラス数を全て求めよう——$x^2 + y^2 = 1$ の場合 207
- 6.2　曲線がなめらかでないと
  ——平面3次曲線が特異点を持つとき 217
- 6.3　平面3次曲線がなめらかだと——楕円曲線 222
- 6.4　次数をさらに上げると——ファルティングスの定理 243

第7章 $a+b=c$ から始まる深い世界
—— abc 予想,フェルマーの定理,ボエタ予想 249

- 7.1 ロスの定理の強力版—— abc 予想の紹介 251
- 7.2 フェルマー最終定理も導ける
  ——ディオファントス方程式への応用 264
- 7.3 漸化式で数列を作ると,毎項新しい素数が現れるの?
  ——数論的力学系への応用 275
- 7.4 abc 予想よりもさらに先へ——ボエタ予想 280

第8章 整数論は社会でこっそり活躍,セキュリティの強化
—— RSA 暗号,ディジタル署名,楕円曲線暗号,ペアリング暗号 283

- 8.1 ヒント(鍵)があればすぐ計算できる
  ——合同式でのべき乗根計算 285
- 8.2 世のためになった整数論—— RSA 暗号の発明 290
- 8.3 原始根も役に立つ——離散対数 299
- 8.4 「あなたは本物?」に答える整数論——ディジタル署名 303
- 8.5 素因数分解が役立つならば楕円曲線も——楕円曲線暗号 313
- 8.6 実は楕円曲線暗号はアブない?——ペアリング暗号へ 323

付録 解析学より 331

- A.1 三角不等式 333
- A.2 級数の収束判定 335
- A.3 テイラー展開 349

参考文献 351

索 引 353

第 1 章 | 古代ギリシャの数学者ユークリッド
―最大公約数の計算の画期的な方法

個数を表す

$$1, 2, 3, 4, \ldots$$

を**自然数** $1, 2, 3, \ldots$，これに 0 と負の数を付け加えた

$$\ldots, -3, -2, -1, 0, 1, 2, 3, \ldots$$

を**整数**といい，これらについて調べるのが整数論である．つまり，

$$\ldots, -3, -2, -1, 0, \underbrace{1, 2, 3, \ldots}_{\text{自然数}}$$
$$\underbrace{}_{\text{整数}}$$

整数論は，人類が個数を数えるようになったころからある学問である．中でも，素数が整数における「原子」であることは，中学校でも学ぶ重要な事実で，本章ではこの点をきちんと証明する．数学の醍醐味の 1 つが，証明を積み上げていって，いつの間にか深遠な定理に到着できることなので，本書でも着実に進めていく．

また，「合同式」の概念を導入し，たとえば $\frac{1}{3}$ の役割をする整数が現れる場合があることもみよう．第 2 章以降の基礎となる．

1.1 巨大な2つの数でも求められる最大公約数—互除法を用いて

7個のりんごを3人に分けるとき，りんごを切らない限り均等に分けることはできないが，1人に2個ずつ分けて1個のりんごを余らすことはできる．りんごの数が9個の場合は，余りなしで3人に3個ずつ分けることができる．一般に，a, b を自然数として，b を a で割ろうとすると，分数になることもあり，自然数の世界の外に出てしまうが，商と余りを使えば，0以上の整数で書き表すことができる．余りがちょうど0のとき，a は b を **割り切る** と言い，$a \mid b$ と表記する．同じことを，a は b の **約数**，あるいは主語を変えて b は a の **倍数**，とも言う．a が b を割り切らないときは，$a \nmid b$ と表記する．先ほどのりんごの例では，$3 \mid 9$，$3 \nmid 7$ である．倍数に関しては次の性質を以下で頻繁に使うので，書き留めておこう．

> **命題 1.1.1.** a と b が m の倍数とする．このとき
>
> (1) $a + b$ は m の倍数である．
> (2) $a > b$ とすると，自然数 $a - b$ も m の倍数である．
> (3) n を自然数とすると，na も m の倍数である．

証明． a を m で割った余りが0なので，商を k とおけば，$a = mk$．同様に，$b = m\ell$ と書ける．すると，$a + b = m(k + \ell)$，$a - b = m(k - \ell)$ となるので，m の倍数である．また，$na = n(mk) = (nk)m$ より，やはり m の倍数である．

b より大きい数は当然 b を割り切らないので，b の約数となるものは $1,\ldots,b$ に限られ，有限個である．a の約数でもあり b の約数でもあるものは，この一部だから，有限個しかなく，これらを**公約数**という．公約数の中で最大のものを**最大公約数**といい，$\gcd(a,b)$ と書く．例えば，$\gcd(10,15) = 5$ は一目瞭然，$\gcd(91,143) = 13$ 位も少し暗算すれば分かる．

では，$\gcd(2363418209, 2364001637)$ はどうだろう？ 割り算をいくつか試してもなかなかうまくいかないだろう．ここで強力な方法が**ユークリッドの互除法**である．考え方は，実は「つるかめ算」と発想が似ている．

「つるとかめが合計 6 匹いて，足の合計が 20 本のとき，つるとかめはそれぞれ何匹ずつだったか」という問題を解きたいとする．

この問題を解くポイントは，「答えを変えずに，より簡単な問題に帰着させていく」ことである．合計「6 匹」という使いにくい情報を，「つるも足が 4 本だったと仮定すると足の合計数は 24 本」と書き換えてしまう．こうすると，かめの足の数は正しく数えているので，本来の足の数との差 $24 - 20 = 4$ は，つる 1 匹ごとに足を余計に 2 本ずつ数えていることからきており，つるは 2 匹と分かる．

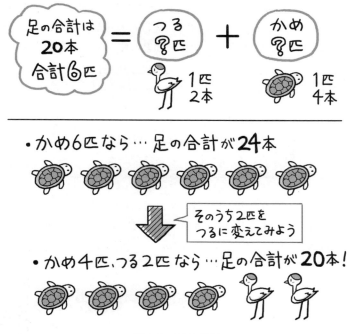

図 1.1 つるかめ算

この議論を，方程式の理論で書き直してみる．つるを x 匹，かめを y 匹とし，答えを変えずに式を変形する：

$$\begin{cases} x+y=6 \\ 2x+4y=20 \end{cases} \rightsquigarrow \begin{cases} 4x+4y=24 \\ 2x+4y=20 \end{cases} \rightsquigarrow \begin{cases} 2x=4 \\ 2x+4y=20 \end{cases} \rightsquigarrow \begin{cases} x=2 \\ y=4 \end{cases}$$

一番右を「連立方程式」と呼ぼうとは思わないかもしれないが，「解がバレバレな」連立方程式とみるとよい．すると，解が変わらないようにしながら，元々の方程式を少しずつ変形し，最後は解が明らかな形までもっていっていることがよく分かる．

さて，最大公約数を求める話に戻ろう．a, b を自然数とし，$a \leq b$ とする．b を a で割ったとき，余りが 0 ならば，そこで終了とする．後に補題 1.1.3 でみるように，これが「解がバレバレ」な連立方程式に相当する．逆に，b を a で割ったとき，余りが 0 でなかったら，余りは必ず 1 以上 a 未満の自然数となる．a 以上の余りがあるなら，もう 1 つは商を増やせるからである．この a「未満」という観察が肝心で，この状況を

$$b \div a = q_1 \text{ 余り } r_1, \quad r_1 < a \qquad \text{同値な式}: b = q_1 a + r_1$$

と書く．いずれ補題 1.1.3 でみるように，この割り算が，連立方程式での「解を変えずに少しずつ変形する」に相当することになる．

次に，r_1 が 0 でなかった場合は，$r_1 < a$ を使って，a を r_1 で割ってみる：

$$a \div r_1 = q_2 \text{ 余り } r_2, \quad r_2 < r_1 \qquad \text{同値な式}: a = q_2 r_1 + r_2$$

$r_2 = 0$ ならここで終了，$r_2 \geq 1$ ならば，次は r_1 を r_2 で割る．このように続けていくと，$r_1, r_2, \ldots$ は 0 以上の整数，そして $a > r_1 > r_2 > \cdots$ を満たす．整数で「未満」の関係があるときには，必ず 1 は小さくなるので，余りの数列は永遠に続かない．より正確には，a 回以内で，確実に 0 となる．この「整数は必ず 1 は飛ぶ」という至極当たり前な性質は，意外にも非常に重要で[注1]，第 5 章以降でも大活躍する．最後の非零の余りを r_n とおいて，以上をまとめよう：

$$
\begin{aligned}
b \div \boxed{a} &= q_1 \text{ 余り } \boxed{r_1} \iff b = q_1 a + r_1 && \cdots 1 \text{ 行目} \\
\boxed{a} \div \boxed{r_1} &= q_2 \text{ 余り } \boxed{r_2} \iff a = q_2 r_1 + r_2 && \cdots 2 \text{ 行目} \\
\boxed{r_1} \div \boxed{r_2} &= q_3 \text{ 余り } r_3 \iff r_1 = q_3 r_2 + r_3 && \cdots 3 \text{ 行目} \\
&\vdots
\end{aligned}
$$

$$(1.1.1)$$

注1　分数だったら，$\frac{1}{2}, \frac{1}{3}, \frac{1}{4}, \ldots$ のように減少し続けるが永遠に 0 にならないものがある．

$$\begin{aligned}
r_{n-4} \div \boxed{r_{n-3}} &= q_{n-2} \text{ 余り } \boxed{r_{n-2}} \iff r_{n-4} = q_{n-2}r_{n-3} + r_{n-2} \cdots (n-2)\text{ 行目}\\
\boxed{r_{n-3}} \div \boxed{r_{n-2}} &= q_{n-1} \text{ 余り } \boxed{r_{n-1}} \iff r_{n-3} = q_{n-1}r_{n-2} + r_{n-1} \cdots (n-1)\text{ 行目}\\
\boxed{r_{n-2}} \div \boxed{r_{n-1}} &= q_n \text{ 余り } \boxed{r_n} \iff r_{n-2} = q_n r_{n-1} + r_n \quad \cdots n\text{ 行目}\\
\boxed{r_{n-1}} \div \boxed{r_n} &= q_{n+1} \iff r_{n-1} = q_{n+1}r_n \quad \cdots (n+1)\text{ 行目}
\end{aligned}$$

ここで本書最初の定理を述べる.

> **定理 1.1.2**（ユークリッドの互除法）．ユークリッド互除法 (1.1.1) 式を行うと, 最後の非零の余り r_n が a と b の最大公約数 $\gcd(a,b)$ となる．また, ある整数 k と ℓ が存在し, $ka + \ell b = \gcd(a,b)$ となる．

後半の主張の k と ℓ は負かもしれないことに注意しておきたい．4 ページの例では,

$$\begin{aligned}
2364001637 \div 2363418209 &= 1 \text{ 余り } 583428 \quad (1.1.2)\\
2363418209 \div 583428 &= 4050 \text{ 余り } 534809\\
583428 \div 534809 &= 1 \text{ 余り } \boxed{48619}\\
534809 \div 48619 &= 11
\end{aligned}$$

より, 最大公約数は 48619 であることが分かる．

定理 1.1.2 の証明． まず,「解を変えずに式を変形する」作業に相当する補題を証明する．この (i) の状況, つまり余り 0 の状況が,「解がバレバレ」の連立方程式に対応する．

> **補題 1.1.3.** m と n を自然数とし, $m \geq n$ とする．このとき, m を n で割り, 商が q, 余りが r であったとする．つまり
> $$m \div n = q \text{ 余り } r,$$
> 言い換えると
> $$m = qn + r. \quad (1.1.3)$$
> (i) $r = 0$ のときは, m は n の倍数で, $\gcd(m,n) = n$.
> (ii) $r > 0$ のときは, $\gcd(m,n) = \gcd(n,r)$.

証明. まず，m を n で割った商が q で，余りが r なので，$m = qn + r$, つまり (1.1.3) 式が成り立つ．また，r は 0 以上の整数で，もし $r \geq n$ ならば商を 1 つ増やせるので，$0 \leq r \leq n - 1 < n$ と分かる．

(i) $r = 0$ の場合は，$m = qn$ なので，m は n を約数として持つ．n は n 自身の約数でもあるから，n は m と n の公約数である．一方，n の約数は n を割り切る数なので，全て n 以下である．したがって，m と n の最大公約数は n となる．

(ii) m と n の最大公約数を d とする．このとき，m も n も d の倍数だから，$m = dm'$, $n = dn'$ と書こう．すると，(1.1.3) 式の変形

$$r = m - qn = dm' - qdn' = d(m' - qn')$$

より，r も d の倍数となる．よって，d は n と r の公約数となる．特に，

$$\gcd(m, n) = d \leq \gcd(n, r). \tag{1.1.4}$$

逆に，e を n と r の最大公約数とすると，n も r も e の倍数だから，$n = en''$, $r = er''$ と書ける．すると，(1.1.3) 式より，

$$m = nq + r = en''q + er'' = e(n''q + r'').$$

したがって，m も e の倍数となる．よって，e は m と n の公約数となるので，

$$\gcd(n, r) = e \leq \gcd(m, n). \tag{1.1.5}$$

(1.1.4) 式と (1.1.5) 式を合わせると，$\gcd(m, n) = \gcd(n, r)$ が示された． □

この補題を繰り返し用いて定理 1.1.2 の前半の主張を示そう．b を a で割って，余り r_1 が 0 ならば，補題 1.1.3 (i) より，$\gcd(a,b) = a$. 余りが 1 以上ならば，補題 1.1.3 (ii) より，

$$\gcd(a,b) = \gcd(a, r_1). \tag{1.1.6}$$

続いて，a を r_1 で割り，余り r_2 が 0 ならば，

$$\begin{aligned}\gcd(a,b) &= \gcd(a, r_1) & (\because (1.1.6) \text{ 式}) \\ &= r_1 & (\because \text{補題 1.1.3 (i)}).\end{aligned}$$

余り r_2 が 1 以上ならば，(1.1.6) 式と補題 1.1.3 (ii) より，

$$\gcd(a,b) = \gcd(a, r_1) = \gcd(r_1, r_2).$$

このように続けていく．r_n が最後の非零の余りだとすると，(1.1.1) 式の n 行目までは，最大公約数を変えずに変形してきたから，

$$\gcd(a,b) = \gcd(a, r_1) = \gcd(r_1, r_2) = \gcd(r_2, r_3) = \cdots = \gcd(r_{n-1}, r_n).$$

仮定より，r_{n-1} は r_n で割り切れるので，補題 1.1.3 (i) より，$\gcd(r_{n-1}, r_n) = r_n$．これで，$\gcd(a,b) = r_n$ となり，定理の前半の主張が示せた．

後半を示すためには，(1.1.1) 式を下の行からみていく．一番下の行から始め，i 行目まで使うと，ある整数 k_i と ℓ_i があり，

$$\gcd(a,b) = r_n = k_i r_{i-1} + \ell_i r_{i-2} \tag{1.1.7}$$

が成立することをみよう．ここで，k_i と掛ける r の添え字は i の 1 つ前の $i-1$，ℓ_i と掛ける r の添え字は i の 2 つ前の $i-2$ となっている．まずは，$i = n-1$：

$$\begin{aligned}\gcd(a,b) = r_n &= r_{n-2} - q_n r_{n-1} \\ &= r_{n-2} - q_n (r_{n-3} - q_{n-1} r_{n-2}) \\ &= \underbrace{(1 + q_n q_{n-1})}_{k_{n-1} \text{とおく}} r_{n-2} + \underbrace{(-q_n)}_{\ell_{n-1} \text{とおく}} r_{n-3}\end{aligned}$$

n 行目の変形

$(n-1)$ 行目の変形の代入

整理．

同様に，この式と，(1.1.1) 式の $(n-2)$ 行目より，

$$
\begin{aligned}
r_n &= k_{n-1}r_{n-2} + \ell_{n-1}r_{n-3} \\
&= k_{n-1}(r_{n-4} - q_{n-2}r_{n-3}) + \ell_{n-1}r_{n-3} &&(n-2)\text{行目}\\
&&&\text{の変形の代入}\\
&= \underbrace{(-k_{n-1}q_{n-2} + \ell_{n-1})}_{k_{n-2}\text{とおく}}r_{n-3} + \underbrace{k_{n-1}}_{\ell_{n-2}\text{とおく}}r_{n-4}. &&\text{整理}
\end{aligned}
$$

一般に,i 行目まで使って (1.1.7) 式が得られたとすると,

$$
\begin{aligned}
r_n &= k_i r_{i-1} + \ell_i r_{i-2} \\
&= k_i(r_{i-3} - q_{i-1}r_{i-2}) + \ell_i r_{i-2} &&(i-1)\text{行目の}\\
&&&\text{変形の代入}\\
&= \underbrace{(-k_i q_{i-1} + \ell_i)}_{k_{i-1}\text{とおく}}r_{(i-1)-1} + \underbrace{k_i}_{\ell_{i-1}\text{とおく}}r_{(i-1)-2}. &&\text{整理}
\end{aligned}
$$

となり,$i-1$ 版の (1.1.7) 式となる.続けていくと,3 行目の変形の代入で,r_3 の 1 つ前 r_2 と 2 つ前 r_1 を使って,$r_n = k_3 r_2 + \ell_3 r_1$($k_3, \ell_3$ は整数)と書ける.最後に,

$$
\begin{aligned}
r_n &= k_3 r_2 + \ell_3 r_1 \\
&= k_3(a - q_2 r_1) + \ell_3 r_1 &&\text{2 行目の変形の代入}\\
&= (\ell_3 - k_3 q_2)r_1 + k_3 a &&\text{整理}\\
&= (\ell_3 - k_3 q_2)(b - q_1 a) + k_3 a &&\text{1 行目の変形の代入}\\
&= \underbrace{(k_3 - (\ell_3 - k_3 q_2)q_1)}_{k\text{とおく}}a + \underbrace{(\ell_3 - k_3 q_2)}_{\ell\text{とおく}}b. &&\text{整理.}
\end{aligned}
$$

これで,$\gcd(a,b) = r_n = ka + \ell b$ を満たす整数 k と ℓ が見つかった.□

証明方法に沿うと,上記の k と ℓ は具体的に計算できる.先ほどの例では

$$
\begin{aligned}
48619 &= 583428 - 534809 &&\text{(1.1.2) 式の 3 行目}\\
&= 583428 - (2363418209 - 4050 \times 583428) &&\text{(1.1.2) 式の 2 行目}\\
&= 4051 \times 583428 - 2363418209 &&\text{整理}\\
&= 4051(2364001637 - 2363418209) - 2363418209 &&\text{(1.1.2) 式の 1 行目}\\
&= 4051 \times 2364001637 + (-4052) \times 2363418209 &&\text{整理.}
\end{aligned}
$$

余談 1.1.4.

行列を使うと，後半部分の主張は簡単に書ける．便宜上 $b = r_{-1}$, $a = r_0$ とおくと，実は (1.1.1) 式の i 行目は $r_{i-2} = q_i r_{i-1} + r_i$, つまり $r_i = r_{i-2} - q_i r_{i-1}$ と書ける（$i = 1, \ldots, n$）．行列表記では，

$$\begin{pmatrix} r_i \\ r_{i-1} \end{pmatrix} = \begin{pmatrix} -q_i & 1 \\ 1 & 0 \end{pmatrix} \begin{pmatrix} r_{i-1} \\ r_{i-2} \end{pmatrix}.$$

下の行はただ $r_{i-1} = r_{i-1}$ という情報を書き留めてあるだけである．これを続けると，

$$\begin{pmatrix} r_n \\ r_{n-1} \end{pmatrix} = \begin{pmatrix} -q_n & 1 \\ 1 & 0 \end{pmatrix} \begin{pmatrix} r_{n-1} \\ r_{n-2} \end{pmatrix}$$

$$= \begin{pmatrix} -q_n & 1 \\ 1 & 0 \end{pmatrix} \left[\begin{pmatrix} -q_{n-1} & 1 \\ 1 & 0 \end{pmatrix} \begin{pmatrix} r_{n-2} \\ r_{n-3} \end{pmatrix} \right]$$

$$= \begin{pmatrix} -q_n & 1 \\ 1 & 0 \end{pmatrix} \begin{pmatrix} -q_{n-1} & 1 \\ 1 & 0 \end{pmatrix} \left[\begin{pmatrix} -q_{n-2} & 1 \\ 1 & 0 \end{pmatrix} \begin{pmatrix} r_{n-3} \\ r_{n-4} \end{pmatrix} \right]$$

$$= \quad \vdots$$

$$= \underbrace{\begin{pmatrix} -q_n & 1 \\ 1 & 0 \end{pmatrix} \begin{pmatrix} -q_{n-1} & 1 \\ 1 & 0 \end{pmatrix} \cdots \begin{pmatrix} -q_2 & 1 \\ 1 & 0 \end{pmatrix} \begin{pmatrix} -q_1 & 1 \\ 1 & 0 \end{pmatrix}}_{A} \begin{pmatrix} r_0 \\ r_{-1} \end{pmatrix}.$$

(1.1.8)

行列の成分は全て整数なので，

$$A = \begin{pmatrix} k & \ell \\ k' & \ell' \end{pmatrix}$$

も整数成分である．(1.1.8) 式の上の行より，$r_n = k r_0 + \ell r_{-1} = ka + \ell b$ となる．

余談 1.1.5.

(1.1.1) 式での割り算は，最大何回行う必要があるのだろうか？ a で割ったときの余り r_1 は 0 以上 $(a-1)$ 以下である．$r_1 \leq \frac{a}{2}$ のときは，$r_2 < r_1 \leq \frac{a}{2}$．逆に $r_1 > \frac{a}{2}$ ならば，$2r_1$ は a を超えるので，a を r_1 で割ったときの商は 1 で，余りは $r_2 = a - 1 \cdot r_1 < \frac{a}{2}$ となる．つまり，いずれの場合も，2 回割り算ができるならば，2 回目の余り r_2 は $\frac{a}{2}$ 未満となる．したがって，2 回割り算をするごとに確実に半分未満となる．一方，

$$\left(\frac{1}{2}\right)^{\log_2 a} = \frac{1}{2^{\log_2 a}} = \frac{1}{a}$$

より，半分化の作業を $\log_2 a$ より大きい回数行うと，最初の数の $\frac{1}{a}$ 倍未満となってしまう．余りは 0 以上の整数なので，1 未満となった時点で余りは確実に 0 となる．以上をまとめると，2 回の割り算ごとに余りが半分未満になることから，$2\log_2 a$ より大きい回数割り算をすれば互除法は確実に終わる[注2]．例えば，10^{100} 以下の 2 つの数の最大公約数は，約 $2 \cdot \log_2 10^{100} + 1 \approx 666$ 回の割り算で確実に計算できる．「対数的」スピードで計算できることが，ユークリッド互除法の計算機論的強力さの根源である．

今後，定理 1.1.2 の特に後半部分の主張が大活躍する．特に，最大公約数が 1 の場合は頻出するので，$\gcd(a,b) = 1$ のとき，a と b は**互いに素**であると言う．次節でこれを使って素数の性質を導く．

[注2] 実際には，1 回の割り算を行うのに $(\log a)^2$ 位の時間がかかるが，上手にプログラムを書けば，$(\log a)^2$ に比例する長さの時間で互除法の計算が終了することも知られている．詳しくは Cohen の「A Course in Computational Algebraic Number Theory」[3] p.13 を参照のこと．

1.2 整数論にとっての原子の世界 —素数と素因数分解

2以上の自然数で，約数が自分自身と1だけのものを**素数**という．2以上の自然数で素数でないものを**合成数**という．2,3,5,7,11は素数だが，$2 \mid 4$, $3 \mid 15$ より4や15は合成数である．1は素数とも合成数ともしない．

自然数を掛け算で構成していく上で，素数が1つのブロックになっていると捉えると分かりやすい．素数ごとに違う形のブロックがあり，それらを組み立てて（掛け算して）自然数を作っていく．素数のブロックは，これ以上分解することができない．また，自然数ごとに，使われるブロックが異なる．図1.2が，最初のいくつかである．

pを素数とすると，pの約数は1とpのみなので，aとpの最大公約数も1かpしか可能性がない．$\gcd(a,p)$が1のときはaとpが互いに素となり，$\gcd(a,p)$がpのときは，aの約数としてpがあるわけだから，aはpの倍数となる．素数

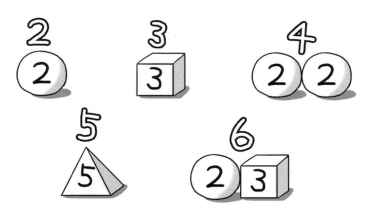

図1.2 素数はブロック

の一番本質的な性質[注1]は次である.

> **命題 1.2.1.** p を素数とする.このとき,自然数 a, b に対し $p \mid ab$ ならば,$p \mid a$ か $p \mid b$ の少なくともどちらか一方は成り立つ.

証明. $p \mid ab$,つまり ab は p の倍数であるとする.もし $p \mid a$ ならばすでに一方が成り立っているので,やることはない.そこで,$p \nmid a$ とする.このとき,p は a の約数ではないので $\gcd(a, p) \neq p$ だが,p の約数は 1 と p のみなので,$\gcd(a, p) = 1$ となる.すると,定理 1.1.2 より,整数 k, ℓ が存在し,$ka + \ell p = 1$ となる.この式を使うと,

$$b = b \cdot 1 = b(ka + \ell p) = k \cdot \underline{ab} + (\ell b) \cdot \underline{p}.$$

右辺の下線部分は,仮定より p の倍数なので,命題 1.1.1 より b が p の倍数と分かる.つまり $p \mid b$. □

上記命題において p が素数であることは非常に重要である.例えば,$p = 6$ とすると,$6 \mid (3 \cdot 4)$ だが,$6 \nmid 3$ かつ $6 \nmid 4$ である.命題を少し拡張しておこう.

> **系 1.2.2.** p を素数とする.自然数 $a_1, \ldots, a_k$ に対し $a_1 \times a_2 \times \cdots \times a_k$ が p で割り切れるならば,p は $a_1, \ldots, a_k$ の少なくとも 1 つを割り切る.

証明. $a_1 \cdots a_k = a_1(a_2 \cdots a_k)$ と考えて,$p \mid (a_1(a_2 \cdots a_k))$ に対し命題 1.2.1 を使うと,$p \mid a_1$ あるいは $p \mid (a_2 \cdots a_k)$.前者の場合,p は a_1 を割り切るので,おしまい.後者の場合は,$a_2 \cdots a_k = a_2(a_3 \cdots a_k)$ と考えて,$p \mid (a_2(a_3 \cdots a_k))$ に命題 1.2.1 を使うと,$p \mid a_2$ あるいは $p \mid (a_3 \cdots a_k)$.前者なら,p は a_2 を割り切るので,おしまい.後者の場合は,さらに続けていくと,どこかで a_i を割り切ることになり途中で終わるか,あるいは最後に $p \mid a_{k-1} a_k$ となり,もう一度命題 1.2.1 を使って,p はこのどちらかを割り切ることになる. □

素因数分解の定理を証明する前に**数学的帰納法**をおさらいしよう.自然数 n ごとに性質 $P(n)$ があって,全ての n で $P(n)$ が成り立つと証明したいとする.

注1 代数学の環論では,命題 1.2.1 における p の性質を「素」と呼ぶ.

$P(n)$ の具体例を挙げると,「1 から n までの自然数の和は $\frac{n(n+1)}{2}$ である」. このとき, 直接 $P(n)$ を証明するのではなく,

(i)　$P(1)$ が真.
(ii)　各自然数 $n \geq 2$ に対し, $P(n-1)$ が真ならば $P(n)$ も真.

を証明するのが, 数学的帰納法である. つまり, (i) より $P(1)$ が真となり, $n=2$ の (ii) によると, $P(1)$ が成り立つならば $P(2)$ も成り立つのだから, $P(2)$ も真. 次に $n=3$ の (ii) を使えば, $P(2)$ が真ならば $P(3)$ も真なので, $P(3)$ も真. このように続ければ任意の自然数 n の $P(n)$ が真だと分かる. 上記の例では, $P(1)$ は

$$1 \text{ から } 1 \text{ までの和} = 1, \quad \frac{1}{2} \cdot 1 \cdot (1+1) = 1$$

より成り立つ. そこで, $n-1$ までの和の公式が成り立つとすると, 下の波線部分同士が等しいことに使い,

$$1+\cdots+n = \underline{(1+\cdots+(n-1))}+n = \underline{\frac{1}{2}(n-1)n}+n = \frac{1}{2}n^2+\frac{1}{2}n = \frac{1}{2}n(n+1).$$

これで $P(n)$ が示せた. 数学的帰納法の変形として (ii) の代わりに

(ii')　$m < n$ を満たす全ての自然数 m に対し $P(m)$ が真ならば, $P(n)$ も真

を示してもよい. それまでのは全て示してきているのだから, 直前だけでなく, すでに正しいと示した全てを利用して構わないわけである. ここまでの準備で素因数分解の定理が証明できる.

> **定理 1.2.3** （素因数分解の存在・一意性）. 2 以上の自然数[注2]は, 有限個の素数の積[注3]として書ける（同じ素数を何度使ってもよい）. また, 並べ替えを除くとこのような書き方は 1 通りである.

このように自然数を素数の積として書くことを**素因数分解**という. 図 1.2 の言葉でいうと,「全ての自然数は, ブロックを組み合わせることで作ることができ, またブロックの並びかえを除くと組み立て方が 1 通りだ」ということである.

注2　「0 個」の素数の積を 1 として, 自然数全体の主張として書く方が数学では多い.
注3　「1 個」の素数の積は, その素数とする.

証明． 存在性にも一意性にも，上で述べた変形版数学的帰納法を使う．

まず存在性を示す．2 は素数なので，1 つの素数の積として書けている．そこで，n 未満の素因数分解が知られていると仮定しよう．もし，n が素数ならば，1 個の素数の積なので素因数分解が存在する．もし n が素数でないならば，1 と n 以外の約数 m がある．$1 < m$ なので，整数 $\frac{n}{m}$ は n 未満．よって帰納法の仮定により $\frac{n}{m}$ は素数の積として書ける．また，$m < n$ なので，帰納法の仮定より m も素数の積として書ける．したがって，

$$n = m \times \frac{n}{m}$$

も素数の積として書ける．よって帰納法が進む．

次に一意性を示す．2 に関しては，2 以下の素数が 2 のみなので，これ以外に書きようがない．次に n 未満の自然数に対しては，並べ替えを除くと素因数分解が 1 通りだとし，

$$n = p_1 \cdots p_k = q_1 \cdots q_\ell$$

が n の 2 通りの素因数分解としよう（$p_1, \ldots, p_k$ の中で，あるいは $q_1, \ldots, q_\ell$ の中で，重複はあってもよい）．このとき，p_1 は素数，かつ $p_1 \mid q_1 \cdots q_\ell$ なので，系 1.2.2 より p_1 は $q_1, \ldots, q_\ell$ のどれかを割り切る．それを q_j とすると，$p_1 \mid q_j$．だが，q_j も素数だから，q_j の約数は 1 と q_j のみ．p_1 は素数なので 1 より大きいから，$p_1 = q_j$ となる．$p_1 \geq 2$ を再び使うと，$\frac{n}{p_1} < n$ であり，かつ

$$p_2 \cdots p_k = \frac{n}{p_1} = \frac{n}{q_j} = q_1 \times \cdots \times q_{j-1} \times q_{j+1} \times \cdots \times q_\ell$$

が $\frac{n}{p_1}$ の 2 通りの素因数分解となる．帰納法の仮定により，$p_2, \ldots, p_k$ は，$q_1, \ldots, q_{j-1}, q_{j+1}, \ldots, q_\ell$ の並べ替えである．よって，それぞれに $p_1 = q_j$ を付け加えると，$p_1, \ldots, p_k$ は $q_1, \ldots, q_\ell$ の並べ替えであると分かり（特に，$k = \ell$），帰納法が進む． □

素因数分解の存在や一意性は，当たり前に感じるかもしれない．しかし，これは整数が満たす特殊な性質であり，フェルマーが「フェルマーの最終定理」と呼

ばれるもの（定理 7.2.1）を証明できたと勘違いした[注4]原因も，もっと一般的な状況で定理 1.2.3 が成立すると思っていたからだと推測されている．

また，素因数分解は計算するのが非常に大変である．ユークリッドの互除法は，余談 1.1.5 でも述べたように対数的スピードで計算できるのに対し，素因数分解にはそのような方法は知られていない．小さい数の素因数分解は頭の中でもできてしまうので，これは意外かもしれない．大きい数の場合，2 つの数の最大公約数を求める作業はユークリッドの互除法のおかげで速く，1 つの数の素因数分解を求める作業は遅い．よって，「それぞれの整数を素因数分解して最大公約数を求める」という，小さい数では簡単にできる方法は，大きい数では困難を極める．一方で，「素因数分解が大変である」という事実を上手に利用するのが，第 8 章で述べる暗号理論である．

次に素数の無限性を証明する．ここで紹介するのは，ユークリッドによる証明である．**背理法**（「証明したいことの反対」を仮定して何らかの矛盾を導き，「証明したいことの反対」が間違い，つまり証明したいことが正しいと示す）を使う．

注4　フェルマーが思い描いていた証明が正しかったと思っている現代の数学者はいない．

> **定理 1.2.4.** 素数は無限個ある.

証明. 背理法を使うので[注5],素数は有限個のみとする.そこで,素数は全部で n 個として,$p_1, p_2, \ldots, p_n$ で素数を網羅できると仮定する.ここで,$N = p_1 \times p_2 \times \cdots \times p_n + 1$ という数を考える.定理 1.2.3 より N の素因数分解が存在する.特に N を割り切る素数 p が存在する.$p_1, \ldots, p_n$ が素数を網羅しているので,p はこのうちのどれかである.すると,$p_1 \times \cdots \times p_n$ は p の倍数.しかし,N も p の倍数だったから,命題 1.1.1 より,$1 = N - p_1 \cdots p_n$ が p の倍数となる.素数 p は 2 以上なので,これは明らかにおかしい.よって素数は無限個ある. □

第 4 章において解析的な別証明を与える(系 4.3.8).実は定理 1.2.4 の証明と同じような議論で,4 で割ると 3 余る素数の無限性も示せるのだが,合同式の概念を導入した方が表記が楽なので次節(定理 1.3.3)にしよう.

[注5] 実際には,「n 個目までの素数を利用して $n+1$ 個目を作る」という証明方法なので,素数の無限数列を(理論的に)構築できる.したがって,厳密にはこの証明に背理法はいらない.ただ,分かりやすいかと思うので,本書では背理法で証明する.

1.3 余りが同じなら同じ扱い―合同式

　この節では合同式を導入する．よい言葉や記号を導入することで既存の概念がはるかに扱いやすくなることは数学では多い．少し世界を広げ，a, b は（負も含む）整数として，m は自然数としよう．このとき，a と b が m を**法として合同**とは，$a - b = km$ を満たす整数 k が存在することと定義し，$a \equiv b \pmod{m}$ と書く．例えば，

$$100 \equiv 37 \pmod{21},$$
$$5 \equiv -9 \pmod{7}$$

である．

　法 m の世界は，円をイメージすればよい．0 から始めて，$1, 2, \ldots$ と増やしていき，$m - 1$ まで行ったら，その次は m という新しい数ではなく，法 m では 0 に「戻ってくる」と考える．水平に伸びた数直線を，このような円に沿って巻き付けていく感覚である．$m = 7$ の場合が図 1.3 である．

　a が自然数のとき，a を m で割った商が q で余りが r ならば，$a = qm + r$ なので，$a \equiv r \pmod{m}$ となる．この意味では，「合同」という概念は，「余り」の概念と同じで，新しいことは何も導入されていない．ただ，「余り」と書くからには $0 \leq r < m$ に縛られてしまうが，100 を 21 で割った余りが 16 であることより得られる $100 \equiv 16 \pmod{21}$ だけでなく，例えば $100 \equiv 37 \pmod{21}$ や $100 \equiv -5 \pmod{21}$ とも書ける自由度が便利なときもあるのである．

　どんな整数でも，m ずつ足したり引いたりする作業を繰り返すことで，0 以上 $m - 1$ 以下のいずれかの整数に法 m で合同となる．つまり，正の数の場合は m で割った余りを考えればよいし，負の数の場合は，m を足す作業を繰り返して初めて非負の数になったところで止めればよい．例えば，

$$-60 + 23 = -37, \quad -37 + 23 = -14, \quad -14 + 23 = 9$$

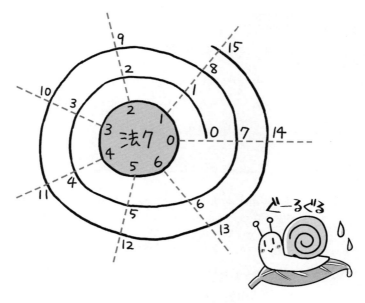

図 1.3 法 7 の世界

なので，$-60 \equiv 9 \pmod{23}$ である．特に，整数 a が m の**倍数**とは，$a \equiv 0 \pmod{m}$ のことを言う．これは，a が自然数の場合，3 ページの定義と一致する．

まず合同式の基本的性質からみていこう．

> **命題 1.3.1.** a, b, c を整数とし，m を自然数とする．このとき[注1]，
>
> (1) $a \equiv a \pmod{m}$.
> (2) $a \equiv b \pmod{m}$ ならば，$b \equiv a \pmod{m}$.
> (3) $a \equiv b \pmod{m}$ かつ $b \equiv c \pmod{m}$ ならば，$a \equiv c \pmod{m}$.

証明． (1)：$a - a = 0$ は $0 \times m$ なので成り立つ．

(2)：$a - b = km$ ならば，$b - a = (-k)m$ なので成り立つ．

(3)：$a - b = km$, $b - c = \ell m$ とすると，
$$a - c = (a - b) + (b - c) = km + \ell m = (k + \ell)m$$
より成り立つ． □

[注1] これらを満たすことを**同値関係**と言う．

命題 1.3.2. m を自然数とし,a_1, a_2, b_1, b_2 を,$a_1 \equiv b_1 \pmod{m}$ と $a_2 \equiv b_2 \pmod{m}$ を満たす整数とする.このとき,

$$a_1 + a_2 \equiv b_1 + b_2 \pmod{m}$$
$$a_1 - a_2 \equiv b_1 - b_2 \pmod{m}$$
$$a_1 a_2 \equiv b_1 b_2 \pmod{m}$$

が成り立つ.

証明. $a_i \equiv b_i \pmod{m}$ より,整数 k_1, k_2 が存在し,$a_1 = b_1 + k_1 m$,$a_2 = b_2 + k_2 m$ が成り立つ.したがって,

$(a_1 + a_2) - (b_1 + b_2) = (b_1 + k_1 m + b_2 + k_2 m) - (b_1 + b_2) = (k_1 + k_2)m$
$(a_1 - a_2) - (b_1 - b_2) = (b_1 + k_1 m - (b_2 + k_2 m)) - (b_1 - b_2) = (k_1 - k_2)m$
$a_1 a_2 - b_1 b_2 = (b_1 + k_1 m)(b_2 + k_2 m) - b_1 b_2 = (k_1 b_2 + k_2 b_1 + k_1 k_2 m)m.$

どの行も右辺は m の倍数なので,題意が示せた. □

同じようなことは割り算でも成り立つのだろうか? つまり,$a_1 \equiv b_1 \pmod{m}$ かつ $a_2 \equiv b_2 \not\equiv 0 \pmod{m}$ ならば,$a_1 \div a_2 \equiv b_1 \div b_2 \pmod{m}$ となるのだろうか? ここには実は 2 つの問題がある.1 つ目の問題として,$a_1 \div a_2$ をどう定義するのだろうか? 一般には整数同士の割り算はできない.合同式では,a_1 が a_2 の倍数でなくても,$a_1 \div a_2$ が定義できる場合もあるのだが,条件が必要なので次節(命題 1.4.4)に回すことにしよう.2 つ目の問題は,実は a_1 が a_2 の倍数,b_1 が b_2 の倍数であっても(つまり,割り算は問題なく定義できたとしても)成立しない,ということである.例をみるのが早い: $a_1 = 8$,$b_1 = 2$,$a_2 = b_2 = 2$,$m = 6$ とすると,$a_1 \equiv b_1 \pmod{m}$ かつ $a_2 = b_2$ だが,$a_1 \div a_2 = 4 \not\equiv 1 = b_1 \div b_2 \pmod{m}$.というわけで,一般には合同式の割り算はできない.しかし,できる場合もあり,実は 1 つ目の問題と密接に関わっているので,こちらも次節(系 1.4.5)に回そう.

合同式の概念を使うと,定理 1.2.4 と同じ方法で次の定理を証明できる.

定理 1.3.3. 4 で割ると 3 余るような素数は無限個ある.

つまり，$3, 7, 11, 15, 19, 23, 27, 31 \ldots$ の中に素数は無限個ある．

証明． 背理法を使い，このような素数が有限個のみだとする．全部で n 個あるとして，$3, p_2, p_3, \ldots, p_n$ が 4 で割ると 3 余る素数の全てだとする（3 だけ最初に書き出してあるので，$p_2, \ldots, p_n > 3$）．ここで，$N = 4p_2 \times p_3 \times \cdots \times p_n + 3$ を考える．定理 1.2.3 より N の素因数分解が存在する．ここで N は偶数 $4p_2 \cdots p_n$ に 3 を足したものなので，奇数である．よって N は 2 では割り切れない．4 を法として 0 や 2 に合同なものは，$4k$ あるいは $4k+2$ の形で書けるので，全て偶数であることに注意すると，N を割り切るような素数はいずれも，法 4 で 1 か 3 に合同である．

> **主張．** N を割り切る素数の中で，法 4 で 3 に合同なものが存在する．

証明． N を割り切る素数が全て，法 4 で 1 に合同だとしよう．すると N の素因数分解
$$N = q_1 \times q_2 \times \cdots \times q_\ell$$
において，$q_1 \equiv \cdots \equiv q_\ell \equiv 1 \pmod 4$ なので，命題 1.3.2 より，$N \equiv 1^\ell = 1 \pmod 4$．これは $N \equiv 3 \pmod 4$ に矛盾する． □

主張により，$p \mid N$ かつ $p \equiv 3 \pmod 4$ を満たす素数 p が存在する．背理法の仮定より，p は 3 か，$p_2, \ldots, p_n$ のいずれかである．$p = 3$ とすると，3 が $N - 3 = 4p_2 \cdots p_n$ を割り切ることになる．系 1.2.2 によると，素数 3 は $4, p_2, \ldots, p_n$ のいずれかを割り切る．しかし，$3 \nmid 4$ だし，$p_2, \ldots, p_n$ は 3 より大きい素数なので，約数として 3 を持たない．よって，これは矛盾である．そこで，$p = p_i$ とすると（$i = 2, \ldots, n$），N も $4p_2 \cdots p_n$ も p の倍数となるので，その差である 3 も $p = p_i$ の倍数となる．これは $p_i > 3$ に矛盾する．よっていずれの場合も矛盾となったので，背理法の仮定が間違っていたことになり，法 4 で 3 に合同な素数の無限性が証明された． □

ところで，法 4 で 1 に合同な素数はどうなのだろう？ $5, 13, 17, 29, \ldots$ と，4 で割ると 3 余る素数たちに負けじ，と存在しそうである．しかし上記と同じ証明方法はうまくいかない．定理 1.3.3 の証明を模倣すると，$p_1, \ldots, p_n$ を 4 で割ると 1 余る素数全てとして，$N = 4p_1 \cdots p_n + 1$ を作ることになる．しかし，主張の部分が成り立たない．つまり，$N \equiv 1 \pmod{4}$ だからといって，N を割り切る素数に法 4 で 1 に合同なものがあるとは限らないのである．$3 \times 3 = 9 \equiv 1 \pmod{4}$ なので，法 4 で 3 に合同な素数を偶数個掛け合わせても法 4 で 1 に合同な数となってしまう．実際，法 4 で 1 に合同な素数が $5, 13, 17, 29$ だけだと仮定すると，
$$N = 4 \times 5 \times 13 \times 17 \times 29 + 1 = 3 \times 42727$$
が素因数分解となり，$42727 \equiv 3 \pmod{4}$ なので，法 4 で 1 に合同な新しい素数が出てこない．

それでは，法 4 で 1 に合同な素数は有限個しかないのだろうか？ 前段落は，定理 1.3.3 の証明がうまくいかない，としか言っていないので，別の議論はあるかもしれない．実際，もう少し理論を構築したのち，定理 2.2.7 で無限性を証明する．また，第 4 章では，法 4 で 1 に合同な素数と，法 4 で 3 に合同な素数が，「だいたい同じ位ある」ということまで証明する．

1.4 整数が $\frac{1}{3}$ の役目—合同式での逆数

さて，合同式における掛け算をより詳しく調べてみよう．0 以外の元の掛け算を，法 6 の場合と法 7 の場合で書いてみる．合同なものは「同じ」と捉えるので，例えば，法 6 の 4 の行と 2 の列は，$4 \times 2 = 8 \equiv 2 \pmod{6}$ という計算を書き表している．

表 1.1 法 6 と法 7 での掛け算表

法 6

	1	2	3	4	5
1	1	2	3	4	5
2	2	4	0	2	4
3	3	0	3	0	3
4	4	2	0	4	2
5	5	4	3	2	1

法 7

	1	2	3	4	5	6
1	1	2	3	4	5	6
2	2	4	6	1	3	5
3	3	6	2	5	1	4
4	4	1	5	2	6	3
5	5	3	1	6	4	2
6	6	5	4	3	2	1

法 7 の場合，全ての行に，(登場の順番は入れ替わるものの) 1 から 6 までの数が 1 回ずつ登場する．法 6 の場合，2 と 4 の行には 1, 3, 5 が登場せず，3 の行には 1, 2, 4, 5 が登場しない．ただし，法 6 の場合でも，1 や 5 の行にはちゃんと 1 から 5 までの数がちょうど 1 回ずつ登場している．これはどういうことなのだろうか？次の 2 つの命題がこのからくりを説明する．

命題 1.4.1. $m \geq 2$ を自然数とし，a を m と互いに素な整数とする．このとき，$a, 2a, \ldots, (m-1)a, ma$ を法 m で考えると，(順番は入れ替わるものの) 0 から $m-1$ までと合同な数がちょうど一度ずつ登場する．

証明. i と j を，$1 \leq j < i \leq m$ を満たす自然数とする．このとき，$ai \not\equiv aj \pmod{m}$ をまず示す．背理法を使うので，$ai \equiv aj \pmod{m}$ と仮定する．つまり，$ai - aj = a(i-j)$ が m の倍数である．したがって，ある自然数 k を用いて，$a(i-j) = mk$ と書ける．素因数分解の一意性（定理 1.2.3）によると，両辺の素因数分解は同じになるはずだが，a と m が互いに素であるため，a の素因数分解には m の素因数分解に含まれるものが一切現れない．したがって，$i - j$ の部分に m の素因数分解がすっぽり入らないといけない．これはつまり，$i - j$ が m の倍数であることを意味する．しかし，m の倍数は 0 の次は m まで飛ぶので，i と j が 1 以上 m 以下の異なる自然数である以上，こんなことは実現できない（範囲の両端 1 と m をとっても，$m - 1$ の差にしかならない）．これが矛盾となるので，元々の仮定がおかしかったことになり，$ai \not\equiv aj \pmod{m}$ が示せた．

実はこれで証明が終わりである．なぜならば，m 個の数 $a, 2a, \ldots, ma$ は，法 m で考えると上段落により全て相異なるが，法 m の可能性は

$$\equiv 0, \quad \equiv 1, \quad \ldots, \quad \equiv (m-2), \quad \equiv (m-1) \pmod{m}$$

の合計 m 種類しか可能性がないので，全ての可能性がちょうど 1 回ずつ現れる形でないといけない．したがって，$a, 2a, \ldots, (m-1)a, ma$ を法 m で考えると，0 から $m-1$ までと合同な数がちょうど一度ずつ登場することがわかった． □

命題 1.4.1 の証明の最後で使った議論のことを**鳩の巣論法**という（図 1.4）．つまり，m 羽の鳩を別々の巣に入れるとき，m 個しか巣がないならば，全ての巣がうまる，ということである．$m + 1$ 羽の鳩を m 個の巣に入れようとすると，少なくとも 2 羽は同じ巣に入らないといけなくなる，という形で使われることも多い．

系 1.4.2. $m \geq 2$ を自然数とし，a を m と互いに素な整数とする．このとき，ある自然数 b に対し，$ab \equiv 1 \pmod{m}$ となる．

証明. 命題 1.4.1 より，$a, 2a, \ldots, (m-1)a$ の中に 1 と法 m で合同になるものがあるので，そのとき，$ba = ab \equiv 1 \pmod{m}$ となる． □

図 1.4 鳩の巣論法

逆に，a と m に 2 以上の共通の約数がある場合は，$a, 2a, \ldots, (m-1)a$ の m での余りは全てを網羅しない：

命題 1.4.3. $\gcd(a, m) \geq 2$ とする．このとき，どんな整数 b に対しても，$ab \equiv 1 \pmod{m}$ とはならない．

証明. $\gcd(a, m)$ を d としよう．もし $ab \equiv 1 \pmod{m}$ だとすると，$ab - 1 = mk$ を満たす整数 k が存在することになる．すると，$1 = ab - mk$ となるが，a と m が d の倍数なので，右辺は $d \geq 2$ の倍数となり，矛盾．よって $ab \not\equiv 1 \pmod{m}$ である． □

これで，表 1.1 を説明できる．法 7 のときは，7 が素数なので，1〜6 の行全てに，1 から 6 までの数が一度ずつ登場する．また，法 6 においては，2, 3, 4 は 6 と互いに素ではないため，これらの行には 1 が登場せず，1 と 5 は 6 と互いに素であるため，ちゃんと 1 から 5 までの全ての余りが登場したのである．

さて，系 1.4.2 より，a が m と互いに素なときは，$ab \equiv 1 \pmod{m}$ を満たす整数 b が存在するが，これは別の見方をすれば，法 m という特殊な世界においては，b が a の「逆数」の役割をしているということである．例えば，先の表に戻ると，法 7 の掛け算表では，3 の行の 3×5 のところに 1 とあるので

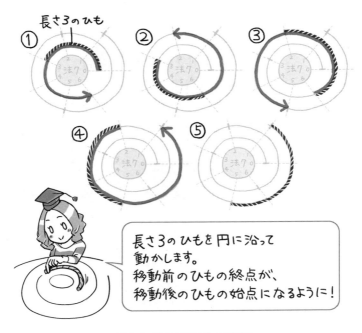

図 1.5 法 7 における 3 の逆数

($3 \times 5 = 15 \equiv 1 \pmod 7$ から来ている）．法 7 の世界においては，5 が 3 の「逆数」となる．つまり，5 が法 7 の世界における $\frac{1}{3}$ の役割を果たすのである．通常の世界，つまり実数では，$3 \times \frac{1}{3} = 1$ という関係があるわけだが，法 7 の世界では，そもそも整数しか考えていないので $\frac{1}{3}$ という数はない．その代わり，5 が実質 $\frac{1}{3}$ の務めを担ってくれる．

図 1.3 で図解したように，法 m の世界は円と捉えられるが，逆数をイメージするには，長さ a のひもを考える．まずは，片端を 0 にして円に沿って置く．次に，ひもの終点を今度は始点となるように，ひもを回してまた円に沿って置く．短いひもで長いものの長さを測るときの要領である．これを続けていき，ひもの終点が円の 1 の位置に来るまでに何回分のひもが必要だったか，というのが法 m の世界における a の逆数である．$m = 7$，$a = 3$ の場合を図解したのが，図 1.5 である．

法，つまり m を変えると，$\frac{1}{3}$ の役割を果たす数は変わっていく．例えば，$m = 23$ とすると，$3 \times 8 = 24 \equiv 1 \pmod{23}$ なので，8 が $\frac{1}{3}$ の役割を務めるし，$m = 37$ ならば，$3 \times 25 = 75 \equiv 1 \pmod{37}$ より，25 が $\frac{1}{3}$ の役割を務め

る．また，命題 1.4.3 より，m が 3 の倍数のときは，$\frac{1}{3}$ の役割を果たす整数は存在しない．

ところで，法 m の世界での逆数を計算する方法はあるのだろうか？ 例えば，法 91 の世界において $\frac{1}{34}$ の役割を務めるものを求めたいとする．ここで，再び活躍するのが，ユークリッドの互除法である．なぜだろう？

法 91 における 34 の逆数とは，$34b \equiv 1 \pmod{91}$ を満たす b のことである．言い換えれば，$34b - 1$ が 91 の倍数になるようにしたい．この 91 の倍数を $91k$ と書くと，つまり，

$$34b + (-k) \cdot 91 = 1$$

を満たす整数 b と k がほしいのである．ここまでくれば，ユークリッドの互除法（定理 1.1.2）の後半部分の通りだということが分かる．この例の場合，具体的に計算すると，

$$91 \div 34 = 2 \text{ 余り } 23$$
$$34 \div 23 = 1 \text{ 余り } 11$$
$$23 \div 11 = 2 \text{ 余り } 1$$

を下からみていくと，

$$1 = 23 - 2 \cdot 11 = 23 - 2(34 - 23) = 3 \cdot 23 - 2 \cdot 34$$
$$= 3(91 - 2 \cdot 34) - 2 \cdot 34 = 3 \cdot 91 - 8 \cdot 34$$

となるので，求めたい b（34 に掛けてある数）は -8 となる．これでも正しいが，0 から $m-1$ の範囲で書くならば，$-8 \equiv (-8) + 91 = 83 \pmod{91}$ が，法 91 における 34 の「逆数」となる．

逆数が求まると，「割り算」の計算が楽にできるようになる．例えば，法 91 の世界での 34 の逆数が 83 であることを利用すると，34 で割る，つまり $\frac{1}{34}$ の役割のもので掛けることは，この世界では 83 で掛けることなので，例えば，

$$11 \lceil \div \rfloor 34 \equiv 11 \times 83 = 913 \equiv 3 \pmod{91}$$

と簡単に計算できる．別の見方をすると，

$$11 = 11 \cdot 1 \equiv 11 \cdot (83 \cdot 34) = (11 \cdot 83) \cdot 34 \pmod{91}$$

なので，両辺を 34 で割ることで，$11 \lceil \div \rfloor 34 \equiv 11 \cdot 83 \pmod{91}$ となる．

図 1.5 のように逆数をイメージすると，長さ a のひもを何個用意すると，円に

沿って置いたときに円上で 0 から c の位置まで来るか,というのが法 m における c「÷」a である.ひもを a の逆数個用意すると,円上で 0 の位置から 1 まで移動したのだから,これを c 回繰り返せば c の位置まで来る,ということである.

以上のことをまとめておこう.

> **命題 1.4.4.** $m \geq 2$ を自然数とする.このとき,$\gcd(a,m) = 1$ ならば,法 m の世界での a の「逆数」,つまり $ab \equiv 1 \pmod{m}$ を満たす整数 b が存在し,また,この b は,a と m に関するユークリッドの互除法(定理 1.1.2)で計算できる.また,この状況のとき,任意の整数 c に関して,c「÷」$a \equiv cb$ と捉え直すことで,法 m の世界での a による割り算ができる.

特に m が素数 p の場合は,a が p の倍数でない限り(つまり $a \not\equiv 0 \pmod{p}$ な限り),必ず逆数が存在する.割り算ができることの特別な場合として,前節でとりあげた合同式の性質(命題 1.3.2)の割り算版が得られる.

> **系 1.4.5.** m を自然数,a_1, a_2, b_2 を整数とし,$\gcd(a_1, m) = 1$ とする.このとき,$a_1 a_2 \equiv a_1 b_2 \pmod{m}$ を満たすならば,$a_2 \equiv b_2 \pmod{m}$ が成り立つ.

証明. 命題 1.4.4 より,法 m の世界で a_1 の逆数 c が存在する.つまり,$ca_1 \equiv 1 \pmod{m}$ なので,与えられている式 $a_1 a_2 \equiv a_1 b_2$ の両辺に c を掛けて命題 1.3.2 を使うと,

$$\begin{aligned} a_2 = 1 \cdot a_2 &\equiv (ca_1)a_2 = c \cdot (a_1 a_2) \\ &\equiv c \cdot (a_1 b_2) = (ca_1) b_2 \\ &\equiv 1 \cdot b_2 = b_2 \pmod{m}. \end{aligned}$$ □

命題 1.4.4 と同じような考え方で,合同式における「1 次方程式」を完全攻略できる.実数の世界で,「$ax = b$ という式を解きなさい」と言われたら,「$a \neq 0$ ならば,$x = \dfrac{b}{a}$ が解;$a = 0$ ならば,$b = 0$ のとき全ての実数が解となり,$b \neq 0$ のとき解なし」が答えである.$\dfrac{b}{a}$ とは,$b \times \dfrac{1}{a}$,つまり逆数をこっそり使っていることに注意する.そこで,等号を合同の記号にかえて,「法 m の世界で 1 次方程式を解きなさい」,つまり

$$ax \equiv b \pmod{m}$$

の整数解 x を求める問題を考える．別の言葉では，整数 a と，2 以上の自然数 m と，0 以上 $m-1$ 以下の整数 b が与えられたとき，「a の倍数の中で m で割ったときの余りが b になるものがありますか」となる．次の定理が答えで，暗号理論でもたびたび必要になる．

> **定理 1.4.6.** a と b を整数，m を 2 以上の自然数とする．
> 1. b が $\gcd(a, m)$ の倍数でないときは，$ax \equiv b \pmod{m}$ を満たす整数 x は存在しない．
> 2. b が $\gcd(a, m)$ の倍数のときは，$ax \equiv b \pmod{m}$ を満たす整数 x が存在し，以下の方法で求められる．
>   (1) ユークリッドの互除法（定理 1.1.2）を用いて，$ka + \ell m = \gcd(a, m)$ を満たす整数 k と ℓ を見つける．
>   (2) (1) で求めた k を整数 $\dfrac{b}{\gcd(a, m)}$ で掛けたものが，x である．

特に a と m が互いに素なときは，整数 b は $\gcd(a, m) = 1$ の倍数なので，必ず 1 次合同式に解がある．m が素数な場合が，今後よく出てくる．

証明． $\gcd(a, m)$ を d としよう．$ax \equiv b \pmod{m}$ を満たすならば，$ax - b = mn$ を満たす整数 n が存在する．書き換えると

$$\underline{ax} - \underline{m}n = b.$$

下線をひいた部分が d の倍数なので，b も d の倍数となる．よって 1. が示せた．そこで，b が d の倍数だとしよう．具体的に，整数 r を用いて，$b = rd$ とする．ユークリッドの互除法（定理 1.1.2）より，$ka + \ell m = d$ を満たす整数 k, ℓ が存在するので，両辺を r 倍すると，

$$rk \cdot a + r\ell m = rd = b.$$

つまり，$x = rk$ とおくと，$ax - b$ が $r\ell m$ という m の倍数になることが分かり，$ax \equiv b \pmod{m}$ を満たす． □

上記証明では，直接は逆数を使わなかったが，通常の実数上の 1 次方程式と同じように，逆数を用いることもできる．$d = \gcd(a, m)$ とし，$a = da'$, $m = dm'$ とすると，最大公約数を取り除いてしまったので，$\gcd(a', m') = 1$. したがって，命題 1.4.4 より，法 m' の世界では，a' の「逆数」c' が存在する．つまり，

$$a'c' \equiv 1 \pmod{m'}.$$

よって，$a'c' - 1 = m'r$ を満たす r が存在するので，この両辺を d 倍すると，

$$\underbrace{da'}_{a} c' - d = \underbrace{dm'}_{m} r.$$

これにより，$ax \equiv d \pmod{m}$ の解 $x = c'$ が見つかったので，b が d の倍数のとき，$ax \equiv b \pmod{m}$ の解として $x = c' \cdot \frac{b}{d}$ が見つかる．

整数の中には，分数は含まれないが，余りの世界や合同の世界で整数を考えてあげると，逆数の役割を果たす整数が現れて，また，1 次式も解けるようになるのである．暗号などへの応用では，逆数が存在することが理論的に分かっているだけでは意味がなく，実際に計算できないと困るのだが，ユークリッドの互除法という古代からの手法の応用で，見事に短時間で計算できる．

余談 1.4.7.

定理 1.4.6 の 2. の場合，つまり，解が存在する場合，x_1 を 1 つの解とすると，同じ式の任意の解は

$$x_1 + k \cdot \frac{m}{\gcd(a,m)} \qquad (k \text{ は整数}) \tag{1.4.1}$$

となる．これを示そう．もし，$ax_1 \equiv b \pmod{m}$ かつ $ax_2 \equiv b \pmod{m}$ だとすると，差をとって

$$a(x_1 - x_2) \equiv b - b = 0 \pmod{m}.$$

つまり，$a(x_1 - x_2)$ は m の倍数となる．よって，$\gcd(a,m)$ で割ると，

$$\frac{a}{\gcd(a,m)}(x_1 - x_2) \text{ は } \frac{m}{\gcd(a,m)} \text{ の倍数.}$$

a と m の最大公約数が $\gcd(a,m)$ なので，$\frac{a}{\gcd(a,m)}$ と $\frac{m}{\gcd(a,m)}$ の間には共通の約数はない．よって素因数分解の一意性（定理 1.2.3）より，$x_1 - x_2$ は $\frac{m}{\gcd(a,m)}$ の倍数となる．つまり x_2 は (1.4.1) 式のようになる．逆に，x_1 が $ax_1 \equiv b \pmod{m}$ を満たすとき，

$$a\left(x_1 + k \cdot \frac{m}{\gcd(a,m)}\right) = ax_1 + \frac{a}{\gcd(a,m)} \cdot km$$

となり，a は $\gcd(a,m)$ で割り切れるので，波線部分は m の倍数となる．よって，上の式は ax_1，つまり b と法 m で合同になるので，(1.4.1) 式も解となることが分かった．

第2章 素因数分解と抜群の相性のものは
――数論的関数

違う素数を「独立」と捉えて計算できる関数が数論的関数である．つまり，$30 = 2 \cdot 3 \cdot 5$ での値が知りたかったら，2 での値と 3 での値と 5 での値を掛け合わせればよいような関数のことで，素因数分解と相性がよい．

本章では，数論的関数の例としてオイラー φ 関数とシグマ関数を紹介する．その結果，「フェルマーの小定理」と呼ばれる定理を証明でき，完全数についての性質を調べられる．2.1 節と 2.2 節の結果は，暗号理論の部分も含めて本書で何度も活用されることになる．

2.1 孫子の助けを得て
―中国剰余の定理とオイラー φ 関数

　m を自然数，a を整数としよう．命題 1.4.4 でみたように，a と m が互いに素なときに，法 m の世界で a の逆数が存在する．では，逆数が存在するような a はいくつあるのだろうか？ 法 m の世界では，m の倍数ずれた整数は「同じ」と扱うので，実際には，例えば 1 から m まで考えてあげれば，法 m の世界を網羅できる．そこで，m の**オイラー φ (ファイ) 関数** $\varphi(m)$ を，1 から m までの自然数の中で m と互いに素なものの個数，と定義しよう．実際には $m \geq 2$ ならば，m は m と互いに素ではないので，オイラー φ 関数を，「1 から $m-1$ までの自然数で m と互いに素なもの」と定義しても同じであるが，$m=1$ の場合を統一的に扱いたいがゆえに，あえてこのように定義しておく．

　また，標準的な記号ではないが，本章ではたびたび登場するので，

　　$A_m =$ 「1 から m までの自然数の中で m と互いに素なもの全ての集まり」

と定義しよう．つまり，A_m に含まれる個数が，$\varphi(m)$ である．最初の方をみてみよう（表 2.1）．

　m が小さいときはいいが，例えば $\varphi(32400)$ を求めるには，1 から 32400 までの自然数の中で 32400 と互いに素なものだけを取り出して個数を数える必要が

表 2.1 　$m=12$ までの A_m と $\varphi(m)$

m	A_m	$\varphi(m)$	m	A_m	$\varphi(m)$
1	$\{1\}$	1	7	$\{1,2,3,4,5,6\}$	6
2	$\{1\}$	1	8	$\{1,3,5,7\}$	4
3	$\{1,2\}$	2	9	$\{1,2,4,5,7,8\}$	6
4	$\{1,3\}$	2	10	$\{1,3,7,9\}$	4
5	$\{1,2,3,4\}$	4	11	$\{1,2,3,4,5,6,7,8,9,10\}$	10
6	$\{1,5\}$	2	12	$\{1,5,7,11\}$	4

あり，手間がかかりすぎる．実は，この $\varphi(m)$ を簡単に求める公式があり，それが本節の主題である．まずは m がある素数 p のべき数である場合を考えよう．

> **命題 2.1.1.** p を素数，k を自然数とする．このとき，
> $$\varphi(p^k) = p^k - p^{k-1}.$$

証明． p が素数なので，p^k の約数は p のべき乗のみで，$\gcd(a, p^k) \neq 1$ ならば a は p の倍数となる．逆に，a が p の倍数ならば，$\gcd(a, p^k) \neq 1$ である．つまり，

$A_{p^k} = 1$ から p^k までの自然数のうち，p の倍数でないものの集まり

である．1 から p^k までは，合計 p^k 個の整数があり，このうち p の倍数は

$$p = 1 \cdot p, \quad 2p, \quad 3p, \ldots, \quad (p^{k-1} - 1) \cdot p, \quad p^{k-1} \cdot p = p^k$$

である．このリストでは，p の前に掛けている整数が 1 から p^{k-1} まで動いているので，合計 p^{k-1} 個の自然数を含んでいる．つまり，p^k までの自然数のうち，p の倍数となる p^{k-1} 個だけ取り除けば，A_{p^k} ができるので，$\varphi(p^k) = p^k - p^{k-1}$ が示せた． □

φ について調べ続ける前に，便利な事実を証明しよう．これは，孫子により証明されたとされることの一般化であるため，**中国剰余の定理**と呼ばれることが多い．我々はすでに，1 次合同式について学んでいるので，実は定理 1.4.6 の簡単な応用にしか過ぎない．

孫子（そんし）

南北朝時代の頃の中国の数学者ニャ！

定理 2.1.2（中国剰余の定理）．m, n を自然数，a, b を整数とする．m と n が互いに素なとき，法 m で a に合同で，法 n で b に合同な整数が存在する．

証明． 整数 x が $x \equiv a \pmod{m}$ を満たすならば，ある整数 y が存在して，$x - a = my$，つまり，$x = my + a$ となる．この x が法 n で b に合同ということは，

$$x = my + a \equiv b \pmod{n} \iff my \equiv b - a \pmod{n}.$$

$\gcd(m, n) = 1$ は $b - a$ を割り切るので，定理 1.4.6 により，整数解 y がある．この y を使って，$my + a$ を作れば，どちらの合同条件も満たし，求めたい整数となる． □

準備ができたので，いよいよ，φ の計算に必要となる重要な性質を証明する．

定理 2.1.3. m, n を自然数とする．このとき，m と n が互いに素ならば，

$$\varphi(mn) = \varphi(m)\varphi(n).$$

m と n が互いに素である，という条件は大変重要である：$\varphi(4) = 2 \neq 1^2 = \varphi(2)\varphi(2)$．

証明に入る前に，この定理 2.1.3 と命題 2.1.1 を合わせると，m の素因数分解が分かっていれば[注1]，直ちに $\varphi(m)$ が計算できることを観察しよう．素因数分解（定理 1.2.3）により，m を素数のべきの積

$$m = p_1^{k_1} \times p_2^{k_2} \times \cdots \times p_\ell^{k_\ell}$$

と書くことができ[注2]，命題 2.1.1 と定理 2.1.3 より，

$$\varphi(m) = \varphi(p_1^{k_1}) \times \varphi(p_2^{k_2}) \times \cdots \times \varphi(p_\ell^{k_\ell})$$
$$= \left(p_1^{k_1} - p_1^{k_1 - 1}\right) \times \cdots \times \left(p_\ell^{k_\ell} - p_\ell^{k_\ell - 1}\right).$$

例えば，35 ページの $m = 32400$ の場合だと，

$$\varphi(32400) = \varphi(2^4 3^4 5^2) = (2^4 - 2^3)(3^4 - 3^3)(5^2 - 5) = 8 \cdot 54 \cdot 20 = 8640.$$

注1 16 ページでも触れたように，大きい数の場合，素因数分解の計算は困難極める．
注2 本書に出てくる x_i^k のような表記は全て x_i を k 乗したものを表す．k は添え字ではない．

証明に使われるアイディアをまず述べよう．xy-平面を考え，A_m の元たちを x 座標に，A_n の元たちを y 座標に持つような点を書いてみる（これを**直積**といい，$A_m \times A_n$ と書き表す）．例えば，$m=5, n=4$ の場合が，図 2.1 である．

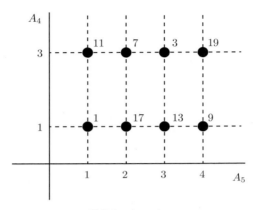

図 2.1　$A_5 \times A_4$

点の数の合計は，水平方向に可能性が A_m の個数（つまり $\varphi(m)$ 個），縦方向に可能性が A_n の個数（つまり $\varphi(n)$ 個）あるので，合わせて，$\varphi(m)\varphi(n)$ 個ある．そこで，描いた点各々に，ちょうど 1 つずつ A_{mn} の元が対応していれば，証明が終わる．図 2.1 では，点の横に書いた数字が，対応する $A_{5\cdot 4} = A_{20}$ の点である．点の横の数字を $m=5$ で割ると余りがその点の x 座標に，点の横の数字を $n=4$ で割ると余りがその点の y 座標になっている．m と n が互いに素なときは，このような図を必ず書ける，というのが証明のポイントである．

証明． $m=1$ あるいは $n=1$ の場合は，$\varphi(1)=1$ より成り立つので，$m \geq 2$，$n \geq 2$ とする．まず，次の主張を示す．

> **主張．** a を A_{mn} の元とする．このとき，a を m で割った余りを $r(a,m)$ とすると，$r(a,m)$ は A_m の元である．

主張の証明． まず，$r(a,m) \neq 0$ を示す．もし $r(a,m) = 0$ ならば，$a = km$ となり，a と mn の間に公約数 m がある．今 $m \geq 2$ としているので，これは a が A_{mn} の元であることに矛盾する．よって，$r(a,m) \neq 0$ が示せた．

特に，m で割った余りは必ず $m-1$ 以下なので，$1 \leq r(a,m) \leq m-1$ となる．

次に，$r(a,m)$ が m と互いに素であることを示す．a を m で割った余りが 0 ではないので，ユークリッド互除法の証明の中の補題 1.1.3 (ii) より，

$$\gcd(a,m) = \gcd(m, r(a,m))$$

となる．a と mn が互いに素なので，当然 a と m も互いに素であることより，$\gcd(m, r(a,m)) = 1$ が従う．

この両段落より，$r(a,m) \in A_m$ が示せた[注3]． □

m と n の間に対称性があるので，役割を交換すれば，a を n で割った余り $r(a,n)$ は A_n の元となることが分かる．

これにより，A_{mn} の元 a が与えられれば，A_m の元 $r(a,m)$ と，A_n の元 $r(a,n)$ があることが分かったので，a に対して $A_m \times A_n$ の元 $(r(a,m), r(a,n))$ が対応する．a を，x 座標が $r(a,m)$ で y 座標が $r(a,n)$ であるような xy-平面上の点へ送る，ということである．数学の言葉で言うと，集合写像 $A_{mn} \longrightarrow A_m \times A_n$ が構築できた．

ただ，この対応ができたからといって，すぐに A_{mn} の個数と，A_m の個数と A_n の個数の積が等しいとはならない．複数の A_{mn} の元が同じ xy-平面上の点に行くかもしれないし，xy-平面上の点で A_{mn} の元の行き先にならない点があるかもしれないからである．前者が起きないことを数学では**単射**，後者が起きないことを**全射**[注4]という．単射でもあり全射でもあるとき，**全単射**といい，このときは，1 対 1 にちょうど対応していることになるから，A_{mn} の元の数（つまり $\varphi(mn)$）と，$A_m \times A_n$ の点の数（つまり $\varphi(m)\varphi(n)$）が一致することになり，証明が終わる．

まず単射性，つまり複数の A_{mn} の元が xy-平面上の同じ点に対応することがないことを示そう．$a, b \in A_{mn}$ が同じ xy-平面上の点に対応したとする．x 座標が同じであることから，a, b を m で割ったときの余りは等しいので，この余りを r とすると，$a = q_1 m + r$, $b = q_2 m + r$ と書ける．よって，

$$a - b = (q_1 - q_2)m. \tag{2.1.1}$$

注3　$r(a,m) \in A_m$ とは $r(a,m)$ が A_m の元のこと．
注4　一般に，集合写像 $f: A \to B$ が単射とは，$f(a_1) = f(a_2)$ ならば $a_1 = a_2$ であることを指し，全射とは，任意の B の元 b に対して A のある元 a が存在して，$f(a) = b$ となることを指す．

同じように，対応する y 座標が等しいことから，a, b を n で割った余りも等しく，$a - b$ は n の倍数となる．したがって，素因数分解の一意性より，n の素因数分解が $(q_1 - q_2)m$ の素因数分解に登場することになるが，m と n は互いに素なので，m の方の素因数分解には登場しない．よって，n の素因数分解は全て，$q_1 - q_2$ の素因数分解に登場する，つまり，$q_1 - q_2$ は n の倍数である．ここで，もう一度 (2.1.1) 式に戻ると，$a - b$ が mn の倍数であることが分かる．このことから，$|a - b| = 0, mn, 2mn, \ldots$ となる．しかし，$a, b \in A_{mn}$ を思い出すと，$1 \leq a, b \leq mn$ なので，たとえ両端をとったとしても，$|a - b|$ は $mn - 1$ にしかならないので，$|a - b| \leq mn - 1$．したがって，$a = b$ となる．つまり，対応する xy-平面上の点が同じならば，そもそも同じ A_{mn} の元から始めた，ということになり，単射性が示せた．

次に全射性，つまり xy-平面上に描いた $A_m \times A_n$ の点各々が，A_{mn} の何らかの元の行き先となることを示す．c を A_m の元，d を A_n の元としよう．このとき，m で割った余りが c となり，n で割った余りが d となるような A_{mn} の元がほしい．A_{mn} の元かどうかを気にしないことにすれば，$a \equiv c \pmod{m}$ かつ $a \equiv d \pmod{n}$ という 2 つの合同条件を満たす整数 a を探すことになるので，m と n が互いに素であることから中国剰余の定理（定理 2.1.2）が使え，a の存在が分かる．

mn ずつ a からずらすことで，ある整数 k を用いて，$a' = a + kmn$ を 1 以上 mn 以下にすることができる．また，

$$a' = a + kmn \equiv a \equiv c \pmod{m},$$
$$a' = a + kmn \equiv a \equiv d \pmod{n}$$

なので，a' も合同条件を満たす．ここで，$\gcd(a', m) = d > 1$ と仮定しよう．$a' \equiv c \pmod{m}$ より，$a' - c = \ell m$ と書けるが，

$$c = a' - \ell m$$

と変形すると，a' も m も d の倍数であることより，c も d の倍数だと分かる．よって，$\gcd(c, m) \geq d > 1$ となり，$c \in A_m$ に矛盾してしまう．したがって，$\gcd(a', m) = 1$ が背理法で示せた．同様に，$\gcd(a', n) = 1$ も示せる．mn の素因数分解を考えれば，このことより，$\gcd(a', mn) = 1$ が従う．

まとめると，$1 \leq a' \leq mn$ かつ $\gcd(a', mn) = 1$ となったので，$a' \in A_{mn}$ である．また，$a' \equiv c \pmod{m}$ と $a' \equiv d \pmod{n}$ の合同条件を満たすので，a' に対応する $A_m \times A_n$ の点は (c, d) となる．このことから全射性が示せた．

以上で，A_{mn} のそれぞれの元と，$A_m \times A_n$ の点が，1 対 1 にちょうど対応することが分かった．これにより，両者に含まれる個数は同じとなるので，題意

$$\varphi(mn) = \varphi(m)\varphi(n)$$

が示せた．

証明内の波線を引いたところをみれば分かるように，m と n が互いに素であるという仮定は外せない．この定理 2.1.3 で証明した性質は，整数論では頻出するので名前がある．自然数を定義域，複素数を値域とする関数 f を考えよう．つまり，各自然数 n に対して，何らかの複素数 $f(n)$ が対応している状況を考える．この f が，

m と n が互いに素なとき必ず，$f(mn) = f(m)f(n)$ を満たす

とき，f を**数論的関数**，または**乗法的関数**という．m と n に 1 より大きな公約数があるときには，何の条件も求めない．数論的関数は素因数分解と密接な関係があるため，素数の性質を調べる上で非常に重要である．数論的関数に関しては，第 4 章で再び重点的に取り上げる．第 4 章では，メビウス関数という数論的関数を使って，定理 2.1.3 の別証明もする（109 ページ）．

本節最後に，オイラー φ 関数の美しい性質を示しておこう．これは次章で原始根の存在定理（定理 3.1.1）を証明する際に使われる．

定理 2.1.4. n を自然数とし，n の約数全て（1 と n も含めて）を，$d_1, \ldots, d_k$ とする．このとき，

$$n = \varphi(d_1) + \varphi(d_2) + \cdots + \varphi(d_{k-1}) + \varphi(d_k). \tag{2.1.2}$$

例えば

$$3 = 1 + 2 = \varphi(1) + \varphi(3),$$
$$6 = 1 + 1 + 2 + 2 = \varphi(1) + \varphi(2) + \varphi(3) + \varphi(6)$$

である.

証明. 次の分数たちを考えよう：
$$\frac{1}{n}, \frac{2}{n}, \frac{3}{n}, \ldots, \frac{n-1}{n}, \frac{n}{n} \tag{2.1.3}$$

これらの分数を約分したときに，分母となりうる数は，n の約数なので，d_1 から d_k までのどれかである．n の約数のうちの1つ，d_i について考える．(2.1.3) 式の分数の中で，約分したときの分母が d_i になるとき，そのときの分子は d_i とは互いに素である．もしまだ共通の約数が残っていたら，さらに約分ができて，分母が d_i より小さくなるからである．逆に，a が 1 以上 d_i 以下の整数で，d_i と互いに素ならば，

$$\frac{a}{d_i} = \frac{a \cdot \dfrac{n}{d_i}}{d_i \cdot \dfrac{n}{d_i}} = \frac{a \cdot \dfrac{n}{d_i}}{n}$$

かつ，$0 < \frac{a}{d_i} \leq 1$ より，必ず (2.1.3) 式に登場する．つまり，(2.1.3) 式にある分数のうち，約分したときの分母が d_i となるものの分子は，ちょうど A_{d_i} の元たちである．特に，$\varphi(d_i)$ 個ある．これがどの $d_1, \ldots, d_k$ についてもいえ，また，(2.1.3) 式には合計 n 個の分数があるから，結論として，

$$\varphi(d_1) + \cdots + \varphi(d_k) = n. \qquad \square$$

第 4 章で再び数論的関数について調べていくときに（命題 4.1.2 の後），この定理の別証明を与える．

2.2 小といえども強力 —フェルマー小定理とオイラーによる拡張

前節で紹介したオイラー φ 関数を使って，フェルマーの小定理と，オイラーによるその拡張を示そう．これらの定理を証明すると，4 で割ると 1 余る素数の無限性を示すことができる．また，これらの定理が，第 8 章で述べる RSA 暗号と呼ばれる暗号の要となる．

まず，命題 1.4.1 の変型版を証明しよう．前節と同様，
$$A_m = \{b_1, \ldots, b_{\varphi(m)}\}$$
を 1 以上 m 以下の m と互いに素な自然数の集まりとする．b の添え字が $\varphi(m)$ までなのは，オイラー関数の定義より，A_m に含まれる元の個数はちょうど $\varphi(m)$ だからである．

命題 2.2.1. $m \geq 2$ を自然数とし，a を m と互いに素な自然数とする．このとき，$ab_1, \ldots, ab_{\varphi(m)}$ を法 m で考えると，(順番は変わるものの) $b_1, \ldots, b_{\varphi(m)}$ と合同なものがちょうど 1 つずつ登場する．

証明. a, b_i がそれぞれ m と互いに素なとき，ab_i の素因数分解にも m と共通なものは登場しないので，ab_i も m と互いに素である．特に，ab_i は m の倍数ではないので，ab_i を m で割った余り r_i は 0 ではない．よって，ユークリッドの互除法の証明内の補題 1.1.3 より，
$$\gcd(m, r_i) = \gcd(ab_i, m) = 1.$$
したがって，r_i は A_m の元となり，$ab_i \equiv r_i \pmod{m}$ となる．ここで，$b_i, b_j \in A_m$ に対し，
$$ab_i \equiv ab_j \pmod{m}$$

としよう．すると，$\gcd(a,m)=1$ であることから，系 1.4.5 より，$b_i \equiv b_j \pmod{m}$ となる．つまり，$ab_1,\ldots,ab_{\varphi(m)}$ という $\varphi(m)$ 羽の「鳩」は，法 m で考えると，A_m の相異なる「巣」に入れなくてはいけない．しかし，A_m には $\varphi(m)$ 個しか「巣」がないので，鳩の巣論法により，全ての巣にちょうど 1 羽ずつ入れることになる．よって，$ab_1,\ldots,ab_{\varphi(m)}$ には，順番は変わるものの，$b_1,\ldots,b_{\varphi(m)}$ と法 m で合同なものがちょうど 1 つずつ現れている． □

これを踏まえると，フェルマーの小定理のオイラーによる拡張の証明はすぐにできる．

定理 2.2.2（オイラーの定理）．$m \geq 2$ を自然数とし，a を m と互いに素な整数とする．このとき，
$$a^{\varphi(m)} \equiv 1 \pmod{m}$$
が成り立つ．

特に m が素数 p の場合，$\varphi(p) = p-1$ で，a が p の倍数でない限り $\gcd(a,p) = 1$ なので，次のようになる．この場合は，オイラーよりも前にフェルマーが証明した．有名なフェルマーの「最終定理」との比較で，「小定理」と名づけられているものの，整数論や暗号では非常に重要である．

系 2.2.3（フェルマーの小定理）．p が素数で，a が p の倍数でない整数のとき，
$$a^{p-1} \equiv 1 \pmod{p}.$$

オイラーの定理の証明． a が負のときは，p の倍数を足すことで，$a' > 0$ かつ $a \equiv a' \pmod{p}$ を見つけられる．この a' に関して定理を示すことができれば，命題 1.3.2 より，
$$a^{\varphi(m)} \equiv (a')^{\varphi(m)} \equiv 1 \pmod{m}$$
となるので，a でも定理が成り立つ．よって，a は始めから自然数だと仮定してよい．

命題 2.2.1 より，法 m で考えると，$ab_1,\ldots,ab_{\varphi(m)}$ は，$b_1,\ldots,b_{\varphi(m)}$ の順

番を入れ替えたものなので，これらを掛け合わせると，命題 1.3.2 より，

$$(ab_1) \cdot (ab_2) \cdot \cdots \cdot (ab_{\varphi(m)}) \equiv b_1 \cdot b_2 \cdot \cdots \cdot b_{\varphi(m)} \pmod{m}.$$

また，整数の掛け算は順番を入れ替えられるので，左辺に a が $\varphi(m)$ 回登場していることに注意すると，

$$(b_1 \cdots b_{\varphi(m)}) a^{\varphi(m)} \equiv (b_1 \cdots b_{\varphi(m)}) \cdot 1 \pmod{m}. \qquad (2.2.1)$$

b_i それぞれが m と互いに素なので，$b_1 \cdots b_{\varphi(m)}$ も m と互いに素．よって，系 1.4.5 を (2.2.1) 式に使うと，

$$a^{\varphi(m)} \equiv 1 \pmod{m}. \qquad \square$$

余談 2.2.4.

　群の概念を知っていれば，オイラーの定理に，少し違った証明を与えられる．簡単に述べておこう．まず，A_m 上で掛け算ができることに着目する．つまり，m と互いに素な数を 2 つ掛け合わせると，また m と互いに素な数になるので，それを m で割った余りを「掛け算」と定義する．このとき，A_m に入る b に対し，系 1.4.2 より，「逆数」x，つまり $bx \equiv 1 \pmod{m}$ を満たすような x が存在し，この x は m と互いに素である：もし共通の約数をもっていたら，bx と m の間にも共通の約数ができてしまい，bx を m で割った余りは 1 にはならない（b が x にとっての逆数になっていることを使えば，命題 1.4.3 からも，$\gcd(b, m) = 1$ が分かる）．つまり，A_m 内にこの逆数は存在する．このような状態のことを，代数学では「**群**」と呼ぶ．群論には「ラグランジュの定理」と呼ばれる定理があり，その系として，「n 個の元からなる群に a が含まれるならば，a^n がその群における 1 となる」という事実がある．これを使うと，A_m に含まれる個数は $\varphi(m)$，この世界での 1 とは，法 m で 1 に合同ということだから，

$$a^{\varphi(m)} \equiv 1 \pmod{m}$$

が導ける．よい性質（この場合「掛け算」の構造）をもつ集合の上で，少し理論構築することで（「ラグランジュの定理」を証明するまでの群論），証明をすっきりさせることができる．

　オイラーの定理の証明をみることで，「m と互いに素な数には，法 m で逆数がある」という事実の威力を感じることができたのではないだろうか．次に，フェルマーの小定理の応用についてみていく．

まずは，4で割ると1余る素数の無限性である．このために，2つの定理を準備として紹介する．準備とはいえ，それぞれ重要な定理なので，発見者の名前がついている．定理 2.2.6 は，フェルマーの小定理の応用で，第3章でも同じ結果の別証明を与える．

> **定理 2.2.5**（ウィルソンの定理）．p を素数とする．このとき
> $$1 \cdot 2 \cdot 3 \cdots (p-2) \cdot (p-1) \equiv -1 \pmod{p}.$$

証明． $p=2$ の場合は，$p-1=1$ となり，$1 \equiv -1 \pmod 2$ よりすぐ分かる．そこで，$p \geq 3$ として，$2 \leq a \leq p-2$ としよう．系 1.4.2 より，法 p での a の逆数 b が存在する．つまり，

$$ab \equiv 1 \pmod{p}.$$

さて，もし $b \equiv 1 \pmod{p}$ とすると，命題 1.3.2 より，

$$1 \equiv ab \equiv a \cdot 1 = a \pmod{p}$$

より，a の範囲に矛盾．同様に，$b \equiv p-1 \pmod{p}$ だとすると，

$$1 \equiv ab \equiv a \cdot (p-1) \equiv a \cdot (-1) = -a \pmod{p}$$

となることから，$a \equiv -1 \equiv p-1 \pmod{p}$．$a$ の範囲でこの合同条件を満たすものはないので，これも矛盾．また，$b \equiv a \pmod{p}$ とすると，

$$1 \equiv ab = a^2 \pmod{p}$$
$$\implies a^2 - 1 = (a-1)(a+1) \text{ が } p \text{ の倍数}$$

となるが，p は素数なので，命題 1.2.1 より，$a-1$ か $a+1$ のどちらかは p の倍数となる．つまり，

$$a \equiv 1 \quad \text{あるいは} \quad a \equiv -1 \pmod{p}.$$

この合同条件を満たす a は範囲内にないので，これも矛盾．

以上の観察から，「$2 \leq a \leq p-2$ の法 p での逆数 b は，1 にも -1 にも合同ではなく，しかも a 自身にもならない」と分かる．つまり，b は a とは異なる 2 以上 $p-2$ 以下の整数と合同となる．したがって，2 以上 $p-2$ 以下の整数に関し，逆数同士の組を作っていくことができて，しかもひとりぼっちになる整数がいない（参考までに，2 以上 $p-2$ 以下の自然数は，$(p-2)-2+1 = p-3$ 個あり，これは偶数なので，ペアが作れることに矛盾しない）．2 から $p-2$ ま

での掛け算を，順番を入れ替えて，ペア同士の掛け算を繰り返すと考えれば，

$$2 \cdot 3 \cdot \cdots (p-3) \cdot \cdots (p-2) \equiv \underbrace{1 \cdot \cdots \cdot 1}_{\frac{p-3}{2}\text{個}} = 1 \pmod{p}.$$

したがって，

$$1 \cdot 2 \cdot 3 \cdot \cdots \cdot (p-2) \cdot (p-1) \equiv 1 \cdot 1 \cdot (p-1) \equiv -1 \pmod{p}. \qquad \square$$

定理 2.2.6 （フェルマーの補題，平方剰余の相互法則の第一補充法則：定理 3.3.1）．p を素数とする．このとき，$p = 2$，あるいは p を 4 で割った余りが 1 ならば，

$$x^2 \equiv -1 \pmod{p}$$

を満たす整数 x が存在し，p を 4 で割った余りが 3 ならば，このような整数 x は存在しない．

証明． $p = 2$ のときは，$1^2 = 1 \equiv -1 \pmod{2}$ より，$x = 1$ とすればよい．p を 4 で割った余りが 1 のとき．$p = 4k + 1$ としよう．このとき，$1, 2, \ldots, p - 1 = 4k$ までの数を

$$1, 2, \ldots, 2k, \quad 2k+1, 2k+2, \ldots, 4k-1, 4k$$

のように前半と後半に分ける．後半部分から，それぞれ $p = 4k + 1$ 引くと，

$$2k+1 \equiv -2k, \; 2k+2 \equiv -2k+1, \ldots, \; 4k-1 \equiv -2, \; 4k \equiv -1 \pmod{p}.$$

よって，前半部分と再度合体させると，

$$1, 2, \ldots, 2k, \quad -2k, -2k+1, \ldots, -2, -1.$$

そこで，ウィルソンの定理（定理 2.2.5）と，命題 1.3.2 を使うと[注1]，

$$-1 \equiv 1 \cdot 2 \cdot \cdots (p-2)(p-1) \pmod{p}$$
$$\equiv 1 \cdot 2 \cdot \cdots \cdot (2k-1)(2k) \cdot (-2k)(-2k+1) \cdot \cdots \cdot (-2)(-1) \pmod{p}$$
$$= (2k)! \left((-1)^{2k}(2k)!\right) = \left((2k)!\right)^2$$

注1　「!」は**階乗**を表す記号で，$n! = 1 \times 2 \times 3 \times \cdots \times n$ を表す．ただし，$0! = 1$ と定義する．

2.2 小といえども強力　　47

となり，$x = (2k)!$ が，$x^2 \equiv -1 \pmod{p}$ を満たすことが分かる．

最後に，p を 4 で割ると余りが 3 だとして，$p = 4k+3$ と書こう．そして，$x^2 \equiv -1 \pmod{p}$ を満たす整数 x が存在したと仮定する．このとき，命題 1.3.2 より，

$$x^4 = x^2 \cdot x^2 \equiv (-1)(-1) = 1 \pmod{p} \tag{2.2.2}$$

である．一方，x が p の倍数ならば，x^2 も p の倍数となり，-1 と合同にはならない．したがって，x は p と互いに素であり，フェルマーの小定理（系 2.2.3）より，

$$x^{p-1} \equiv 1 \pmod{p}. \tag{2.2.3}$$

(2.2.2) 式と (2.2.3) 式より，

$$1 \equiv x^{p-1} = x^{4k+2} = \underbrace{x^4 \times \cdots \times x^4}_{k \text{ 個}} \cdot x^2 \equiv \underbrace{1 \times \cdots \times 1}_{k \text{ 個}} \cdot x^2 = x^2 \pmod{p}$$

となるが，p は 2 ではないので，$1 \not\equiv -1$ であり，元々の仮定 $x^2 \equiv -1 \pmod{p}$ に矛盾する．したがって，$p \equiv 3 \pmod{4}$ のときは，$x^2 \equiv -1 \pmod{p}$ を満たす整数 x は存在しない． □

ここまでの準備で，4 で割ると 1 余る素数の無限性が証明できる．

定理 2.2.7. 4 で割ると 1 余る素数は無限個存在する．

証明. 背理法で証明する．4 で割ると 1 余る素数が有限個，具体的には n 個だけだと仮定し，$p_1, p_2, \ldots, p_n$ で全てを網羅すると仮定する．このとき，

$$N = (2p_1 p_2 \cdots p_{n-1} p_n)^2 + 1$$

とおき，q を N の素因数分解（定理 1.2.3）に登場する素数とする．N は奇数なので，$q \neq 2$．また，$q \mid N$ なので，

$$-1 \equiv N - 1 = (2p_1 p_2 \cdots p_{n-1} p_n)^2 \pmod{q}.$$

よって，定理 2.2.6 より，$q \equiv 1 \pmod{4}$ となる．したがって，ある i に関して，$q = p_i$ とならないといけないが，

$$\underbrace{N}_{q \text{ の倍数}} = \underbrace{(2p_1 p_2 \cdots p_{n-1} p_n)}_{q \text{ の倍数}}^2 + 1$$

より，1がqの倍数となる．これは矛盾なので，4で割ると1余る素数は無限個存在する． □

これで，4で割ると3余る素数も1余る素数も，どちらも無限個ずつ存在することが分かった．第4章では，実はどちらのタイプも「同頻度」あることを証明する．

さて，フェルマーの小定理（系2.2.3）の主張をもう一度みてみる：pが素数ならば，pの倍数以外の整数aに対して，

$$a^{p-1} \equiv 1 \pmod{p}.$$

両辺をaで掛けても合同性はくずれないので（命題1.3.2），

$$a^p \equiv a \pmod{p}.$$

この式は，aがpの倍数でも成り立つことに着目しよう（両辺ともに法pで0に合同）．つまり，pが素数ならば，どんな整数aでも$a^p - a$はpの倍数となる．違う表現をすると，もし，ある整数aが，

$$a^p \not\equiv a \pmod{p}$$

を満たすならば，pは素数でない！！ 例えば，

$$2^6 = 64 \equiv 4 \not\equiv 2 \pmod{6}$$

より，6が素数でないと分かる．もちろん，6が素数でないことは，$6 = 2 \times 3$から自明なのだが，フェルマーの小定理を使った遠回りでも，6が合成数であることを証明できる．

一般的にも，この合成数判定法は，計算機理論上，あまり合理的ではない．$2^p, 3^p, 4^p, \ldots$を法pで計算しないといけないからである．この計算をする位ならば，pが2で割り切れるか，3でわりきれるか，5で割り切れるか，と調べていく方が，まだ計算量は少ない．つまり，定義通りに合成数かどうかを判定する方が，一般的には効率がよい．

また，このフェルマーの小定理を使う方法は，「素数でない」と判定するのには使えるものの，「素数だ」と判定するのには使えないことに注意しよう．論理上大事なことなので，一般的な状況で図解しておこう．

$$
\begin{array}{ccc}
\text{「}A\text{ならば}B\text{」} & \Longleftrightarrow & \text{「}B\text{でないならば，}A\text{でない」（{\bf 対偶}）} \\
\not\Updownarrow & & \not\Updownarrow \\
\text{「}B\text{ならば}A\text{」（{\bf 逆}）} & \Longleftrightarrow & \text{「}A\text{でないならば，}B\text{でない」（{\bf 裏}）}
\end{array}
$$

図 2.2　対偶・逆・裏

図 2.2 の横同士は，論理的に同じ内容のことを含んでいる．ただ，縦は同じではない．図 2.3 のような例を考えてみるとすぐ分かるだろう．上の行の文はどちらをみても正しいが，下の行の文は，どちらもおかしい（例えば「たんぽぽも黄色い」という事実により，下の行のいずれの文も否定される）．このように，「ならば」の前と後ろを入れ替えると真偽がひっくり返ることがありうる．

$$
\begin{array}{ccc}
\text{「菜の花ならば，黄色い」} & \Longleftrightarrow & \text{「黄色でないならば，菜の花でない」（対偶）} \\
\not\Updownarrow & & \not\Updownarrow \\
\text{「黄色いならば，菜の花だ」（逆）} & \Longleftrightarrow & \text{「菜の花でないならば，黄色くない」（裏）}
\end{array}
$$

図 2.3　対偶・逆・裏の具体例

先ほどのフェルマーの小定理に戻ろう．これは，「素数ならば○○」という定理だったので，「○○でないならば，素数でない」という対偶は成り立ち，先ほどの 6 の例でもみたように，「素数でない」と判定できる．しかし，フェルマーの小定理の「逆」にあたる「○○ならば，素数である」は成り立たないので，「素数だ」という判定法には使えないのである．具体的な反例を作るには，次の命題が役立つ．

命題 2.2.8（コルセルト）．m を合成数とし，次の 2 条件を考える．

(i) 任意の整数 a に対して，$a^m \equiv a \pmod{m}$.

(ii) $m = p_1 \times p_2 \times \cdots \times p_k$. ただし，$p_1, \ldots, p_k$ は相異なる奇数の素数で[注2]，任意の $i = 1, \ldots, k$ に対して，$p_i - 1$ が $m - 1$ を割り切る．

このとき，(ii) を仮定すると，(i) が成り立つ．

実は，(i) を仮定すると (ii) が成り立つことも示せるので（命題 3.1.6），(i) と (ii) は合成数に関して同値の条件となっている．ただ，フェルマー小定理の逆の反例を作るのには，「(ii) ならば (i)」の向きさえあれば十分である．

証明． i を 1 から k の間のどれかとする．このとき，a が p_i と互いに素ならば，フェルマーの小定理（系 2.2.3）より，

$$a^{p_i - 1} \equiv 1 \pmod{p_i}.$$

仮定より $m - 1$ は $(p_i - 1)$ の倍数なので，$\frac{m-1}{p_i - 1}$ は整数．したがって，両辺を $\frac{m-1}{p_i - 1}$ 乗して，命題 1.3.2 を使うと，

$$a^{m-1} = \left(a^{p_i - 1}\right)^{\frac{m-1}{p_i - 1}} \equiv 1^{\frac{m-1}{p_i - 1}} = 1 \pmod{p_i}.$$

したがって，両辺を a で掛けて，再び命題 1.3.2 を使うと

$$a^m \equiv a \pmod{p_i}. \tag{2.2.4}$$

これは，a が p_i の倍数でも成り立つので，任意の整数 a に対して (2.2.4) 式が成立することになる．さて，(2.2.4) 式が $i = 1, \ldots, k$ に関して成り立つということは，$a^m - a$ は，p_1 の倍数でもあり，p_2 の倍数でもあり，$\cdots$，p_k の倍数でもあるので，$a^m - a$ の素因数分解には p_1 から p_k までが登場することになる．p_i たちが相異なる素数であることから，$a^m - a$ は $m = p_1 p_2 \cdots p_{k-1} p_k$ の倍数となる．つまり，$a^m \equiv a \pmod{m}$ となり，(i) が示せた． □

命題 2.2.8 を使うと，(ii) の条件を満たすような m を作れば，フェルマーの小

[注2] 実はこの証明をみると分かるように，「奇数」であることを使わずに (i) を導ける．ただ，命題 3.1.6 でみるように，(i) から奇数性を導けるので，より具体性を持たせるために，奇数の条件を (ii) に書いておく．

定理を「素数だ」という判定に使えないことが分かる：

$$m = 561 = 3 \cdot 11 \cdot 17, \quad (3-1) \mid 560, (11-1) \mid 560, (17-1) \mid 560$$
$$m = 1105 = 5 \cdot 13 \cdot 17, \quad (5-1) \mid 1104, (13-1) \mid 1104, (17-1) \mid 1104$$
$$m = 1729 = 7 \cdot 13 \cdot 19, \quad (7-1) \mid 1728, (13-1) \mid 1728, (19-1) \mid 1728$$

このように，合成数でありながら，命題 2.2.8 の (ii) の条件，つまり $(p-1) \mid (m-1)$ を満たすような相異なる奇数の素数の積で書けるような m のことを，**カーマイケル数**と呼ぶ[注3]．m がカーマイケル数のとき，命題 2.2.8 より，全ての整数 a に対して必ず $a^m \equiv a \pmod{m}$ となってしまうので，フェルマーの小定理を「素数だ」という判定法に使えない．カーマイケル数のときは，合成数だと教えてくれるいわば証人となる，$a^m \not\equiv a \pmod{m}$ を満たす a がいないのである．先ほども述べたように，命題 2.2.8 の逆も成り立つので（命題 3.1.6），カーマイケル数のみが，フェルマー小定理を使って「素数だ」と判定することへの反例になる．ただ，カーマイケル数は無限個あることが知られているので[注4]，フェルマーの小定理で「素数だ」と判定しようとすると，失敗する例が無限個あることになる．

以上まとめると，フェルマーの小定理を使った判定法は，「素数だ」という判定にはそもそも使えず，また「合成数だ」という判定に使うのにも，ひたすら割り算をしていって約数を探すよりも遅いので，実用上は役に立たない．一方，実は，フェルマーの小定理をもとにした，ミラー–ラビン判定法という方法がある．これは実用的な素数判定法であるが[注5]，より細かい議論が必要となるので，本書では扱わないことにする．

注3　カーマイケル数の定義を，「m と互いに素な全ての整数 a に対して，$a^{m-1} \equiv 1 \pmod{m}$ となる m」とする本も多く，これも命題 2.2.8 の (i) や (ii) と同値である．

注4　「n が十分大きければ，n までに $n^{2/7}$ 個以上のカーマイケル数がある」という結果がある (Alford, WR, Granville, A, Pomerance, C: *Ann. of Math.*, 139 (1994))．

注5　ミラー–ラビン判定法も，「○○を満たす整数 a が存在するならば，合成数だ」という判定法だが，フェルマー小定理を使った判定と違い，合成数のときは「○○を満たす」a が必ず存在する．つまり，カーマイケル数のようなことは起きないので，a が存在しなければ「素数だ」と言える．しかも，たいていの合成数の場合，かなり小さい a が「○○を満たす」ので，計算も速い．ただ，小さい a が必ず見つかる，と理論的に証明するには，いまのところ，「一般リーマン予想」と呼ばれる，第 4 章に登場するリーマン予想のディリクレ L 関数版を認めないといけない．詳しくは，コブリッツ著「数論アルゴリズムと楕円暗号理論入門」[1]) §5.1 を参照のこと．

2.3 聖なる完全数―σ 関数の活躍

ギリシャ時代から人々が関心を持っていた自然数として，**完全数**がある．これは，自分以外の約数の和が，自分自身に等しくなるような自然数のことである．つまり，自然数 n であって，n 以外の n の約数の和がちょうど n になること，つまり（n を含めた）約数の総和が，$2n$ となるようなことである．最初の方を少しみてみよう．下記の下線部分が n である．

$$1 \neq 2 \cdot \underline{1}, \quad 1+2 \neq 2 \cdot \underline{2}, \quad 1+3 \neq 2 \cdot \underline{3},$$
$$1+2+4 \neq 2 \cdot \underline{4}, \quad 1+5 \neq 2 \cdot \underline{5}$$

なので，1 から 5 までは完全数ではないが，

$$1+2+3+6 = 12 = 2 \cdot \underline{6}$$

なので，6 は完全数となる．素数 p の場合，約数は 1 と p だけなので，約数の和は $1+p$ となり，これが $2p$ だとすると，$p=1$ となり矛盾する．したがって，素数は完全数ではない．これにより，7 から 27 までの数のうち，7, 11, 13, 17, 19, 23 が除外される．また，$n = 2p$（p は 5 以上の素数）のとき，約数は 1, 2, p, n となり，n が完全数ならば，

$$1+2+p+2p = 2 \cdot 2p \implies 1+2 = p$$

となり矛盾する．したがって，このような数も完全数ではないので，7 から 27 までの数のうち，10, 14, 22, 26 が除外された．残りの数については地道にみていくと，

$$1+2+4+8 = 15 \neq 2 \cdot \underline{8},$$
$$1+3+9 = 13 \neq 2 \cdot \underline{9},$$

$$1+2+3+4+6+12 = 28 \neq 2 \cdot \underline{12},$$
$$1+3+5+15 = 24 \neq 2 \cdot \underline{15},$$
$$1+2+4+8+16 = 31 \neq 2 \cdot \underline{16},$$
$$1+2+3+6+9+18 = 39 \neq 2 \cdot \underline{18}$$
$$1+2+4+5+10+20 = 42 \neq 2 \cdot \underline{20},$$
$$1+3+7+21 = 32 \neq 2 \cdot \underline{21},$$
$$1+2+3+4+6+8+12+24 = 60 \neq 2 \cdot \underline{24},$$
$$1+5+25 = 31 \neq 2 \cdot \underline{25},$$
$$1+3+9+27 = 40 \neq 2 \cdot \underline{27}$$

となり，これで，7 から 27 までの数が完全数でないことが分かった．次に，28 をみてみると，約数の和は

$$1+2+4+7+14+28 = 56 = 2 \cdot \underline{28}$$

となり完全数となる．6 日間の天地創造，28 日間の月の公転周期は，6 と 28 が完全数だからだ，という説があるほど，古代から人類を魅してきた．

次の完全数は，だいぶ大きくなり，496 である：

$$1+2+4+8+16+31+62+124+248+496 = 992 = 2 \cdot 496$$

さて，完全数に関して，何かパターンはあるのだろうか？ 今まで見つけた 3 つの数を素因数分解してみよう：

$$6 = 2 \cdot 3, \qquad 28 = 4 \cdot 7, \qquad 496 = 16 \cdot 31$$

何かお気づきだろうか．少し別の書き方をしてみると，

$$6 = 2^{2-1} \cdot (2^2 - 1), \qquad 28 = 2^{3-1} \cdot (2^3 - 1), \qquad 496 = 2^{5-1} \cdot (2^5 - 1)$$

で，奇数の部分は全て素数である．というわけで，$2^k - 1$ の形をした素数と，2^{k-1} の積をとると，完全数になるのではないか，という予想を（たった 3 つの証拠しかないとはいえ）立てることができる．この予想が正しいことを確認する前に，まず，$2^k - 1$ の形の素数についての命題を示そう．

命題 2.3.1. $2^k - 1$ が素数ならば，k は素数である．

証明． 背理法で示すので，k が素数でないと仮定する．すると，$k = d_1 d_2$，$d_1 > 1, d_2 > 1$ の形で書ける（1 と k でない約数を d_1 として，$d_2 = \frac{k}{d_1}$ とおけばよい）．よって，

$$(2^{d_1} - 1)(2^{(d_2-1)d_1} + 2^{(d_2-2)d_1} + \cdots + 2^{2d_1} + 2^{d_1} + 1)$$
$$= 2^{d_1 d_2} - 1 = 2^k - 1$$

を満たすことが分かる[注1]．$d_1 > 1$ の仮定より，$2^{d_1} - 1 \geq 2^2 - 1 = 3$ であり，$d_2 > 1$ より，$(d_2 - 1)d_1 \geq d_1 > 1$ だから，左辺の後半項は，少なくとも $2^2 + 1 = 5$ である．よって，$2^k - 1$ を 1 より大きい 2 つの自然数の積として書き表すことができたので，素数であるという仮定に矛盾する．したがって，背理法により，k は素数である． □

$2^k - 1$ の形の素数のことを**メルセンヌ素数**といい，古くから調べられてきた．命題 2.3.1 の逆は成り立たないことに注意しよう．つまり，k が素数だからといって，$2^k - 1$ が素数になるとは限らない．実際，

$$2^{11} - 1 = 2047 = 23 \times 89$$

である．

マラン・メルセンヌ
Marin Mersenne

17世紀のフランスの神学者で，数学や物理の研究もしたのニャ

注1 $(x - 1)(x^{d_2 - 1} + x^{d_2 - 2} + \cdots + x + 1) = x^{d_2} - 1$ に $x = 2^{d_1}$ を代入したと捉えることもできる．

完全数についての分析をするために，**シグマ関数** σ を導入しよう．自然数 n に対して

$$\sigma(n) = n \text{ の約数全ての総和}$$

と定義したものを，**シグマ関数**という．53〜54 ページの計算で，1 から 28 までのシグマ関数の値は求めた．n が完全数であることと，$\sigma(n) = 2n$ であることが同値である．実は，次にみるように，シグマ関数は，オイラー φ 関数と同様，数論的関数である．

定理 2.3.2. (i) σ 関数を素数のべき p^k で評価すると

$$\sigma(p^k) = \frac{p^{k+1} - 1}{p - 1}.$$

(ii) σ 関数は数論的関数である．つまり，自然数 m と n が互いに素ならば，

$$\sigma(mn) = \sigma(m)\sigma(n).$$

オイラー φ 関数のときと同じように，この定理から，素因数分解さえできれば σ 関数は簡単に評価できることが分かる．素因数分解に登場する素数べきごとに (i) の公式を使い，後は (ii) により掛け合わせればいいだけだからである．例えば，

$$\sigma(19200) = \sigma(2^8 \cdot 3 \cdot 5^2) = \sigma(2^8)\sigma(3)\sigma(5^2) \qquad (\because \text{(ii)})$$

$$= \frac{2^9 - 1}{2 - 1} \cdot (1 + 3) \cdot \frac{5^3 - 1}{5 - 1} = 511 \cdot 4 \cdot 31 = 63364 \qquad (\because \text{(i)})$$

また，オイラー φ 関数のときと同様，「m と n が互いに素なとき」という条件を (ii) から外すことはできない：

$$\sigma(4) = 1 + 2 + 4 = 7 \neq 9 = (1 + 2)(1 + 2) = \sigma(2)\sigma(2).$$

証明. (i) p^k の約数は $1, p, p^2, p^3, \ldots, p^{k-1}, p^k$ なので，これらの和は初項 1，公比 p，最終項が p^k の等比数列の和となり，公式より

$$\frac{p^{k+1} - 1}{p - 1}$$

である．ちなみに，公式を忘れてしまっていても，等比数列の和の公式は簡単に導ける．今の場合，ほしいのは次の S である：

$$S = 1 + p + p^2 + \cdots + p^{k-1} + p^k. \tag{2.3.1}$$

両辺を p 倍すると

$$p \cdot S = p + p^2 + \cdots + p^k + p^{k+1}. \tag{2.3.2}$$

(2.3.2) 式から (2.3.1) 式を引くと，波線部分の p の項から p^k の項までは消し合って，

$$(p-1)S = p^{k+1} - 1.$$

両辺を $p-1$ で割ることで，求めたかった S が求められた．

(ii) 今後も次の主張は使うことがあるので，補題として書き出しておこう．

補題 2.3.3. m, n を自然数とする（互いに素とは仮定していない）．また，m の約数を（1 や m も含めて）$d_1, \ldots, d_k$ とし，n の約数を（1 や n も含めて）$e_1, \ldots, e_\ell$ とする．このとき，次が成り立つ．

(a) $d_i e_j$ は mn の約数である．
(b) 逆に，mn の約数ならば，ある $i = 1, \ldots, k$ と $j = 1, \ldots, \ell$ に対して，$d_i e_j$ の形で書ける．
(c) m と n が互いに素ならば，$(i_1, j_1) \neq (i_2, j_2)$ のとき（つまり，$i_1 \neq i_2$ あるいは $j_1 \neq j_2$ が成り立つとき），

$$d_{i_1} e_{j_1} \neq d_{i_2} e_{j_2}.$$

補題 2.3.3 の証明. (a) 自然数 a_i と b_j が存在し，$d_i a_i = m$，$e_j b_j = n$ なので，これらの掛け算をすると，$(d_i e_j)(a_i b_j) = mn$．よって，$d_i e_j$ は mn の約数である．

(b) c を mn の約数とする．自然数 c' を用いて，$cc' = mn$ としよう．このとき，$\gcd(c, m)$ は m の約数である．また，

$$\frac{c}{\gcd(c, m)} \cdot c' = \frac{m}{\gcd(c, m)} \cdot n$$

が成り立つが，最大公約数の定義より，自然数 $\frac{c}{\gcd(c, m)}$ と自然数 $\frac{m}{\gcd(c, m)}$ の間には公約数は 1 しかない．よって，素因数分解の一意性（定理 1.2.3）より，$\frac{c}{\gcd(c, m)}$ の素因数分解に登場するものは，全て n の素因数分解の方に現れないといけない．つまり，$\frac{c}{\gcd(c, m)}$ は n を割り切るので，n の約数である．よって

$$c = \underbrace{\gcd(c,m)}_{m \text{ の約数}} \times \underbrace{\frac{c}{\gcd(c,m)}}_{n \text{ の約数}}$$

となるので, 何らかの i と j に対し, $c = d_i e_j$ となることが分かった.

(c) m と n が互いに素として,

$$d_{i_1} e_{j_1} = d_{i_2} e_{j_2}$$

が成り立つとしよう. m と n が互いに素なので, m の約数である d_{i_1} と, n の約数である e_{j_2} は互いに素である. したがって, 再び素因数分解の一意性を使うと, d_{i_1} の素因数分解に登場するものは全て d_{i_2} に含まれないといけない, つまり, $d_{i_1} \mid d_{i_2}$ である. ここで, i_1 と i_2 は完全に対称形なので, 役割を変えて同じ議論をすると, $d_{i_2} \mid d_{i_1}$ でもある. これより, $d_{i_1} = d_{i_2}$. すると, 自動的に $e_{j_1} = e_{j_2}$ となるので, $i_1 = i_2$, $j_1 = j_2$ が成り立つことが分かる. ゆえに, どちらか一方でも異なれば $d_{i_1} e_{j_1} \neq d_{i_2} e_{j_2}$ となり, 補題の題意が完全に示された. □

それでは, 定理 2.3.2 (ii) の証明に戻ろう. m と n は互いに素なので, 補題 2.3.3(a)～(c) より,

$$d_1 e_1, \ldots, d_1 e_\ell, \quad d_2 e_1, \ldots, d_2 e_\ell, \quad \ldots, \quad d_k e_1, \ldots, d_k e_\ell$$

は mn の約数のリスト全体となり, しかも重複がない. したがって,

$$\begin{aligned}
\sigma(mn) &= (d_1 e_1 + \cdots + d_1 e_\ell) + (d_2 e_1 + \cdots + d_2 e_\ell) + \cdots \\
&\quad + (d_k e_1 + \cdots + d_k e_\ell) \\
&= d_1(e_1 + \cdots + e_\ell) + d_2(e_1 + \cdots + e_\ell) + \cdots + d_k(e_1 + \cdots + e_\ell) \\
&= (d_1 + \cdots + d_k)(e_1 + \cdots + e_\ell) \\
&= \sigma(m)\sigma(n).
\end{aligned}$$

これで, σ 関数が数論的関数であることが示せた. □

ここまで準備すると, 完全数に関して先ほど立てた予想「$2^k - 1$ の形の素数と, 2^{k-1} の積は完全数」が成り立つことを示せる. 命題 2.3.1 より, k は自動的

に素数となる．

> **定理 2.3.4（ユークリッド）．** p が素数で，$2^p - 1$ も素数のとき，$2^{p-1}(2^p - 1)$ は完全数である．

証明． 定理 2.3.2 (i) より
$$\sigma(2^{p-1}) = \frac{2^p - 1}{2 - 1} = 2^p - 1.$$

また，$2^p - 1$ は素数なので，$\sigma(2^p - 1) = 1 + (2^p - 1) = 2^p$ となる．$2^p - 1$ は奇数なので，2^{p-1} と互いに素である．したがって，σ 関数が数論的関数であることから（定理 2.3.2 (ii)），
$$\sigma\left(2^{p-1}(2^p - 1)\right) = \sigma(2^{p-1})\sigma(2^p - 1) = (2^p - 1) \cdot 2^p = 2 \cdot 2^{p-1}(2^p - 1)$$

となるので，完全数である． □

このユークリッドの定理によると，メルセンヌ素数 $2^p - 1$ があるごとに，完全数 $2^{p-1}(2^p - 1)$ を構築できる．この作り方に従うと，完全数として，6, 28, 496 に続いて

メルセンヌ素数：$127 = 2^7 - 1$，　完全数：$127 \times 2^6 = 8128$

メルセンヌ素数：$8191 = 2^{13} - 1$，　完全数：$8191 \times 2^{12} = 33550336$

メルセンヌ素数：$131071 = 2^{17} - 1$，　完全数：$131071 \times 2^{16} = 8589869056$

などを見つけることができる．繰り返しになるが，命題 2.3.1 は，「p が素数ならば，$2^p - 1$ は素数である」とは主張していないので，どの素数 p に対して，$2^p - 1$ が素数になるのかは分からない．コンピューター計算で確かめていくことの限界から，2016 年現在，知られているメルセンヌ素数は 49 個であり，一番大きいものが，$p = 74207281$ のときで，4400 万以上の桁数を持つ．

さて，ユークリッドの定理の逆は成り立つのだろうか？「逆」の定義は 50 ページで扱ったが，この場合，「完全数ならば，あるメルセンヌ素数 $2^p - 1$ と，2^{p-1} の積である」となる．これは，ユークリッドから 2000 年を経て，偶数の場合に正しいことがオイラーにより証明された．この証明でも σ 関数の数論性が大活躍する．

定理 2.3.5（オイラー）．偶数の完全数は，あるメルセンヌ素数 $2^p - 1$ と 2^{p-1} の積の形で書くことができる．

証明． n を完全数とし，n の素因数分解のうち，2 のべきの部分だけ取り出して，
$$n = 2^k m$$
と書くことにしよう．n は偶数なので，$k \geq 1$ であり，また，m は奇数である．したがって，2^k と m は互いに素なので，n が完全数であることと σ 関数の数論性（定理 2.3.2）から，
$$2^{k+1} m = 2n = \sigma(n) = \sigma(2^k)\sigma(m) = (2^{k+1} - 1)\sigma(m). \quad (2.3.3)$$
$2^{k+1} - 1$ は奇数なので，2^{k+1} とは共通の約数を持たないから，素因数分解の一意性を (2.3.3) 式の両端に使うと，$(2^{k+1} - 1) \mid m$ が分かる．そこで，
$$m = (2^{k+1} - 1)\ell$$
とおくことにする．このとき，(2.3.3) 式より，
$$2^{k+1}\ell = \sigma(m).$$
ここで，$\ell > 1$ と仮定しよう．n が偶数だから，$k \geq 1$ なので，$2^{k+1} - 1 > 1$．したがって，$1, \ell, m$ は m の異なる約数となる（$k = 0$ のときは，$2^{k+1} - 1 = 1$ なので，$\ell = m$ となってしまう）．ゆえに，
$$2^{k+1}\ell = \sigma(m) \geq 1 + \ell + (2^{k+1} - 1)\ell = 1 + 2^{k+1}\ell$$
となり，明らかに矛盾する．したがって，$\ell = 1$ である．つまり，
$$m = 2^{k+1} - 1 \quad \text{かつ} \quad \sigma(m) = 2^{k+1}.$$
しかし，k は 1 以上なので $1 < m$ であり，m の約数である 1 と m の和をとるだけで，2^{k+1} になってしまう．したがって，m にはこれ以外に約数がない．つまり，m は素数でなければいけなくなり，n はメルセンヌ素数 $2^{k+1} - 1$ と 2^k の積であることが分かる．命題 2.3.1 より，メルセンヌ素数のときのべき $k + 1$ は素数なので，これを p とおくと，$n = 2^{p-1}(2^p - 1)$ となり，題意が示せた． □

証明内の波線部分で，n が偶数であることを使っているので，オイラーの定理からは，奇数の完全数についてはまったく分からない．これまでの結果をまとめると，$2^p - 1$ が素数ならば（つまりメルセンヌ素数ならば），$2^{p-1}(2^p - 1)$ は完全数であり，逆に偶数の完全数は全てこの形で書ける．ここで 2 つの疑問が湧く．

- **疑問 1**：メルセンヌ素数は無限個あるのだろうか？
- **疑問 2**：奇数の完全数はあるのだろうか？

どちらも答えは分かっていない．疑問 1 に関しては，無限個あるだろうという前提の下（というより，有限個しかないと考える理由が見つかっていない），現在も，メルセンヌ素数を見つける分散コンピューティングが行われている．コンピューターの性能や分散台数などの向上で，今後もどんどんメルセンヌ素数，そして対応する完全数が見つかるであろうが，このやり方では，無限個あるかどうか，という理論的問題に答えることはできない．しばらく見つからなかったとしても，計算し終えた範囲よりも大きいメルセンヌ素数があるかもしれないし，計算を行った範囲にどんなにたくさんあっても，その範囲の先では 1 つもないかもしれないからである．

　疑問 2 に関しては，逆に，コンピューター計算で奇数の完全数を 1 つ見つけたら，それで答えとなる．しかし，今のところ見つかっていない．どんな大きい数まで調べたとしても，コンピューターが計算した範囲よりもさらに大きい，奇数の完全数が存在するかもしれないので，疑問 2 の答えが「ない」の場合も，コンピューターのできる仕事は残念ながら限られている．

　このように，2000 年以上昔から考えられていた完全数に関しての非常に素朴な疑問が，まだ未解決である．整数論は目覚ましい発展を遂げているものの，簡単な主張の割には証明が大変難解だったり（例えば第 7 章で触れるフェルマーの最終定理），未解決だったりする問題も多数ある．これも，整数論の不思議さ・魅力である．

第3章 ガウスが魅せられた宝石とは
―平方剰余

素数を「独立」のように扱えるのが前章の数論的関数であったが，本章では，平方数に関しては素数は「独立ではない」ことを示す．

2つの素数の間に密接な関連があることを主張する「平方剰余の相互法則」は，ガウスが8種類もの証明を与えるほど惚れ込んだ，美しい定理である．この定理の証明のため，そしてのちの暗号理論のため，3.1節では原始根と呼ばれるものの存在について述べる．

本章の内容が「初等整数論」と呼ばれる分野の最高峰と言ってよいと思う．

3.1 2のべき乗で全ての余りを網羅できるのか？
—原始根とアルティン予想

少し抽象的な話になるが，自然数の足し算の場合，1さえ用意すれば，1を繰り返し足すことで，全ての自然数を網羅できる．これは，

$$n = \underbrace{1 + \cdots + 1}_{n \text{ 個}}$$

だからである．自然数の掛け算の場合，同様のことは成り立たない．なぜならば，どんな1つの自然数 a を用意したところで，それを繰り返し掛け算しただけでは，a のべき乗しか作れないので，それ以外の自然数を作ることはできないからである．

それでは，第1章で扱った合同式の世界で，掛け算をみてみると，どうなのだろうか？法3の世界では，0以外のものは1と2だけである（3で割った余りは，0, 1, 2のいずれかである）．そこで2だけ用いて掛け算をすると，

$$2^1 = 2, \quad 2^2 = 4 \equiv 1 \pmod{3}$$

となるので，0以外のものを全て（この場合は2つだけだが）網羅する．次に法5の世界をみよう．0ではないものは1, 2, 3, 4である．再び，2だけ用いて掛け算を繰り返すと，

$$2^1 = 2, \quad 2^2 = 4, \quad 2^3 = 8 \equiv 3, \quad 2^4 = 16 \equiv 1 \pmod{5}$$

となり，順番は入れ替わるものの，1, 2, 3, 4が全て登場する．続いて，法7の世界をみよう．0ではないものは，1, 2, 3, 4, 5, 6とあり，2だけ用いて掛け算を繰り返すと，

$$2^1 = 2, \quad 2^2 = 4, \quad 2^3 = 8 \equiv 1, \quad 2^4 = 16 \equiv 2 \pmod{7},$$
$$2^5 = 32 \equiv 4, \quad 2^6 = 64 \equiv 1, \quad 2^7 = 128 \equiv 2 \pmod{7},$$

となってしまい，1, 2, 4 は登場するものの，これらの繰り返しとなってしまい，残りの 3, 5, 6 は登場しない．ところが，この場合でも 3 を用いて掛け算を繰り返すと，

$$3^1 = 3, \quad 3^2 = 9 \equiv 2, \quad 3^3 = 27 \equiv 6, \quad 3^4 = 81 \equiv 4 \pmod{7},$$
$$3^5 = 243 \equiv 5, \quad 3^6 = 729 \equiv 1 \pmod{7}$$

となり，ちゃんと 1, 2, 3, 4, 5, 6 まで全てが登場する．もう少し大きい数の合同式をみてみよう．法 31 の世界では，0 以外は，1 から 30 まである．ここで，17 を繰り返し掛け算することを考える．$17, 17^2 = 289 \equiv 10 \pmod{31}$ から始まる．この位の数となると，毎回 17^k の計算をして 31 で割った余りを求めるよりも，直前に計算した 17^{k-1} が法 31 で何に合同かを使う方が効率がよい．つまり，$17^2 \equiv 10 \pmod{31}$ と命題 1.3.2 を用いると，

$$17^3 = 17^2 \cdot 17 \equiv 10 \cdot 17 = 170 \equiv 15 \pmod{31}$$

のように求められる．これは，17^3 を計算するよりも，少ない桁数の掛け算で済むので，暗算もしやすいし，コンピューターに任せるにしてもより早く終わる．このように，17^{k-1} を 31 で割ったときの余りに 17 を掛けて，31 で割った余りを求める，という作業を繰り返すと，

$$17, 10, 15, 7, 26, 8, 12, 18, 27, 25, 22, 2, 3, 20, 30,$$
$$14, 21, 16, 24, 5, 23, 19, 13, 4, 6, 9, 29, 28, 11, 1,$$

となり，順番は滅茶苦茶だが，ちゃんと 1 から 30 までの自然数が一度ずつ登場している．

a のべき乗を法 p の世界で計算していくと，1 から $p-1$ までの全ての自然数を網羅するとき，a を法 p における**原始根**という．今までみてきたことから，法 3 や 5 における 2，法 7 における 3，法 31 における 17 などは原始根であり，法 7 における 2 は原始根ではない．次の定理が原始根についての重要な定理であり，本章後半の平方剰余の性質を調べる上でも大活躍する．

> **定理 3.1.1**（原始根定理）．p を素数とすると，法 p における原始根は必ず存在する[注1]．

注1 群論の言葉を使うと，「法 p の世界における掛け算は巡回群である」という定理である．

証明後により詳しく述べるが，「存在する」と言っているだけで，それぞれの p ごとに「どの数が」実際に原始根になるのかは，証明からはさっぱり分からない．実際，ある巨大な素数 p が与えられたときに，具体的に原始根を求めることは極めて困難である．それでも，「何らかの数が原始根となる」という事実は大いに役立つ．

この定理の証明は 2 通り与える．最初に行う証明では，オイラー関数を用いて個数勘定を行う．この証明では，法 p における原始根の個数が $\varphi(p-1)$ 個であることも示せる．2 通り目の証明は本節最後に行う．こちらは群論的な考え方に基づいており，オイラー関数は使わない．

どちらの証明でも中心的な役割を果たすのが，次の命題である．

命題 3.1.2. $f(x)$ を整数係数多項式とし，次数を d とする．また，p を素数とし，f の係数の少なくとも 1 つは p の倍数でないとする．このとき，

$$f(x) \equiv 0 \pmod{p}$$

を満たす $x = 0, \ldots, p-1$ は，どんなに多くても d 個である[注2]．

この命題において，「p が素数である」という仮定は非常に重要である．例えば，

$$4x - 4 \equiv 0 \pmod{8}$$

を考えると，

$$4\cdot 1 - 4 = 0, \quad 4\cdot 3 - 4 = 8 \equiv 0, \quad 4\cdot 5 - 4 = 16 \equiv 0, \quad 4\cdot 7 - 4 = 24 \equiv 0 \pmod{8}$$

より，1, 3, 5, 7 が解となり，解の個数（この場合 4）の方が方程式の次数（この場合 1）よりも大きい．同様に，

$$x^2 - 1 \equiv 0 \pmod{8}$$

を考えると，

$$1^2 - 1 = 0, \quad 3^2 - 1 = 8 \equiv 0, \quad 5^2 - 1 = 24 \equiv 0, \quad 7^2 - 1 = 48 \equiv 0 \pmod{8}$$

注2 一般に，K を体（四則演算が可能な集合）とすると，K 係数の 1 変数多項式の根の個数は，次数以下であることが示せる．法 p の世界（これを $\mathbb{Z}/p\mathbb{Z}$ と書く）が体であること，特に非零な元には逆元があること（系 1.4.2）がキーポイントである．

より，やはり 4 個の解を持つ．というわけで，p の素数性の条件は外すことができず，実際，証明の中でもこの条件は一番肝心な所（証明内二重線部分）で使われる．

命題 3.1.2 の証明． 次数に関する帰納法である．$d=0$ のときは，$f(x)$ は定数関数で，仮定より，定数の値は p の倍数でないので，根はない．よって，根の個数は 0 個以下であり，この命題の主張が成り立つ．続いて，次数が $d-1$ 以下の多項式に関しては，すでに命題の証明がなされていると仮定しよう．次数 d の多項式

$$f(x) = a_d x^d + a_{d-1} x^{d-1} + \cdots + a_1 x + a_0$$

を考える．$f(x) \equiv 0 \pmod{p}$ の根が 1 つもなければ，根の個数 0 は，d 以下なので，この命題が成り立つ．そこで，α を 0 以上 $p-1$ 以下の整数とし，これが，$f(x) \equiv 0 \pmod{p}$ の根，つまり，

$$f(\alpha) = a_d \alpha^d + a_{d-1} \alpha^{d-1} + \cdots + a_1 \alpha + a_0 \equiv 0 \pmod{p} \tag{3.1.1}$$

とする．ここで，組立除法による割り算，あるいは右辺を展開することによって，次を確かめられる．

$$\begin{aligned} f(x) = (x-\alpha)\Big(& a_d x^{d-1} + (a_d \alpha + a_{d-1}) x^{d-2} \\ & + (a_d \alpha^2 + a_{d-1} \alpha + a_{d-2}) x^{d-3} + \cdots \\ & + (a_d \alpha^{d-2} + a_{d-1} \alpha^{d-3} + \cdots + a_3 \alpha + a_2) x \\ & + (a_d \alpha^{d-1} + a_{d-1} \alpha^{d-2} + \cdots + a_2 \alpha + a_1) \Big) \\ & + (a_d \alpha^d + a_{d-1} \alpha^{d-1} + \cdots + a_1 \alpha + a_0). \end{aligned}$$

ここで，大きい括弧で囲まれた多項式（波線部分）を $g(x)$ とおく．α は整数なので，$g(x)$ は整数係数の多項式で，次数は高々 $d-1$ である．また，下線部分は，$f(\alpha)$ であることにも注意しよう．つまり，上の式を簡潔に書くと

$$f(x) = (x-\alpha)g(x) + f(\alpha) \tag{3.1.2}$$

となっている（この式の x に α を代入することでも，下線部分が $f(\alpha)$ に等しいとみることができる）．ここで，$g(x)$ の係数が全て p の倍数だったとすると，(3.1.2) 式の右辺を展開して (3.1.1) 式を使うことで，$f(x)$ の係数も全て

p の倍数となってしまい矛盾する．よって，$g(x)$ の係数の中に p の倍数でないものが少なくとも 1 つはある．

さて，β を 0 以上 $p-1$ 以下の整数として，$f(\beta) \equiv 0 \pmod{p}$ を満たすとしよう．(3.1.2) 式に $x = \beta$ を代入すると，

$$f(\beta) = (\beta - \alpha)g(\beta) + f(\alpha)$$

が p の倍数と分かる．(3.1.1) 式より，$f(\alpha)$ も p の倍数だから，結論として，

$$(\beta - \alpha)g(\beta)$$

も p の倍数である．<u>p は素数なので</u>，命題 1.2.1 より，$\beta - \alpha$ か，$g(\beta)$ の少なくとも一方は p の倍数となる．しかし，$0 \leq \alpha, \beta \leq p-1$ なので，$\beta - \alpha$ が p の倍数になるためには，$\alpha = \beta$（範囲の両端をとっても $p-1$ なので，0 以外の p の倍数を作れない）．また，g の次数は $d-1$ で，係数の 1 つは p の倍数でないので，帰納法の仮定が使え，根となりうる β の可能性は，最大でも $(d-1)$ 個である．これらを合わせると，$f(\beta) \equiv 0 \pmod{p}$ ならば，β の可能性は最大でも d 通りであることが分かる（$g(x) \equiv 0 \pmod{p}$ にちょうど $(d-1)$ 個の根があり，しかもそのどれもが α とは異なるときのみに，$f(x) \equiv 0 \pmod{p}$ の根の個数がちょうど d 個となる）．これで帰納法が進むので，証明が終わった． □

また，今後も頻出するので，次の簡単な事実を命題として書き出しておこう．

命題 3.1.3. 整数 a が，m 乗したときに初めて法 p で 1 に合同となるとする[注3]．つまり，a を m 乗すると法 p で 1 に合同だが，a の 1 乗，2 乗，…，$m-1$ 乗は 1 に合同でないとする．このとき，もし a の n 乗が法 p で 1 に合同ならば，n は m の倍数である．

証明． n を m で割った商を q，余りを r とすると，

$$1 \equiv a^n = a^{qm+r} = \left(\underbrace{a^m}_{\equiv 1}\right)^q \cdot a^r \equiv a^r \pmod{p}.$$

したがって，$a^r \equiv 1 \pmod{p}$ だが，$0 \leq r < m$ なので，m が「初めて」であるという事実より，$r = 0$ となる．つまり，n は m で割り切れる． □

注3 群論の言葉では，このような m を，法 p での a の**位数**という．

それでは，原始根定理の 1 番目の証明を与える．

定理 3.1.1 の証明． 個数の数え上げに基づいている．まずは，命題 3.1.2 の応用を示す．

> **補題 3.1.4.** p を素数とし，n を $p-1$ の約数とする．このとき，$1,\ldots,p-1$ までの自然数のうちで，n 乗すると法 p で 1 に合同となる数はちょうど n 個ある．

証明． n は $p-1$ の約数なので，自然数 k を用いて，$nk = p-1$ となる．よって，次のような因数分解ができる[注4]：

$$x^{p-1} - 1 = \underbrace{(x^n - 1)}_{g(x)}\underbrace{(x^{(k-1)n} + x^{(k-2)n} + \cdots + x^{2n} + x^n + 1)}_{h(x)}.$$

左辺の方程式

$$x^{p-1} - 1 \equiv 0 \pmod{p}$$

に対しては，フェルマーの小定理（系 2.2.3）より，$1,\ldots,p-1$ が根となるので，$\underline{p-1}$ 個の根がある．したがって，右辺 $g(x)h(x)$ が p の倍数となるような整数も $p-1$ 個あることになるが，p は素数なので，命題 1.2.1 によると，$g(x)$ が p の倍数か $h(x)$ が p の倍数かの少なくとも一方が成り立つ．しかし，$g(x)$ と $h(x)$ の定数項は p の倍数ではないので命題 3.1.2 が使え，$g(x) \equiv 0 \pmod{p}$ の解の個数は最大でも n 個，$h(x) \equiv 0 \pmod{p}$ の解の個数は最大でも $(k-1)n$ 個である．したがって，これらの根に重複がなかったとしても，$g(x)h(x) \equiv 0 \pmod{p}$ の解の個数は最大 $n + (k-1)n = kn = p-1$ 個である．すでにみたように（波線部分），この最大の数が左辺の解の個数なので，この最大が成し遂げられる．特に，$g(x) \equiv 0 \pmod{p}$ の解の個数は n 個となるので，

$$x^n \equiv 1 \pmod{p}$$

を満たすような整数は，1 から $p-1$ の間にちょうど n 個存在することが分かった． □

原始根定理を証明するために，次の（より精密な）主張を示す．

[注4] 55 ページと同様，$y^k - 1 = (y-1)(y^{k-1} + y^{k-2} + \cdots + y + 1)$ に $y = x^n$ を代入した，と考えてもよい．

主張. p を素数，n を $p-1$ の約数とする．このとき，$1,\ldots,p-1$ までの自然数のうちで，n 乗して初めて法 p で 1 に合同となるものは，ちょうど $\varphi(n)$ 個ある．ここで，φ はオイラー φ 関数（35 ページ）である．

主張の証明. $p-1$ の約数を小さい順に並べて，帰納法を行う．$p-1$ の一番小さい約数は 1 で，1 乗して（つまりその数そのもの）1 に合同なものは，1 のみなので，確かに $\varphi(1)=1$ 個である．そこで，n を $p-1$ の約数として，n 未満の $p-1$ の約数に関しては主張の証明がすでに終わっていると仮定する．1 以上 $p-1$ 以下の自然数 a が，$a^n \equiv 1 \pmod{p}$ を満たすとする．この a が，m 乗して初めて法 p で 1 に合同になるとすると，命題 3.1.3 より，m は n の約数である．したがって，$a^n \equiv 1 \pmod{p}$ を満たす a は，必ずある n の約数 m に対して，m 乗で初めて 1 に合同となる．逆に，m が n の約数で，かつ $a^m \equiv 1 \pmod{p}$ ならば，$\frac{n}{m}$ は自然数なので，
$$a^n = (a^m)^{n/m} \equiv 1^{n/m} = 1 \pmod{p}$$
となり，n 乗でも 1 に合同となる．つまり，n の約数を小さい順に，
$$1 = d_1, \quad d_2, \quad \ldots, \quad d_{k-1}, \quad d_k = n$$
とすると，
$$n \text{ 乗すると 1 に合同な数} = \bigcup_{\ell=1}^{k}\{d_\ell \text{ 乗して初めて 1 に合同になる数}\}$$
となり，また，「初めて」は 2 回ないので，右辺の和集合ではどの 2 つをとっても共通部分はない．ここで個数勘定をすると，左辺は補題 3.1.4 より，ちょうど n 個ある．右辺は，帰納法の仮定より，$\ell = 1,\ldots,k-1$ までは，$\varphi(d_\ell)$ 個あることが分かっているので，
$$n = \varphi(d_1) + \varphi(d_2) + \cdots + \varphi(d_{k-1})$$
$$+ (n \text{ 乗して初めて 1 に合同になる数の個数}).$$
ここで，定理 2.1.4 を使うと，$n = \varphi(d_1) + \varphi(d_2) + \cdots + \varphi(d_{k-1}) + \varphi(d_k)$ なので，
$$n \text{ 乗して初めて 1 に合同になる数の個数} = \varphi(d_k) = \varphi(n).$$
これで帰納法が進み，主張が示せた． □

この主張の証明が終わったので，実は原始根定理（定理 3.1.1）の証明も終わっている．なぜならば，$p-1$ 自身も $p-1$ の約数なので，主張を使うと，$p-1$ 乗して初めて法 p で 1 に合同になる数が $\varphi(p-1)$ 個あることになる．φ の値は必ず 1 以上なので（1 はどんな数とも互いに素である），$p-1$ 乗して初めて 1 に合同になる数が存在することが分かった． □

証明により，原始根の個数は $\varphi(p-1)$ 個あることも分かった．ただ，どの数が原始根になるかは証明からは分からない．個数の数え上げをして，どこかには原始根がないと勘定が合わない，という議論なので，存在する場所については何の情報もないからである．特に，A_{p-1}（35 ページ）が原始根となるわけではない．原始根は暗号においても非常に重要なので，それぞれの素数ごとに原始根を求めることができると大変便利なのだが，残念ながらそのような理論は今のところ知られていない．原始根については，次の予想が有名である．

> **予想 〈アルティン予想〉**
> 無限個の素数 p に対して，2 が法 p の原始根となる．

この予想に関しては，「2 か 3 か 5 の少なくとも 1 つは，無限個の素数 p に対して法 p で原始根となる」というやや奇妙な結果が知られているものの[注5]，「2 だけで」となるといまだに未解決予想である．

原始根は，次のような形でよく使われる．

> **命題 3.1.5.** p を素数とし，a を法 p での原始根とする．このとき，
> $$a, a^2, a^3, \ldots, a^{p-3}, a^{p-2}, a^{p-1} \tag{3.1.3}$$
> は法 p で全て相異なる．つまり，これで 1 から $p-1$ までの余りを全て網羅する．

[注5] Heath–Brown, DR: *Q. J. Math.*, **37**(1) (1986).

証明． $1 \leq i < j \leq p-1$ として，$a^i \equiv a^j \pmod{p}$ とする．つまり，
$$a^i \cdot 1 \equiv a^i \cdot a^{j-i} \pmod{p}.$$
原始根の定義より，$a^{p-1} \equiv 1 \pmod{p}$ なので，特に，a^{p-1} は p と互いに素であり，このことから，a も p と互いに素である．したがって，a^i も p と互いに素なので，系 1.4.5 より，$a^{j-i} \equiv 1 \pmod{p}$．しかし，$j-i \leq (p-1)-1 = p-2 < p-1$ なので，これは原始根の定義に矛盾する．したがって，(3.1.3) 式に重複はない．つまり，合計 $p-1$ 個の違う余りを網羅することになる（a^1 から a^{p-1} まであるので，個数は $p-1$ 個である）．また，a と p が互いに素なので，余り 0 は登場しない．よって，鳩の巣論法より，(3.1.3) 式には，余り 1 から $p-1$ まで全てが（順番は入れ替わるものの）登場することになる． □

また，原始根を用いると，2.2 節で述べたカーマイケル数に関するコルセルトの条件（命題 2.2.8）の反対向きを証明することができる．

命題 3.1.6（コルセルト）．m を合成数とし，次の 2 条件を考える．

(i) 任意の整数 a に対して，$a^m \equiv a \pmod{m}$．
(ii) $m = p_1 \times p_2 \times \cdots \times p_k$．ただし，$p_1, \ldots, p_k$ は相異なる奇数の素数で，任意の $i = 1, \ldots, k$ に対して，$p_i - 1$ が $m - 1$ を割り切る．

このとき，(i) を仮定すると，(ii) が成り立つ．つまり，命題 2.2.8 と合わせると，(i) と (ii) は合成数に関して同値な条件であることが分かる．

証明． まず，m が偶数だと仮定して矛盾を導く．$a = -1$ を (i) に代入すると，m が偶数のとき，
$$1 = (-1)^m \equiv -1 \pmod{m}.$$
これより，$1 - (-1) = 2$ が m の倍数であることになるが，そのような偶数 m は 2 しかない．この定理では，m は合成数と仮定しているので，これは矛盾である．よって，m は奇数でなくてはならない．

続いて，素数 p が m を割り切るとし（m は奇数と分かったので，p は自動的に奇数の素数である），m が p^2 で割り切れたとする．$a = p$ で (i) の条件を使うと，

$$p^m \equiv p \pmod{m},$$

つまり，
$$p \cdot \left(\underline{p^{m-1} - 1}\right)$$

が m の倍数，特に p^2 の倍数となる．そのためには，上記波線部分が p の倍数となる必要がある．しかし，m は合成数なので，特に $m \geq 4$ で，$p^{m-1} - 1$ は p の倍数とはならない．この矛盾により，m を割り切るような素数は，1 乗分だけで割り切れることになるので，m は相異なる素数の積であることが分かった．

最後に，素数 p が m を割り切るとして，$(p-1) \mid (m-1)$ を示す．法 p での原始根（定理 3.1.1）を a としよう．

(i) の条件より，$a^m - a$ は m の倍数なので，特に p の倍数でもある．よって，$a^m \equiv a \pmod{p}$ も成り立つが，a は p と互いに素なので（そうでないと，a のべき乗は法 p で全て 0 と合同），系 1.4.5 より，

$$a^{m-1} \equiv 1 \pmod{p}$$

も成り立つ．a は原始根なので，$p-1$ 乗して初めて法 p で 1 に合同となるため，命題 3.1.3 より，$m-1$ は $p-1$ で割り切れることが分かり，証明が終わる． □

本書では必要ないが，素数に限らず，一般の法 m の世界における掛け算の構造というのは（抽象的には）よく分かっている．例えば，法 m における原始根 a が存在する，つまり，

$$1, a, a^2, a^3, a^4, \ldots \pmod{m}$$

を計算すると，m と互いに素な 1 から $m-1$ までの自然数を全て網羅するならば，m は 2 か，4 か，$2^k p^\ell$（ただし，$k = 0$ か 1，p は奇数の素数，ℓ は自然数）のいずれかであることが分かっている．特に，p が奇数の素数の場合，法 p での原始根か，あるいはそれに p を足したもののいずれかが，法 p^ℓ での原始根となることも分かっている[注6]．

本節の終わりとして，参考までに，原始根定理（定理 3.1.1）の，オイラー φ を使わない証明を与える．群の言葉はあえて使わないが，群を知っている読者は全て群の言葉に置き換えられるはずである．今後使うことはないので飛ばしてし

注6 詳しくは，例えば，Ireland–Rosen 著「A Classical Introduction to Modern Number Theory」[2]，Chapter 4 を参照のこと．

まってもまったく問題ない．

定理 3.1.1 の別証明． 次の 2 つの補題を用意する．

補題 3.1.7. 整数 x は，n 乗して初めて法 p で 1 に合同になり，整数 y は，m 乗して初めて法 p で 1 に合同になるとする．もし，m と n が互いに素ならば，整数 xy は，mn 乗して初めて法 p で 1 に合同となる[注7]．

証明． $(xy)^{mn} = x^{mn}y^{mn} = (x^n)^m(y^m)^n \equiv 1^m 1^n = 1 \pmod{p}$ より，mn 乗すると，確かに 1 に合同となる．最小性を示すため，$(xy)^k \equiv 1$ だとしよう．すると，

$$1 \equiv ((xy)^k)^m = x^{km}(y^m)^k \equiv x^{km}1^k = x^{km} \pmod{p}$$

となる．よって，命題 3.1.3 より，km は n の倍数である．しかし，m と n は互いに素なので，k が n で割り切れないといけない．x と y の役割は入れ替えられるので，k は m でも割り切れないといけなくなる．もう一度，m と n が互いに素であることを使うと，k は mn の倍数になることが分かり，最小性が示せた． □

補題 3.1.8. 整数 α は，m 乗して初めて法 p で 1 に合同になり，整数 β は，n 乗して初めて法 p で 1 に合同になるとする．このとき，m と n の最小公倍数でべき乗したときに初めて法 p で 1 に合同となるような整数が存在する．

証明． m の素因数分解のうち，n に登場しない素数の部分と，n にも登場するが m における登場の方がべきが大きいような部分の積を，m' とする．また，n の素因数分解のうち，m には登場しない素数の部分と，m にも登場はするが n における登場が m における登場以上である素数の部分の積を，n' とする．すると，m' と n' の積はちょうど m と n の最小公倍数であり，$\gcd(m', n') = 1$ である．また，m' は m の約数で，$\alpha^{m/m'}$ は，m' 乗して初めて法 p で 1 に合同になる（α は m 乗しないといけないのだから）．

[注7] この補題も次の補題も任意のアーベル群で成立する．この補題の場合，「x の位数が n，y の位数が m，$\gcd(m, n) = 1$ ならば，xy の位数は mn」となる．

同様に，n' は n の約数で，$\beta^{n/n'}$ は，n' 乗して初めて法 p で 1 に合同になる．$\gcd(m', n') = 1$ なので，補題 3.1.7 より，

$$\alpha^{m/m'} \beta^{n/n'}$$

は，$m'n' = (m$ と n の最小公倍数$)$ だけべき乗したときに初めて法 p で 1 に合同となる． □

ここまで準備すれば，もう簡単である．

> a は 1 以上 $p-1$ 以下の整数で，m 乗したときに初めて 法 p で 1 と合同になる． ...(※)

とする．$m=1$ のときは $a=1$ が (※) を満たすので議論を開始し，$m=p-1$ ならば，a が原始根となり，証明が終わる．そこで，m を $p-1$ 未満とし，(※) が成り立っているとする．このときに，より大きい m で (※) が成り立つような新しい a を見つける．そうすれば，毎回 m が増えていくので，いずれ，$m = p-1$ となって原始根が見つかることになる．

そこで，m を $p-1$ 未満とし，(※) が成り立っているとする．1 以上 $p-1$ 以下の整数は $p-1$ 個あり，かたや，命題 3.1.2 より，$x^m - 1 \equiv 0 \pmod{p}$ の根は最大でも m 個なので，$m < p-1$ ということは，$x^m - 1 \equiv 0 \pmod{p}$ を満たさないような，1 以上 $p-1$ 以下の整数 b が存在する．ここで，b は，n 乗したときに初めて法 p で 1 に合同になるとしよう．m と n の最小公倍数を k とすると，補題 3.1.8 より，k 乗して初めて法 p で 1 に合同になるような整数 c が存在する．k は m と n の最小公倍数なので，もし $k = m$ ならば，n は m の約数となる．すると，

$$b^m = (b^n)^{m/n} \equiv 1 \pmod{p}$$

となるので，矛盾．よって，k は m より大きい．c を p で割った余りを r とすると，$1 \le r \le p-1$ で ($r=0$ ならば，c は p の倍数となり，べき乗が 1 に合同になることはない)．また，命題 1.3.2 より，

$$c^i \equiv r^i \pmod{p} \quad (i \text{ は任意の自然数})$$

なので，r も，k 乗したときに初めて法 p で 1 に合同になる．フェルマーの小定理（系 2.2.3）と命題 3.1.3 より，k は $p-1$ の約数であり，特に $k \le p-1$ でもある．そこでこの k を新しい m，この r を新しい a とすれば，(※) を再び満たす． □

3.2 余りが平方数と同じになるとき ―合同2次式

定理 1.4.6 でみたように，合同 1 次式が与えられたら，解があるか否かの判定ができ，また解がある場合はそれを求めることもできる．では，合同 2 次式，つまり

$$x^2 + ax + b \equiv c \pmod{m} \tag{3.2.1}$$

の場合はどうなのだろうか？

この節と，特に次の節の定理より，この場合も解があるか否かの判定ができることを示す．

まず，m が素数の場合を考える．$m = 2$ の場合は余りの可能性は 0 か 1 しかなく，どちらも平方数なので，特に理論構築の必要がない．そこで，今後 m を**奇素数** p として考えていく．

$a = b = 0$ として，$x^2 \equiv c \pmod{p}$ を解く作業を，小さい奇素数 p のときに調べてみよう．このとき，c に対して該当する根 x を探すのは大変である．そこで，逆に考えて，法 p において x の可能性は $0, 1, \ldots, p-1$ しかないのだから，x^2 を法 p で次々計算して，何に合同になりうるかをみよう．例えば，$p = 3$ とすると，

$$0^2 = 0, \quad 1^2 = 1, \quad 2^2 = 4 \equiv 1 \pmod{3}$$

なので，右辺に登場する 0 と 1 が法 3 で平方数だと分かる．つまり，元の問題に戻ると，$c \equiv 0, 1$ のときに $x^2 \equiv c \pmod{3}$ に解があり（$c = 0$ の解が $x = 0$，$c = 1$ の解が $x = 1, 2$），$c = 2$ のときには解がない．同様に $p = 5$ の場合の平方数をみていくと，

$$0^2 = 0, \quad 1^2 = 1, \quad 2^2 = 4, \quad 3^2 = 9 \equiv 4, \quad 4^2 = 16 \equiv 1 \pmod{5}$$

なので，右辺に登場する $0, 1, 4$ の値を c が持つときに $x^2 \equiv c \pmod{5}$ に解が

あり，残りの $c = 2, 3$ のときに解がない．もう少し大きい p で計算してみよう．$p = 19$ とすると，次の表のようになる．

表 3.1 法 19 での平方数

x	x^2			x	x^2		
0			0	10	100	$\equiv$	5
1			1	11	121	$\equiv$	7
2			4	12	144	$\equiv$	11
3			9	13	169	$\equiv$	17
4			16	14	196	$\equiv$	6
5	25	$\equiv$	6	15	225	$\equiv$	16
6	36	$\equiv$	17	16	256	$\equiv$	9
7	49	$\equiv$	11	17	289	$\equiv$	4
8	64	$\equiv$	7	18	324	$\equiv$	1
9	81	$\equiv$	5				

よって，$x^2 \equiv c \pmod{19}$ に解があるのは，この表の x^2 の欄に登場する，$c = 0, 1, 4, 5, 6, 7, 9, 11, 16, 17$ の 10 個のときで，$c = 2, 3, 8, 10, 12, 13, 14, 15, 18$ の 9 個のときには解がない．一見では，どの c で解があり，どの c で解がないのか，パターンは見えない．

しかし，表 3.1 における法 19 の場合をよくみると，いくつか特徴が浮かび上がってくる．まず，平方として出てくる数字が綺麗な対称形になっている．つまり，0 だけ除くことにすると，$1^2, \ldots, 9^2$ をちょうど逆の順番に並べたものが，$10^2, \ldots, 18^2$ になっている．したがって，実際に平方数として出てくる，非零な数は，$9 = \frac{18}{2}$ 個となっている．そのため，逆に，平方数として登場しないようなものは，1 から 18 までのうちの残りなので，これもまた，9 個となっている．また，表の中の対称性のおかげで，0 以外で平方となっているものには，x の候補が必ず 2 つあるが，$c = 0$ のときだけは，解は $x = 0$ のみとなっている．

このような観察は実際，一般に成り立つ．そこで，次の定義をする．p を奇素数とし，$c = 1, \ldots, p-1$ とおいたとき，

$$x^2 \equiv c \pmod{p}$$

に整数解 x があるとき c を法 p で**平方剰余**といい，整数解 x がないとき c を法 p で**平方非剰余**という．$c = 0$ のときは前段落でみたように特殊なので，どちらともしない．本当は，否定するのは「平方性」であって「剰余性」ではないので，「非平方剰余」の方が正しい気もするが，日本語でも英語でもこの形で定着している言葉なので，本書でも平方非剰余と呼ぶことにする．

さて，先ほどの観察を一般の p で証明しよう．

> **定理 3.2.1.** p を奇素数とする．このとき，1 から $p-1$ までの自然数のうち，半分の $\frac{p-1}{2}$ 個が平方剰余となり，残りの半分が平方非剰余となる．また，
> $$1^2, \quad 2^2, \quad 3^2, \quad \ldots, \quad \left(\frac{p-1}{2}\right)^2 \pmod{p}$$
> を計算すれば，重複なく全ての平方剰余の数を求めることができる．

証明． 定理 3.1.1 で存在が保証されているので，a を法 p での原始根とする．すると，命題 3.1.5 より，
$$a, a^2, a^3, \ldots, a^{p-3}, a^{p-2}, a^{p-1} \tag{3.2.2}$$
は法 p でみると，（順番は入れ替わるものの）余り 1 から $p-1$ までが，ちょうど一度ずつ登場する．まず，a の偶数べき，つまり a^{2k} の形のものは，当然
$$a^{2k} = (a^k)^2$$
なので，a^{2k} を p で割った余りは，平方剰余となる．p は奇数なので，(3.2.2) 式のうち，a の
$$2 \text{ 乗}, 4 \text{ 乗}, 6 \text{ 乗}, \ldots, (p-1) \text{ 乗}$$
が該当し，$\frac{p-1}{2}$ 個ある．次に，a の奇数べきを考え，これが平方剰余だと仮定する．つまり，
$$x^2 \equiv a^{2k+1} \pmod{p}. \tag{3.2.3}$$
しかし，x も 1 から $p-1$ までのいずれかと合同なので（$x \equiv 0$ のときは，(3.2.3) 式より a も p の倍数となってしまい，矛盾する），再び命題 3.1.5 を使うと，$x \equiv a^\ell \pmod{p}$ となる．したがって，
$$(a^\ell)^2 \equiv a^{2k+1} \pmod{p}.$$
系 1.4.5 より，
$$a^{|2k+1-2\ell|} \equiv 1 \pmod{p}.$$
a は原始根なので，$p-1$ 乗で初めて法 p で 1 に合同になるわけで，命題 3.1.3 より，$|2k+1-2\ell|$ は $p-1$ の倍数となる．しかし，$|2k+1-2\ell|$ は奇数で，一方 $p-1$ は偶数なので，これは矛盾となる．つまり，a の奇数べきは平方非

剰余である．奇数べきは
$$1乗, 3乗, 5乗, \ldots, (p-2)乗$$
なので，合計 $\frac{(p-2)-1}{2}+1=\frac{p-1}{2}$ 個ある．つまり，平方剰余と平方非剰余が半分ずつとなる．

逆に x の方から考えていくと，平方剰余の候補は，
$$1^2, 2^2, 3^2, \ldots, (p-2)^2, (p-1)^2 \tag{3.2.4}$$
と法 p で合同にならないといけない．しかし，
$$(p-b)^2 = p^2 - 2bp + b^2 \equiv b^2 \pmod{p}$$
である（これが表 3.1 の対称性の理由である）．p が奇数であることに注意すると，$p - \frac{p-1}{2} = \frac{p+1}{2} = \frac{p-1}{2}+1$ なので，
$$1^2 \equiv (p-1)^2,\ 2^2 \equiv (p-2)^2,\ \ldots,\ \left(\frac{p-1}{2}\right)^2 \equiv \left(\frac{p-1}{2}+1\right)^2 \pmod{p}.$$
よって，(3.2.4) 式に含まれる互いに合同でない候補は，最大でも $\frac{p-1}{2}$ 個である．しかし前段落の議論より，平方剰余が $\frac{p-1}{2}$ 個なければいけないので，
$$1^2, 2^2, \ldots, \left(\frac{p-1}{2}\right)^2$$
が全て法 p で互いに合同でないことが分かり，これらが平方剰余全てとなることも分かる． □

証明の途中で示したことを系として書き出しておこう：

系 3.2.2. p を奇素数とし，a を法 p での原始根とする．このとき，c が a の偶数べきと法 p で合同ならば平方剰余，a の奇数べきと法 p で合同ならば平方非剰余である．

余談 3.2.3.
　実は定理 3.2.1 の証明には，原始根の存在は必要ない．$1 \le i < j \le \frac{p-1}{2}$ として，もし $i^2 \equiv j^2 \pmod{p}$ だとすると，
$$j^2 - i^2 = (j-i)(j+i) \equiv 0 \pmod{p}.$$

p は素数なので,命題 1.2.1 より,$j-i$ か $j+i$ の少なくとも一方は p の倍数である.しかし,$1 \leq j-i \leq \frac{p-1}{2} - 1 < p$,かつ $0 < j+i < 2 \cdot \frac{p-1}{2} < p$ より,$j-i$ も $j+i$ も p の倍数でないので,矛盾である.つまり,

$$1^2,\ 2^2,\ \ldots,\ \left(\frac{p-1}{2}\right)^2$$

が全て法 p で互いに合同でないことが分かるので,平方剰余がちょうど $\frac{p-1}{2}$ 個となり,残りの $\frac{p-1}{2}$ が平方非剰余となる.

さて,もう一度表 3.1 をみてみる.例えば,この表の x^2 の列に登場する 4 と 17 を掛け合わせると,$4 \cdot 17 = 68 \equiv 11 \pmod{19}$ となり,再び登場する数となる.また,表の x^2 の列に登場する 7 と登場しない 8 を掛け合わせると,$7 \cdot 8 = 56 \equiv 18 \pmod{19}$ となり,登場しない数である.そして,表の x^2 の列に登場しない 10 と 12 を掛け合わせると,$10 \cdot 12 = 120 \equiv 6 \pmod{19}$ となり,これは登場する数となる.これらのパターンは,ほかの数で試してみても必ず成り立っている.実は,これらのパターンのうち,最初の 2 つは比較的自明なのだが,最後の,平方非剰余同士の積が平方剰余になる,という事実は非自明である.ここでは,平方剰余と平方非剰余が原始根を用いて特徴づけられる,という系 3.2.2 が大活躍する.

定理 3.2.4. p を奇素数とする.このとき,法 p の平方剰余同士の積,および平方非剰余同士の積は,平方剰余となり,平方剰余と平方非剰余の積は平方非剰余となる.

証明. まず,c_1, c_2 ともに平方剰余としよう.つまり,$c_i \equiv b_i^2 \pmod{p}$.このとき,命題 1.3.2 より,

$$c_1 c_2 \equiv b_1^2 b_2^2 = (b_1 b_2)^2 \pmod{p}$$

なので,$c_1 c_2$ は平方剰余.次に,c_1 を平方剰余,c_2 を平方非剰余とする.ここで,$c_1 c_2$ が平方剰余だと仮定しよう.つまり,

$$c_1 \equiv b_1^2, \qquad c_1 c_2 \equiv b_3^2 \pmod{p}.$$

$c_1 \not\equiv 0 \pmod{p}$ より,$b_1 \not\equiv 0 \pmod{p}$ でもあるので,系 1.4.2 より,$b_1' b_1 \equiv 1 \pmod{p}$ を満たす整数 b_1' が存在する.すると,再び命題 1.3.2 を用いると,

$$c_2 = 1 \cdot c_2 \equiv (b_1' b_1)^2 c_2 = (b_1')^2 b_1^2 c_2 \equiv (b_1')^2 c_1 c_2 \equiv (b_1' b_3)^2 \pmod{p}$$

となるので，c_2 も平方剰余．これは設定に矛盾するので，$c_1 c_2$ は平方非剰余でないといけないことが分かる．

最後に c_1 も c_2 も平方非剰余とする．a を法 p の原始根とすると，系 3.2.2 より，ある奇数 k_1, k_2 に対し，

$$c_1 \equiv a^{k_1}, \quad c_2 \equiv a^{k_2} \pmod{p}$$

を満たす．すると，再度命題 1.3.2 より，

$$c_1 c_2 \equiv a^{k_1} a^{k_2} = a^{k_1 + k_2} \pmod{p}$$

となるが，$k_1 + k_2$ は偶数なので，

$$c_1 c_2 \equiv \left(a^{\frac{k_1 + k_2}{2}} \right)^2 \pmod{p}$$

と書け，$c_1 c_2$ が平方剰余だということが分かる． □

実は，平方非剰余同士の場合の議論を，ほかの 2 つの場合にも使える．つまり，平方剰余の場合は原始根 a の偶数べきと合同なので，平方剰余同士の積は a の (偶数 + 偶数 =) 偶数べきと合同なので，平方剰余となる．また，平方剰余と平方非剰余の積は，a の (偶数 + 奇数 =) 奇数べきと合同になるので，平方非剰余となる．定理 3.2.4 の証明で，この議論を採用しなかったのは，平方非剰余同士の積のみが特に非自明な結果であることを際立たせるためである．

一方，少し努力をすると，平方非剰余の積の場合も原始根を避けて証明できる．c_1 が平方非剰余だとすると，平方剰余との積は全て平方非剰余とすでに分かっている．平方剰余の個数は定理 3.2.1 より $\frac{p-1}{2}$ 個だから，

$$c_1 \times \text{平方剰余}$$

の形の平方非剰余がすでに $\frac{p-1}{2}$ 個見つかっていることになる．しかし，再び定理 3.2.1 より，平方非剰余が $\frac{p-1}{2}$ 個だから，これで平方非剰余を全て網羅してしまう．したがって，c_1 と平方非剰余を掛けたものは，必然的に平方剰余でないといけないことが分かる．

このように原始根をどうしても避けたかったら，避けて証明はできる．ただ，原始根の偶数べきが平方剰余，奇数べきが平方非剰余という事実を使う方が感覚をつかみやすいと思う．

さて，定理 3.2.4 を簡潔に書くと

$$平方剰余 \times 平方剰余 = 平方剰余$$
$$平方剰余 \times 平方非剰余 = 平方非剰余 \quad (3.2.5)$$
$$平方非剰余 \times 平方非剰余 = 平方剰余$$

これは，1 と -1 の積の構図とまったく同じである．そこで，**ルジャンドル記号**を

$$\left(\frac{c}{p}\right) = \begin{cases} 1 & c \text{ が法 } p \text{ で平方剰余} \\ 0 & c \text{ は } p \text{ の倍数} \\ -1 & c \text{ が法 } p \text{ で平方非剰余} \end{cases}$$

と定義する．数学においては，的確な記号の導入が，理論の整理・発展に大いに役立つことが多々あるが，ルジャンドル記号もその1つである．この記号を用いて，先ほどの定理 3.2.4 を書き直しておこう．

> **定理 3.2.4′.** p を奇素数，c_1, c_2 を整数としたとき，
> $$\left(\frac{c_1}{p}\right)\left(\frac{c_2}{p}\right) = \left(\frac{c_1 c_2}{p}\right).$$

証明. 平方剰余，平方非剰余の場合は定理 3.2.4 そのものである．また，c_i のどちらかが p の倍数ならば，$c_1 c_2$ も p の倍数なので，両辺が 0 となり成り立つ． □

この単純明快な記号のおかげで，2次合同式に解が存在するか否かの計算がものすごく簡潔にできるようになる．この威力を次節でみよう．

3.3 素数pと素数qの見事な連携 ——平方剰余の相互法則・補充則

前節までの準備で，$x^2 \equiv c \pmod{p}$ に解があるか否かを答えられる場合もある．例えば，次のような例を，ルジャンドル記号で計算していこう：

$$\left(\frac{79}{101}\right) = \left(\frac{180}{101}\right) \qquad (\because 79 \equiv 180 \pmod{101})$$
$$= \left(\frac{3}{101}\right)\left(\frac{3}{101}\right)\left(\frac{20}{101}\right) \qquad (\because \text{定理 3.2.4}')$$
$$= \left(\frac{20}{101}\right) \qquad (\because \pm 1 \text{ の 2 乗は 1})$$
$$= \left(\frac{121}{101}\right) \qquad (\because 20 \equiv 121 \pmod{101})$$
$$= \left(\frac{11}{101}\right)\left(\frac{11}{101}\right) \qquad (\because \text{定理 3.2.4}')$$
$$= 1 \qquad (\because \pm 1 \text{ の 2 乗は 1})$$

この計算より，$x^2 \equiv 79 \pmod{101}$ には解があることが分かる．しかし，これはたまたまできる例をとりあげただけであり，一般には難しい．

本節では，平方剰余・平方非剰余を必ず判定できる定理を紹介する．証明は全て次節にまわし，まず結果をまとめておく．このうち 1 つ目は，4 で割ると 1 余る素数の無限性を証明するのに利用した「フェルマーの補題」で，定理 2.2.6 においてすでに証明済みだが，原始根を用いた証明も別視点を与えてくれるので，次節で再証明する．

定理 3.3.1 (平方剰余の第一補充法則). p を奇素数とすると,
$$\left(\frac{-1}{p}\right) = \begin{cases} 1 & p \equiv 1 \pmod{4} \\ -1 & p \equiv 3 \pmod{4} \end{cases}$$

定理 3.3.2 (平方剰余の第二補充法則). p を奇素数とすると,
$$\left(\frac{2}{p}\right) = \begin{cases} 1 & p \equiv 1, 7 \pmod{8} \\ -1 & p \equiv 3, 5 \pmod{8} \end{cases}$$

定理 3.3.3 (平方剰余の相互法則). p と q を奇素数とする. このとき,
$$\left(\frac{q}{p}\right) = \begin{cases} \left(\dfrac{p}{q}\right) & p \text{ と } q \text{ の少なくとも 1 つが} \equiv 1 \pmod{4} \\ -\left(\dfrac{p}{q}\right) & p \equiv q \equiv 3 \pmod{4} \end{cases}$$

　第一補充法則は法 p で -1 が平方剰余か平方非剰余かを簡単に調べる方法で,第二補充法則は法 p で 2 が平方剰余か平方非剰余かを簡単に調べる方法となる.これらの定理の中で最も強力かつ深遠なのが,平方剰余の相互法則である.これは,素数 p が素数 q の法の世界で平方剰余か否かということと,q が法 p で平方剰余か否かということに,関連があると主張している.つまり,法 p で平方数かどうかと,法 q で平方数かどうかに,一種の連携性がある.p で割り算した余りをみる世界と,q で割り算した余りの世界は,直観的にはまったくつながりがないはずで,平方数に関して何らかの協調性があることは意外であり,見事でもある.ガウス自身,この定理のことを「aureum theorema」(黄金定理) と呼び,著書「Disquisitiones Arithmeticae」(算術の研究) の中でも,この相互法則のことを「theorema fundamentale」(基本定理) と呼んでいる.ガウスによる証明は,生前に見つかったものが 6 種類,死後に見つかったものを含めると 8 種類ある.この定理の証明のためにガウスが考え出した理論は,整数論のその後の発展の土台にもなっている.

これらの定理と，前節に証明した定理 3.2.4′ を活用すると，任意の奇素数 p と整数 c に対し，c が平方剰余か平方非剰余か，つまり

$$x^2 \equiv c \pmod{p}$$

に解があるかないかを必ず判定できる．平方剰余の場合に，該当する x を求めることまではできないが，解があるかないかの判定だけだったら，コンピューターに任せることもできるアルゴリズムである．

　まず，基本方針を述べる．最初に，c を素因数分解して，定理 3.2.4′ を活用し，ルジャンドル記号の上側も下側も素数の形の積にする．それぞれの項をみていくと，上側に 2 が登場したら，第二補充法則（定理 3.3.2）より計算し，それ以外の場合は，相互法則（定理 3.3.3）を活用することでルジャンドル記号の上側の数字を下側の数字より大きくできる．ルジャンドル記号は合同式に関する条件なので，割り算の余りをみることで，上側の数字を下側の数字未満にすることができる．これに対して，また最初の作業，つまり素因数分解から始めていくと，どんどん登場する数字を小さくできるので，いずれ計算できる範囲まで小さくなる．これが一般的な作業の流れだが，小さい数同士のルジャンドル記号の計算に帰着できればよいので，場合によっては，「余り」ではなくて，合同な負の数を考えて第一補充法則を使ったり，あるいは，あえて「余り」と合同なより大きな数（しかし素因数分解に登場する素数が小さくて済むもの）を考えたりして，計算を早められる場合もある．いずれにせよ，素因数分解と相互法則の利用を繰り返せば，ルジャンドル記号の数字はどんどん小さくなるので，コンピューターで計算できる．

　具体例でいくつか実践してみよう．まずは，210 が法 251 で平方剰余かどうかである．251 は素数なので，ルジャンドル記号を計算していく．何の作業をしているかを明確にするため，1 や -1 と確定した部分も最後の行まで残しておいた．

$$\left(\frac{210}{251}\right) = \left(\frac{2}{251}\right)\left(\frac{3}{251}\right)\left(\frac{5}{251}\right)\left(\frac{7}{251}\right) \qquad (\because 定理\ 3.2.4')$$

$$= (-1) \cdot \left(\frac{3}{251}\right)\left(\frac{5}{251}\right)\left(\frac{7}{251}\right)$$

$$(\because 定理\ 3.3.2, 251 \equiv 3 \pmod{8})$$

$$= (-1) \cdot \left(-\left(\frac{251}{3}\right)\right)\left(\frac{251}{5}\right)\left(-\left(\frac{251}{7}\right)\right)$$

$$(\because 定理\ 3.3.3, 251 \equiv 7 \equiv 3 \pmod{4})$$

$$= (-1)\left(-\left(\frac{2}{3}\right)\right)\left(\frac{1}{5}\right)\left(-\left(\frac{6}{7}\right)\right)$$
$$= (-1)\cdot(+1)\cdot(+1)\cdot\left(-\left(\frac{-1}{7}\right)\right) \quad (\because 6 \equiv -1 \pmod 7)$$
$$= (-1)\cdot(+1)\cdot(+1)\cdot(+1) \quad (\because 定理 3.3.1,\quad 7 \equiv 3 \pmod 4)$$
$$= -1$$

つまり，どんな整数 x に対しても，x^2 を 251 で割った余りは 210 にはならない．定理 3.2.1 を使用して，法 251 の平方剰余を全て求める方法，つまり

$$1^2, 2^2, \ldots, \left(\frac{251-1}{2}\right)^2 \pmod{251}$$

を計算して，210 がここに登場しないことをみるよりも，はるかに早く，計算も容易であることが分かるであろう．6 が法 7 で平方剰余かは，実際に $1^2, 2^2, 3^2$ を法 7 で計算して，6 が登場しないことをみてもよいが，上の計算では第一補充法則を利用した．$6 = 2 \times 3$ と定理 3.2.4$'$ を利用する方法もあるが，7 まで来たら，これはかえって面倒である．

第一補充法則を始めから使うと，この例の場合，もう少し速く計算できる：

$$\left(\frac{210}{251}\right) = \left(\frac{-41}{251}\right) \quad (\because 210 \equiv -41 \pmod{251})$$
$$= \left(\frac{-1}{251}\right)\left(\frac{41}{251}\right) \quad (\because 定理 3.2.4')$$
$$= (-1)\left(\frac{251}{41}\right) \quad (\because 251 \equiv 3 \pmod 4,\ 41 \equiv 1 \pmod 4)$$
$$= (-1)\left(\frac{5}{41}\right) \quad (\because 251 \equiv 5 \pmod{41})$$
$$= (-1)\left(\frac{41}{5}\right) \quad (\because 41 \equiv 1 \pmod 4)$$
$$= (-1)\left(\frac{1}{5}\right) = (-1)(+1) = -1.$$

次の例では，$106829 = 317 \times 337$，106853 は素数なので，最初に定理 3.2.4$'$ を用いて計算することも可能だが，

$$\left(\frac{106829}{106853}\right) = \left(\frac{-24}{106853}\right) \quad (\because 106829 \equiv -24 \pmod{106853})$$
$$= \left(\frac{-1}{106853}\right)\left(\frac{2}{106853}\right)^3\left(\frac{3}{106853}\right) \quad (\because 定理 3.2.4')$$

$$= (+1)(-1)\left(\frac{106853}{3}\right)$$
$$\qquad\qquad\qquad (\because 106853 \text{ は法 } 4 \text{ で } 1 \text{ に，法 } 8 \text{ で } 5 \text{ に合同})$$
$$= (+1)(-1)\left(\frac{2}{3}\right) \qquad (\because 106853 \equiv 2 \pmod 3)$$
$$= (+1)(-1)(-1) = 1$$

のように，第一補充法則を利用した方がずっと速い．

最後の例として，ちょっとした工夫で，計算が大幅に楽になる場合を示そう．673 も 1759 も素数なので，正攻法としては，まず相互法則を使ってルジャンドル記号の上と下を入れ替えることになるが，

$$\left(\frac{673}{1759}\right) = \left(\frac{2432}{1759}\right) \qquad (\because 673 \equiv 2432 \pmod{1759})$$
$$= \left(\frac{2}{1759}\right)^7 \left(\frac{19}{1759}\right) \qquad (\because 2432 = 2^7 \cdot 19, \text{定理 } 3.2.4')$$
$$= (+1)\left(-\left(\frac{1759}{19}\right)\right) \qquad (\because 1759 \text{ は法 } 4 \text{ で } 3 \text{ に，法 } 8 \text{ で } 7 \text{ に合同})$$
$$= (+1)\left(-\left(\frac{11}{19}\right)\right) \qquad (\because 1759 \equiv 11 \pmod{19})$$
$$= (+1)\left(\left(\frac{19}{11}\right)\right) \qquad (\because 19 \equiv 11 \equiv 3 \pmod 4)$$
$$= (+1)\left(\frac{2}{11}\right)^3 = (+1)(-1)^3 = -1 \qquad (\because 11 \equiv 3 \pmod 8)$$

でも，673 が法 1759 で平方非剰余であることが分かる．余りそのものではなく，単純な素因数分解を持つような数で，余りと合同なものを考えることで，計算が楽になっている．余りだけでなく，合同式を考える利点である．

このように，相互法則だけでなく，補充法則を上手に利用することで，計算が早くなる場合がある．ただ，一般の場合は，このような工夫を探す方が逆に大変なので，基本方針通り，「素因数分解を使い上の数を小さくし，相互法則を使い上下をひっくり返し，合同を使って上の数を小さくする」の作業を繰り返す方がよい．特にコンピューター計算では，このように決められた作業に沿うことになる．

ここで 1 つ問題がある．第 1 章でも述べたが，コンピューターにとって素因数分解は大変時間がかかる．少し効率を高める方法はあるものの，基本的には，2 で割り切れるか，3 で割り切れるか，と進めるしか方法がない．平方剰余・非剰

余の判定のプロセスで，素因数分解が含まれているのは大問題で，大きい数になると，ここで計算が停滞してしまう．

この問題を乗り切る方法は 2 つある．1 つは，ルジャンドル記号の一般化である**ヤコビ記号**を用いて計算する方法である．ヤコビ記号を本書では定義しないが，下の数が合成数（ただし，奇数とは仮定し続ける）でも使える記号で，下の数が奇素数のときはルジャンドル記号と一致する．ヤコビ記号で計算する場合は，上の数の素因数分解は必要ない．ヤコビ記号における相互法則と第二補充法則を利用することで，

1. 相互法則でひっくり返す．
2. 上の数が下の数より大きいときは合同条件を使う．
3. 上の数から 2 のべきだけは取り出し，適宜，第二補充法則を使う．

を繰り返していくと，どんどん登場する数は小さくなり，いずれ作業は終わる．これはものすごく早く，判定に必要な計算回数はだいたい $(\log p)^2$ 回となることが知られている．

もう 1 つの素因数分解回避法は，オイラーの基準である．こちらは，平方剰余の相互法則や補充法則の証明で用いるので，次節（定理 3.4.1）で証明する．相互法則や補充法則を使わず，合同式におけるべき乗計算だけでルジャンドル記号が求まる，という結果で，ヤコビ記号を使う方法よりはやや劣るものの，おおむね同じ計算量（$(\log p)^3$ 回位の計算）で求めることができると知られている[注1]．

さて，本節紹介した平方剰余の定理を使うことで，$x^2 \equiv c \pmod{p}$ という 2 次合同式に対して，解があるかどうかの判定は必ずできることが分かった．それではより一般の

$$x^2 + ax \equiv c \pmod{p}$$

はどうなのだろうか？ 実はこれは難しくない．$p = 2$ の場合は，a が偶数ならば，今まで扱ってきた $x^2 \equiv c \pmod{2}$ と同じだし，a が奇数のときは，

$$0^2 + a \cdot 0 = 0, \quad 1^2 + a \cdot 1 = a + 1 \equiv 0 \pmod{2}$$

より，$x^2 + ax \equiv 0 \pmod{2}$ には解があり，$x^2 + ax \equiv 1 \pmod{2}$ には解がないことがすぐに分かる．p が奇数のときには，系 1.4.2 より，法 p において 2 の逆数 b があるので，

注1 これらの計算結果については，詳しくは Cohen の「A Course in Computational Algebraic Number Theory」[3]，p.27–31 を参照のこと．

$$(x+ab)^2 = x^2 + 2bax + a^2b^2 \equiv x^2 + ax + a^2b^2 \pmod{p}$$

となる．そこで，$x^2 + ax \equiv c$ を解くためには，

$$(x+ab)^2 \equiv x^2 + ax + a^2b^2 \equiv c + a^2b^2 \pmod{p}$$

を解けばよい．特に，解があるかどうかは，$c + a^2b^2$ が法 p で平方剰余か平方非剰余かで完全に決まるので，今までの計算で求めることができる．したがって，素数を法とした合同 2 次式の解の有無の判定は，本節の定理で完全に扱えることが分かった．

余談 3.3.4.

法が合成数のときは，もう少し複雑となるが，本質的には，法が素数の場合に帰着される．実践の上でも理論の上でも，素数を法として合同式を考えることの方が多く，実はあまり需要がない．ただ，合同式の 2 次式の理論を完成させるため，少しだけ述べる．まず，法 m で c が平方剰余なら，m を割り切るような素数べきを法とすると必ず c が平方剰余となっていて，逆に平方非剰余なら，m を割り切るような素数べきのどれかを法とすると c が平方非剰余になる．

これにより，法が素数べきである場合に完全に帰着される．法が 2 のべき乗の場合は c が平方剰余であることと，c が $4^k(8n+1)$ の形で書けることが同値である．また，法が p^k（p は奇素数）の場合，p^k 未満の自然数 c が平方剰余となるのは，c を割り切る p のべき数が偶数で，c の p べき以外の部分（c の素因数分解のうち，p が登場しない部分の積）が法 p で平方剰余のときである．このように，一般の法の場合も，素数を法としたときの平方剰余性に帰着される[注2]．

注2　この余談についてより詳しくは，雪江明彦「整数論 1」[4] を参照のこと．

3.4 ガウスの8つの証明のうちの3番目 —ガウスの予備定理と長方形にて

いよいよ，平方剰余に関する定理の証明に入る．まずは，ルジャンドル記号のコンピューター計算にも使える次の定理である．p を奇数としているので，$\frac{p-1}{2}$ は自然数であることに注意しよう．

> **定理 3.4.1**（オイラーの基準）．p を奇素数，c を整数とする．このとき，
> $$\left(\frac{c}{p}\right) \equiv c^{\frac{p-1}{2}} \pmod{p}.$$

証明． c が p の倍数のときは，両辺ともに明らかに 0 となるので，成り立つ．そこで，c を p と互いに素とする．a を法 p での原始根とする（これが存在することは，定理 3.1.1 で証明済みである）．もし，c が平方剰余ならば，系 3.2.2 より，ある自然数 k を用いて，$c \equiv a^{2k} \pmod{p}$ と書くことができる．すると，フェルマーの小定理（系 2.2.3）より，

$$c^{\frac{p-1}{2}} \equiv \left(a^{2k}\right)^{\frac{p-1}{2}} = a^{(p-1)k} = \left(a^{p-1}\right)^k \equiv 1^k = 1 \pmod{p}.$$

したがって，c が平方剰余の場合の定理を示せた．

次に，c が平方非剰余とする．すると，系 3.2.2 より，ある 0 以上の整数 k を用いて，$c \equiv a^{2k+1} \pmod{p}$ と書くことができ，前段落同様，フェルマーの小定理を使うと，

$$c^{\frac{p-1}{2}} = \left(a^{2k+1}\right)^{\frac{p-1}{2}} = a^{(p-1)k} \cdot a^{\frac{p-1}{2}} \equiv \left(a^{p-1}\right)^k \cdot a^{\frac{p-1}{2}} \equiv a^{\frac{p-1}{2}} \pmod{p}. \tag{3.4.1}$$

ここで，a は原始根なので，$a^{\frac{p-1}{2}} \not\equiv 1 \pmod{p}$．しかしながら，フェルマーの小定理より，

$$a^{p-1} - 1 = (a^{\frac{p-1}{2}} - 1)(a^{\frac{p-1}{2}} + 1)$$

が p の倍数とならないといけないので，命題 1.2.1 より，$a^{\frac{p-1}{2}} + 1$ が p の倍数となる．もう一度 (3.4.1) 式に戻ると，

$$c^{\frac{p-1}{2}} \equiv a^{\frac{p-1}{2}} \equiv -1 \pmod{p}$$

となり，題意が示せた． □

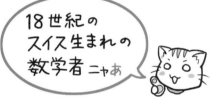

 オイラーの基準の面白い点は，原始根の存在定理を証明の中では使うものの，定理の主張には原始根がまったく出てこない点である．我々は，系 3.2.2 から，平方剰余と平方非剰余の原始根による特徴づけを得ているわけだが，原始根があくまでも抽象的に存在が保証されているものであって，具体的な値を求めることが難しいもの以上，平方剰余の判定に系 3.2.2 はまったく使えない．オイラーの基準では，原始根を理論的にだけ使うことにより，原始根の値を知らずに直接 c の値だけから，c が平方剰余かどうかを判断できるので，強力である．

 一方，オイラーの基準も，少し努力をすると，原始根を利用せずに証明できる．c が平方剰余ならば，$c \equiv b^2 \pmod{p}$ となるので，$c^{\frac{p-1}{2}} \equiv b^{p-1} \equiv 1$ である．定理 3.2.1 より平方剰余は $\frac{p-1}{2}$ 個あり，$x^{\frac{p-1}{2}} - 1 \equiv 0 \pmod{p}$ の解の個数は最大でも $\frac{p-1}{2}$ 個だから（命題 3.1.2），平方剰余たちで $x^{\frac{p-1}{2}} - 1 \equiv 0$ の根は全て網羅されてしまう．特に，平方非剰余なものを代入すると，$x^{\frac{p-1}{2}} - 1 \not\equiv 0$ となる．しかし，平方非剰余なものも，フェルマーの小定理より，$x^{p-1} - 1 = (x^{\frac{p-1}{2}} - 1)(x^{\frac{p-1}{2}} + 1) \equiv 0$ の根なので，必然的に $x^{\frac{p-1}{2}} + 1 \equiv 0$ の根となる．つまり，平方非剰余な c は $c^{\frac{p-1}{2}} \equiv -1 \pmod{p}$ となることが分かった．

したがって，定理 3.2.4 の証明同様，避けようと思えば原始根を使わずにオイラーの基準を証明できる．ただ，原始根を使った方がより直観的な気がする．

余談 3.4.2.
　前節でも述べた通り，この基準を使うと，素因数分解をせずに，ルジャンドル記号の計算ができる．つまり，c を法 p で $\frac{p-1}{2}$ 乗することになる．一見すると，これはべき乗計算なので，すぐに計算機の容量オーバーになりそうな気がするが，「法 p での」べき乗であることが肝心である．つまり，掛け算するごとに余りを計算すれば，必ず p 未満の数に落とすことができるので，実は p 未満の数 2 つの積を繰り返すだけでよい．しかも，例えば，ある数 b の 165 乗を計算するのであれば，

$$b^{165} = b^{128+32+4+1} = b^{128} \cdot b^{32} \cdot b^4 \cdot b$$

なので，$b^2, (b^2)^2 = b^4, (b^4)^2 = b^8, (b^8)^2 = b^{16}, (b^{16})^2 = b^{32}, (b^{32})^2 = b^{64}, (b^{64})^2 = b^{128}$ と繰り返し 2 乗を計算していき，これらの積を計算すれば十分ということになる．一般に，$\frac{p-1}{2}$ 乗の計算に必要となる掛け算の量は，

$$2\log_2\left(\frac{p-1}{2}\right)$$

位となるので，p の大きさの対数位の計算で済むことになる．これは素因数分解よりもはるかに速いので，コンピューター計算上は，相互法則よりもオイラーの基準の方が圧倒的に優れている．

オイラーの基準を用いて，まず第一補充法則の別証明を与える．すでにこれはフェルマーの補題（定理 2.2.6）として証明済みだが，オイラーの基準を使うといとも簡単に示せる．

第一補充法則（定理 3.3.1）の証明． オイラーの基準を $c = -1$ で用いると，

$$\left(\frac{-1}{p}\right) = (-1)^{\frac{p-1}{2}}.$$

$p = 4k+1$ のとき，$\frac{p-1}{2} = 2k$ となり右辺は正で，$p = 4k+3$ のとき，$\frac{p-1}{2} = \frac{4k+2}{2} = 2k+1$ となり右辺は負．すなわち，第一補充法則そのものの主張である． □

また，オイラーの基準を使うと，ガウスの予備定理と呼ばれる定理を示すことができ，本書では，これを第二補充法則と相互法則の証明に使う．このために，

絶対値最小剰余という概念を用意しよう．p を奇数とすると，p の倍数以外を p で割ったときの余りは

$$1, 2, \ldots, \frac{p-1}{2}, \quad \frac{p-1}{2}+1, \frac{p-1}{2}+2, \ldots, p-2, p-1$$

と通常書く．余り 0 を除外しているので，合計 $p-1$ 個あることになり，スペースが開いているところで，ちょうど前半半分，後半半分に分かれている．そこで，フェルマーの補題（定理 2.2.6）の証明でも行ったように，後半半分は，p 引いた合同数に移してみる．つまり，

$$\frac{p-1}{2}+1 \equiv \left(\frac{p-1}{2}+1\right)-p = -\frac{p-1}{2},$$
$$\frac{p-1}{2}+2 \equiv \left(\frac{p-1}{2}+2\right)-p = -\left(\frac{p-1}{2}-1\right), \ldots,$$
$$p-2 \equiv (p-2)-p = -2, \quad p-1 \equiv (p-1)-p = -1 \pmod{p}. \quad (3.4.2)$$

余りの前半部分と合わせると，（0 以外の）余りの集合を $1, 2, 3, \ldots, p-1$ ととる代わりに

$$-\frac{p-1}{2}, -\left(\frac{p-1}{2}-1\right), \ldots, -2, -1, 1, 2, \ldots, \frac{p-1}{2}-1, \frac{p-1}{2} \quad (3.4.3)$$

と考えても，0 と合同なもの以外の法 p の世界を網羅する．つまり，p の倍数以外の整数は，(3.4.3) 式のちょうど 1 つと必ず合同となる．(3.4.3) 式は 0 を中心として左右対称になっていることに注意しよう（0 自身は含まれていない）．(3.4.3) 式に 0 を足したものを，**絶対値最小剰余**という．法 p の世界の「代表」の取り方を，通常の余り「$0, 1, \ldots, p-1$」から，左右対称型にしたものである．作業をまとめると，

$$0, \quad 1, \ldots, \frac{p-1}{2}, \quad \frac{p-1}{2}+1, \ldots, p-1$$
$$\xleftarrow{p \text{ 引く}}$$
$$-\frac{p-1}{2}, \ldots, -1 \quad 0 \quad 1, \ldots, \frac{p-1}{2}$$

例えば，$p = 11$ のときは，$\frac{11-1}{2} = 5$ であり，通常の余りの後半部分を 11 下げるので，

$$0, \quad 1, \ldots, 5, \quad 6, \ldots, 10$$
$$\xleftarrow{11 \text{ 引く}}$$
$$-5, \ldots, -1 \quad 0 \quad 1, \ldots, 5$$

となり,どんな整数も下の行の数 $-5,\ldots,-1,0,1,\ldots,5$ のちょうど 1 つと法 11 で合同になることが分かる.これが法 11 での絶対値最小剰余である.

絶対値最小剰余の利点は,左右対称性である.a を p で割った余りが r ならば,$-a$ と合同になるのは,通常の余りの中では $p-r$ となる.しかし,絶対値最小剰余の場合は,(3.4.3) 式の数の符号を反転させてもちゃんと (3.4.3) 式に入っているので,a と合同な (3.4.3) 式の数が r ならば,$-a$ と合同な (3.4.3) 式の数は $-r$ となる.先ほどの 11 の場合に戻ると,11 で割って 4 余るような数 a があったとき,$-a$ と法 11 で合同となる数を 0 から 10 までの間で選ぶと,$11-4=7$ となるが,絶対値最小剰余の世界では,-4 と合同となり対称形になる.逆に 11 で割って 9 余るような数 a は,合同な絶対値最小剰余は $9 \equiv -2$ より,-2 となり,$-a$ と合同な絶対値最小剰余は 2 となる.

ここまで準備したうえで,ガウスの予備定理を述べよう.

定理 3.4.3(ガウスの予備定理).p を奇素数,c を p と互いに素な自然数とする.また,
$$1 \cdot c,\ 2 \cdot c,\ \ldots,\ \frac{p-1}{2} \cdot c$$
のうち,p で割った余りが $\frac{p-1}{2}+1$ 以上 $p-1$ 以下となるものの個数を,$\nu(c,p)$ と定義する.このとき,
$$\left(\frac{c}{p}\right) = (-1)^{\nu(c,p)}.$$

$\frac{p-1}{2}+1$ 以降というのはちょうど通常の余りの後半部分なので,$\nu(c,p)$ とは,$1 \cdot c,\ldots,\frac{p-1}{2} \cdot c$ を絶対値最小剰余で書いたときに,負の数となるものの個数である.この個数が偶数なのか,奇数なのかによって,c が平方剰余なのか,平方非剰余なのかが決まる,という定理である.この定理は計算理論上はあまり優れていない:$\frac{p-1}{2}$ 回分の掛け算をしない限り,$\nu(c,p)$ の計算ができないので,$\log p$ 回位の計算であったオイラーの基準の方がずっと速い.しかし理論的には非常に便利な判定法で,これを第二補充法則と相互法則の証明に利用する.

証明. まず,$1 \leq i < j \leq \frac{p-1}{2}$ としたときに,
$$ic \not\equiv jc, \quad \text{かつ} \quad ic \not\equiv -jc \pmod{p} \tag{3.4.4}$$
を示す.上のいずれかがもし成り立つならば,$(j-i)c$ あるいは $(j+i)c$ が p

の倍数となるが,$1 \leq j-i < \frac{p-1}{2}$,$1 < j+i < 2 \cdot \frac{p-1}{2} = p-1$ より,$j-i$ や $j+i$ は p の倍数にはなりえない.したがって,命題 1.2.1 より,c が p の倍数となるが,これは仮定に矛盾する.したがって,(3.4.4) 式が成り立つ.

ここで,$1 \leq i \leq \frac{p-1}{2}$ として,ic の絶対値最小剰余 (3.4.3) 式を b_i と表記することにしよう.ic は p の倍数にはならないので,$b_i \neq 0$ である.(3.4.4) 式があるので,$1 \leq j \leq \frac{p-1}{2}$ かつ $i \neq j$ のときは,$b_i \neq b_j$ かつ $b_i \neq -b_j$ となる(先に述べたように,絶対値最小剰余の左右対称性より,jc の絶対値最小剰余が b_j ならば,$-jc$ の絶対値最小剰余は $-b_j$ となる).つまり,$1 \leq i < j \leq \frac{p-1}{2}$ のときは,$|b_i| \neq |b_j|$.よって,

$$|b_1|, |b_2|, \ldots, |b_{\frac{p-1}{2}}| \tag{3.4.5}$$

は全て相異なる数となる.ところが,絶対値最小剰余((3.4.3) 式)の絶対値の候補は

$$1, 2, \ldots, \frac{p-1}{2}$$

しかないので,鳩の巣論法より,$|b_1|, |b_2|, \ldots, |b_{\frac{p-1}{2}}|$ は,順番は入れ替わるものの,1 から $\frac{p-1}{2}$ までがちょうど一度ずつ登場することになる.また,b_i のうちの負な物の数が,$\nu(c, p)$ なので,

$$b_1 b_2 \cdots b_{\frac{p-1}{2}} = (-1)^{\nu(c,p)} |b_1||b_2| \cdots |b_{\frac{p-1}{2}}|.$$

よって,命題 1.3.2 を活用すると,

$$\left(\frac{p-1}{2}\right)! \cdot c^{\frac{p-1}{2}} = (1 \cdot c)(2 \cdot c) \cdots \left(\frac{p-1}{2} \cdot c\right)$$
$$\equiv b_1 b_2 \cdots b_{\frac{p-1}{2}} = (-1)^{\nu(c,p)} |b_1||b_2| \cdots |b_{\frac{p-1}{2}}| \pmod{p}$$
$$= \left(\frac{p-1}{2}\right)! \cdot (-1)^{\nu(c,p)}$$

p は素数なので,$(\frac{p-1}{2})!$ は p と互いに素であり,系 1.4.5 より,

$$c^{\frac{p-1}{2}} \equiv (-1)^{\nu(c,p)} \pmod{p}.$$

ここで,オイラーの基準を使うと,左辺がルジャンドル記号と合同なので,

$$\left(\frac{c}{p}\right) \equiv (-1)^{\nu(c,p)} \pmod{p}.$$

しかし,この両辺どちらも 1 か -1 の値しかとらず,p は 3 以上なので,この合同は等号となる.これで題意を示せた. □

次に，ガウスの予備定理を使って，第二補充法則を示そう．

第二補充法則（定理 3.3.2）の証明． ガウスの予備定理をそのまま使う．つまり，
$$1 \cdot 2, \ 2 \cdot 2, \ 3 \cdot 2, \ldots, \ \frac{p-1}{2} \cdot 2$$
を絶対値最小剰余でみる．これらの数のうち $\frac{p-1}{2}$ 以下のものは，絶対値最小剰余が正である．つまり，
$$i \cdot 2 \leq \frac{p-1}{2} \quad \Longrightarrow \quad i \leq \frac{p-1}{4}$$
までは $\nu(2,p)$ に貢献しない．ここを超えると対応する絶対値最小剰余は負となるが，一番最後の $\frac{p-1}{2} \cdot 2 = p-1$ の場合でも p を超えていないので，$(p-1) - p = -1$ が対応する絶対値最小剰余となり，もう二度と正の絶対値最小剰余にはならない．したがって，
$$\frac{p-1}{4} \text{ より大きく } \frac{p-1}{2} \text{ 以下の整数} \tag{3.4.6}$$
の個数が，$\nu(2,p)$ となる．これを (注意深く) 数えて，偶数か奇数かを判断すれば，ガウスの予備定理より 2 が平方剰余か否かが判定できる．

まず，$p = 4k+1$ の場合を考えると，$\frac{p-1}{4} = k$ を超える整数からなので，$k+1$ からとなり，(3.4.6) 式の終わりは，$\frac{p-1}{2} = 2k$ である．よってこの場合は，合計 $2k - (k+1) + 1 = k$ 個が (3.4.6) 式に含まれるので，k が偶数 2ℓ ならば平方剰余，k が奇数 $2\ell+1$ ならば平方非剰余となる．つまり，

- $4k+1 = 8\ell+1$ ならば平方剰余，
- $4k+1 = 4(2\ell+1)+1 = 8\ell+5$ ならば平方非剰余．

次に，$p = 4k+3$ の場合を考えると，$\frac{p-1}{4} = \frac{4k+2}{4} = k + \frac{1}{2}$ を超える整数はやはり $k+1$ となり，(3.4.6) 式の終わりは $\frac{p-1}{2} = 2k+1$ となる．したがって，(3.4.6) 式に含まれる整数の個数は $(2k+1) - (k+1) + 1 = k+1$ となる．よって今度は，k が奇数 $2\ell+1$ のときに偶数個，k が偶数 2ℓ のときに奇数個である．つまり，

- $4k+3 = 4(2\ell+1)+3 = 8\ell+7$ ならば平方剰余，
- $4k+3 = 8\ell+3$ ならば平方非剰余．

これで第二補充法則が示せた． □

最後に相互法則を示す．これには，床関数を導入しておくと便利である．実数 x に対し，x 以下の整数のうち一番大きなものを x の**床関数**といい，$\lfloor x \rfloor$ で書き表す．x「以下」なので x 自身を含むため，x が整数の場合は，$\lfloor x \rfloor = x$ となる．いくつか例をあげると

$$\lfloor \sqrt{2} \rfloor = 1, \quad \lfloor 1.99999999 \rfloor = 1, \quad \lfloor 2 \rfloor = 2$$

である．

相互法則（定理 3.3.3）の証明． p も q も奇素数とする．ガウスの予備定理（定理 3.4.3）を使いたいので，$\nu(q,p)$ を計算する．ただ，(-1) のべき乗として現れるだけなので，$\nu(q,p)$ の偶奇さえ分かれば十分である．そこで，$\nu(q,p)$ と法 2 で合同で，しかも計算しやすい数を考えたい．

もう一度ガウスの予備定理の証明の議論を振り返ろう．$1 \leq i \leq \dfrac{p-1}{2}$ に対し，iq の絶対値最小剰余を考える，という流れであった．通常の余りで考えたとき，

$$iq \div p = \text{商 } a_i \text{ で余り } r_i \iff iq = pa_i + r_i$$

だとしよう．通常の余りで今は考えているので，$0 \leq r_i \leq p-1$ である．もし，r_i が余りの前半，つまり $r_i \leq \dfrac{p-1}{2}$ ならば，iq に対応する絶対値最小剰余 b_i も r_i となり，

$$iq = pa_i + b_i = pa_i + |b_i| \tag{3.4.7}$$

を満たす．逆に，r_i が余りの後半，つまり $r_i > \dfrac{p-1}{2}$ ならば，p 引いたものが絶対値最小剰余となるので，$b_i = r_i - p$ となる．つまり，このときは，

$$iq = pa_i + r_i = pa_i + (b_i + p) = p(a_i + 1) + b_i$$

となる．ここで，やや不思議なことをする．今は偶数か奇数かにだけ興味があるので，上の式に比べると格段に弱い次の主張に置き換える：余りが後半の場合（つまり $b_i < 0$ なので，$|b_i| = -b_i$ の場合），

$$iq = p(a_i + 1) + b_i \equiv p(a_i + 1) + \underbrace{b_i + (-2b_i)}_{=|b_i|} = p(a_i + 1) + |b_i| \pmod{2}. \tag{3.4.8}$$

そこで，i を 1 から $\dfrac{p-1}{2}$ まで動かして，通常の余りが前半ならば (3.4.7) 式，後半ならば (3.4.8) 式を使い，両辺の和をとると，(3.4.8) 式が使われる回数がちょうど $\nu(q,p)$ だから，

$$\sum_{i=1}^{\frac{p-1}{2}} iq \equiv \left(p \sum_{i=1}^{\frac{p-1}{2}} a_i \right) + p\nu(q,p) + \sum_{i=1}^{\frac{p-1}{2}} |b_i| \pmod{2}. \tag{3.4.9}$$

ガウスの予備定理の証明でみた通り，$|b_1|, \ldots, |b_{\frac{p-1}{2}}|$ は順番は入れ替わるものの 1 から $\frac{p-1}{2}$ までがちょうど一度ずつ登場するので，

$$\sum_{i=1}^{\frac{p-1}{2}} |b_i| = \sum_{i=1}^{\frac{p-1}{2}} i.$$

したがって，(3.4.9) 式におけるこの項を左辺に移項すると，

$$(q-1)\sum_{i=1}^{\frac{p-1}{2}} i \equiv \left(p \sum_{i=1}^{\frac{p-1}{2}} a_i \right) + p\nu(q,p) \pmod{2} \tag{3.4.10}$$

と書き換えられる．q は奇数だから，左辺は確実に偶数である．偶数と奇数の和は奇数となってしまうので，(3.4.10) 式の右辺 2 項の偶奇は一致する．つまり，

$$p\nu(q,p) \equiv p \sum_{i=1}^{\frac{p-1}{2}} a_i \pmod{2}.$$

最後に，p は奇数なので，p と 2 は互いに素で，系 1.4.5 より，

$$\nu(q,p) \equiv \sum_{i=1}^{\frac{p-1}{2}} a_i \pmod{2}. \tag{3.4.11}$$

$\nu(q,p)$ が偶数なのか奇数なのかを知りたいだけなので，(3.4.8) 式を得る際に，正しいと分かっていることよりもだいぶ弱い主張に差し替えても，この式を得るのには十分なのである．

ここで，床関数を使って，(3.4.11) 式を書き直してみよう．元々 a_i は iq を p で割った商なので，

$$\frac{iq}{p} = a_i + \frac{r_i}{p}$$

となり，$0 \leq \frac{r_i}{p} < 1$ であることから

$$a_i = \left\lfloor \frac{iq}{p} \right\rfloor$$

となる．これを使って (3.4.11) 式を書き直すと，

$$\nu(q,p) \equiv \sum_{i=1}^{\frac{p-1}{2}} \left\lfloor \frac{iq}{p} \right\rfloor \pmod{2}. \tag{3.4.12}$$

さて，この右辺は一体どのような数を数えているのだろうか？ 図形で考えると分かりやすい．例えば，$p = 17$, $q = 11$ の場合が図 3.1 である．

直線 $y = \frac{q}{p}x$ 上の点で x 座標が i のものは，y 座標がちょうど $\frac{iq}{p}$ となるので，$(i, \lfloor\frac{iq}{p}\rfloor)$ は，この直線のすぐ下にある格子点（両座標とも自然数の点）となる．つまり，$\lfloor\frac{iq}{p}\rfloor$ は，直線 $y = \frac{q}{p}x$ の下に位置する (i, j) (j は自然数) の個数を数えていることになる．したがって，(3.4.12) 式の右辺は，直線 $y = \frac{q}{p}x$ の下に位置する (i, j) (i は $1 \leq i \leq \frac{p-1}{2}$ を満たす自然数，j は自然数) の個数を数えている．

ところで，p と q はどちらも奇素数なので，役割を交換することができる．すると

$$\nu(p, q) \equiv \sum_{i=1}^{\frac{q-1}{2}} \left\lfloor \frac{ip}{q} \right\rfloor \pmod{2}. \tag{3.4.13}$$

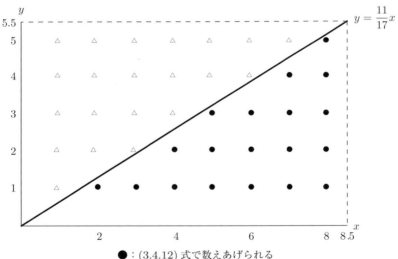

● : (3.4.12) 式で数えあげられる
△ : (3.4.13) 式で数えあげられる

図 3.1 $p = 17$, $q = 11$ の場合

今度は，直線 $x = \frac{p}{q}y$（これは先ほどの直線 $y = \frac{q}{p}x$ と同じである）を考えてみる．i を 1 以上 $\frac{q-1}{2}$ 以下の自然数とすると，直線上の点で y 座標が i のものは，x 座標がちょうど $\frac{ip}{q}$ となるので，$(\lfloor\frac{ip}{q}\rfloor, i)$ がこの直線のすぐ左にある格子点となる．つまり，$\lfloor\frac{ip}{q}\rfloor$ は，直線 $x = \frac{p}{q}y$ の左に位置する (j, i) (j は自然数) の個数を数えていることになる．したがって，(3.4.13) 式の右辺は，

直線 $x = \frac{p}{q}y$ の左に位置する (j, i) (j は自然数, i は $1 \leq i \leq \frac{q-1}{2}$ を満たす自然数) の個数を数えている.

ちなみに, この直線 $y = \frac{q}{p}x$ 上にはこの範囲では格子点はのらない: $\frac{q}{p}i$ が整数ならば, q と p が互いに素なので, i が p の倍数とならないといけないが, 今は $i = \frac{p-1}{2} < p$ までしか考えていないからである. これは $x = \frac{p}{q}y$ と考えても同じである. したがって,

$$\left\{(i, j) : i, j \text{ は自然数}, 1 \leq i \leq \frac{p-1}{2}, 1 \leq j \leq \frac{q-1}{2}\right\}$$

の点それぞれは, 必ず直線 $y = \frac{q}{p}x$ の下か, あるいは左かにある. ゆえに, (3.4.12) 式と (3.4.13) 式より,

$$\nu(q, p) + \nu(p, q) \equiv \frac{p-1}{2} \cdot \frac{q-1}{2} \pmod{2}.$$

よって, ガウスの予備定理より,

$$\left(\frac{q}{p}\right)\left(\frac{p}{q}\right) = (-1)^{\nu(q,p)}(-1)^{\nu(p,q)} = (-1)^{\nu(q,p)+\nu(p,q)} = (-1)^{\frac{p-1}{2} \cdot \frac{q-1}{2}}.$$

右辺のべきが奇数になるのは, $\frac{p-1}{2}$ も $\frac{q-1}{2}$ も奇数のときのみである. $\frac{p-1}{2} = 2k+1$, $\frac{q-1}{2} = 2\ell+1$ とおけば, $p = 4k+3$, $q = 4\ell+3$ となるので, p も q も 4 で割ると 3 余る数のときのみ, 右辺が負となる. このときに,

$$\left(\frac{q}{p}\right) = -\left(\frac{p}{q}\right)$$

となり, それ以外の場合では

$$\left(\frac{q}{p}\right) = \left(\frac{p}{q}\right)$$

となる. これで, 相互法則の証明が終わる. □

余談 3.4.4.
　本章では原始根を活躍させて平方剰余の定理を証明したが，証明を振り返ってみると，原始根を避け続けることも可能である．定理 3.2.4 やオイラーの基準（定理 3.4.1）の別証明はすでに述べた通りで，ガウスの予備定理の証明ではオイラーの基準しか使わないからである．ただ，原始根の偶数べきが平方剰余で，奇数べきが平方非剰余，という分類が一番分かりやすいと思うので，本章では主に原始根に頼った証明を行った．原始根自体は，第 8 章の暗号理論でも必要となる．
　平方剰余の相互法則にはたくさんの別証明があり，中でも「ガウス和」と呼ばれるものを使った証明も有名である．

第4章 | 4で割って1余る素数と，3余る素数のどちらが多いの？
―素数の分布

定理 2.2.7 と定理 1.3.3 より，4 で割ると 1 余る素数も，4 で割ると 3 余る素数も，それぞれ無限個あることが分かった．しかし同じ無限個といっても，登場する頻度が違いうる．

素数の例ではないが，極端な例を出そう．100 の倍数は，10000 までに 100 個，100000 までに 1000 個，より一般に 10^k 乗までに $10^k \div 100 = 10^{k-2}$ 個ある．つまり，100 分の 1 の確率で登場する．ところが，ちょうど 10 のべき乗となるような数は，

$$1, 10, 100, 1000, 10000, 100000, 1000000, \ldots$$

のように続いていくので，$10000 = 10^4$ までに 5 個，$100000 = 10^5$ までに 6 個，のように，10^k までに $k+1$ 個しかない．100 の倍数も，10 のべき乗も，どちらもそれぞれ無限個あるが，登場頻度はだいぶ違う．

本章では，4 で割ると 3 余る素数も，4 で割ると 1 余る素数も，同じ位の頻度で現れることを証明する．そのために，数論的関数の情報をまとめたものであるディリクレ級数，そしてその特別例であるリーマン・ゼータ関数の性質を調べる．本書の中で最も高度な内容で，通常，複素解析と呼ばれる分野を使うのだが，本章ではこれを回避している．級数に関する必要な知識は，本章でも随時説明したが，より体系的には付録にまとめたので，適宜参照して頂きたい．

4.1 新しい数論的関数を創作する方法と戻す方法—メビウス反転

41 ページでみたように，自然数上で定義される関数 f が数論的関数であるとは，m と n が互いに素なときに必ず $f(mn) = f(m)f(n)$ が成り立つことであった．これまでに，オイラー φ 関数と（定理 2.1.3）と，シグマ関数 σ（定理 2.3.2）を数論的関数であると示した．本節では，数論的関数について，もう少し掘り下げてみていこう．そして，オイラー φ 関数が数論的関数であることの別証明も与える．

まず，$f(n) = 1$ と全ての自然数 n に対して定義すると，数論的関数となり，また，$f(n) = n$ と全ての自然数 n に対して定義しても，数論的関数となることに注意しよう．これらに関しては，m と n が互いに素なときにという条件も省くことができて，いつでも $f(mn) = f(m)f(n)$ である．

さて，次に**メビウス μ 関数**を定義する：

$$\mu(n) = \begin{cases} 1 & (n = 1) \\ (-1)^k & (n = p_1 p_2 \cdots p_k, \quad p_1, \ldots, p_k \text{ は相異なる素数}) \\ 0 & (n \text{ はある素数の 2 乗で割り切れる}) \end{cases}$$

命題 4.1.1. メビウス関数は数論的関数である．

証明． まず，m か n かが，ある素数の 2 乗で割り切れる場合，mn も同じ素数の 2 乗で割り切れるので，$\mu(mn) = \mu(m)\mu(n) = 0$ となる．そこで，m が k 個の相異なる素数の積，n が ℓ 個の相異なる素数の積，とすると，m と n が互いに素な場合は，mn は $k + \ell$ 個の相異なる素数の積となる（互いに素でないときは，どちらにも登場する共通の素数があるので，$k + \ell$ 未満の個数とな

る）．したがって，
$$\mu(mn) = (-1)^{k+\ell} = (-1)^k(-1)^\ell = \mu(m)\mu(n). \qquad \square$$

メビウス関数は，他の数論的関数を調べていくうえで互助的な役割を果たす．これをみる前に，まず1つの数論的関数から，新しい数論的関数を作れることをみよう．

命題 4.1.2. f が数論的関数のとき，
$$g(n) = \sum_{d:d|n} f(d)$$
も数論的関数である．

右辺は，n を割り切るような自然数 d に対して $f(d)$ を計算しその和を求める，という意味である．今後このような記号を何度も使っていく．より一般には，「：」の後の条件を満たすような「：」の前の文字に対して和を計算をする，という意味である[注1]．

証明. m と n を互いに素とする．m の約数を $d_1, \ldots, d_k$，n の約数を $e_1, \ldots, e_\ell$ とすると，補題 2.3.3 より，
$$d_1 e_1, \ldots, d_1 e_\ell, \quad d_2 e_1, \ldots, d_2 e_\ell, \quad \ldots, \quad d_k e_1, \ldots, d_k e_\ell$$
は mn の約数のリスト全体となり，しかも重複がない．d_i と e_j は互いに素だから，
$$\begin{aligned}
g(mn) &= \sum_{i=1}^k \sum_{j=1}^\ell f(d_i e_j) \\
&= \sum_{i=1}^k \sum_{j=1}^\ell f(d_i) f(e_j) & (\because f \text{ の数論性}) \\
&= \sum_{i=1}^k f(d_i) \left(\sum_{j=1}^\ell f(e_j) \right) \\
&= g(n) \sum_{i=1}^k f(d_i) & (\because g(n) = \sum_{j=1}^\ell f(e_j))
\end{aligned}$$

注1 多くの本では，ただ $\sum_{d|n}$ と書かれるが，どの文字が動くのかを明瞭にするために，本書では $\sum_{d:d|n}$ とする．

$$= g(n)g(m) \qquad (\because g(m) = \sum_{i=1}^{k} f(d_i))$$

となり，g が数論的関数であることが分かる． □

命題 4.1.2 を使うと，オイラー φ 関数の和に関しての定理（定理 2.1.4）の別証明を与えることができる．

定理 2.1.4 の別証明． φ が数論的であること（定理 2.1.3）と命題 4.1.2 より，(2.1.2) 式の右辺
$g(n) = \varphi(d_1) + \varphi(d_2) + \cdots + \varphi(d_{k-1}) + \varphi(d_k)$, $d_1, \ldots, d_k$ は n の約数全てで定義された関数 g も数論的関数である．よって p を素数，k を自然数として $g(p^k) = p^k$ を示せばよい．しかし p^k の約数は $1, p, p^2, p^3, \ldots, p^k$ のみであるので，命題 2.1.1 より，

$$g(p^k) = \varphi(1) + \varphi(p) + \varphi(p^2) + \cdots + \varphi(p^{k-1}) + \varphi(p^k)$$
$$= 1 + (p-1) + (p^2 - p) + \cdots + (p^{k-1} - p^{k-2}) + (p^k - p^{k-1})$$
$$= p^k.$$

したがって，$g(n) = n$ が全ての自然数 n において成り立つ． □

さて，メビウス関数の一番重要な性質を紹介しよう．

定理 4.1.3（メビウス反転公式）． f を自然数上で定義される，複素数の値を持つ関数とする（数論的関数である必要はない）．このとき，
$$g(n) = \sum_{d:d|n} f(n)$$
と関数 g を定義すると，
$$f(n) = \sum_{d:d|n} \mu\left(\frac{n}{d}\right) g(d). \tag{4.1.1}$$

(4.1.1) 式の右辺で μ と g を評価するところは，積が n となる自然数の組である．したがって，(4.1.1) 式は

$$\sum_{\substack{dd' = n \\ \text{を満たす} \\ \text{自然数 } d, d'}} g(d)\mu(d')$$

とも書け，特に
$$\sum_{d:d|n} \mu(d) g\left(\frac{n}{d}\right)$$
とも等しいことが分かる．このような議論は，これからも利用していく．

メビウス反転公式の証明には，次のメビウス関数の性質を使う．

補題 4.1.4. 自然数 n に対して，
$$\sum_{d:d|n} \mu(d) = \begin{cases} 1 & (n=1) \\ 0 & (n>1) \end{cases} \tag{4.1.2}$$

不思議な気がするかもしれないので，2つ例を示す：
$$n = 6: \ \mu(1) + \mu(2) + \mu(3) + \mu(6) = 1 - 1 - 1 + 1 = 0$$
$$n = 60: \ \mu(1) + \mu(2) + \mu(3) + \mu(4) + \mu(5) + \mu(6)$$
$$+ \mu(10) + \mu(12) + \mu(15) + \mu(20) + \mu(30) + \mu(60)$$
$$= 1 - 1 - 1 + 0 - 1 + 1 + 1 + 0 + 1 + 0 - 1 + 0 = 0.$$

証明． 1 の約数は 1 のみで，$\mu(1) = 1$ なので，$n=1$ のときはすぐに分かる．次に，$n > 1$ とし，n の素因数分解に k 個の相異なる素数が登場するならば，この k は 1 以上である．そこで，n の約数を考えてみる．n の約数のうち，ある素数の 2 乗で割り切れるようなところでは，μ 関数の値は 0 なので，(4.1.2) 式の左辺には貢献しない．つまり，(4.1.2) 式の左辺に貢献する n の約数は，相異なる素数の積の形をしている．しかも，n の約数の素因数分解に登場する素数は，当然 n の素因数分解に登場する k 個の素数のうちのどれかである．逆に，n の素因数分解に登場する相異なる素数の積ならば，自動的に n の約数となっている．k 個の素数の中から i 個を選ぶ方法は ${}_k\mathrm{C}_i$ 個あり，i 個の異なる素数の積で μ 関数を評価すると $(-1)^i$ なので，

$$\sum_{d:d|n} \mu(d) = 1 + \underbrace{k \cdot (-1)}_{\text{素数の約数}} + \underbrace{{}_k\mathrm{C}_2 \cdot (-1)^2}_{\text{素数 2 つの積の約数}} + \underbrace{{}_k\mathrm{C}_3 \cdot (-1)^3}_{\text{素数 3 つの積の約数}}$$
$$+ \cdots + {}_k\mathrm{C}_{k-1} \cdot (-1)^{k-1} + {}_k\mathrm{C}_k \cdot (-1)^k$$
$$= (1 + (-1))^k \qquad (\because \text{この行の二項展開が上の行})$$
$$= 0. \qquad \square$$

メビウス反転公式（定理 4.1.3）の証明. (4.1.1) 式の右辺から計算していく：

$$\sum_{d:d|n} \mu\left(\frac{n}{d}\right) g(d) = \sum_{d:d|n} \mu\left(\frac{n}{d}\right) \left(\sum_{e:e|d} f(e)\right)$$

$$= \sum_{d:d|n} \left(\sum_{e:e|d} f(e)\mu\left(\frac{n}{d}\right)\right). \tag{4.1.3}$$

ここでは，d は n の約数で，e は d の約数なので，e は n の約数でもある．そこで，見方を変えて，まず e を n の約数としてとって，どのような d がその e に対して上記の和に登場するのかを考えてみる．e は d の約数なので，$d = ed'$ と書ける．また，d は n の約数だから，d' は $\frac{n}{e}$ の約数でないといけない．そこで，$\frac{n}{e}$ の約数 d' に対して ed' を考えれば，e に対して (4.1.3) 式に登場する d を考えるのと同じになる．よって，(4.1.3) 式を e から考えると，

$$\sum_{e:e|n} \left(f(e) \sum_{d':d'|\frac{n}{e}} \mu\left(\frac{n}{ed'}\right)\right) = \sum_{e:e|n} f(e) \left(\sum_{d':d'|\frac{n}{e}} \mu\left(\frac{n}{e} \div d'\right)\right).$$

しかし，d' が $\frac{n}{e}$ の約数の全てを動いている間に，$\frac{n}{e} \div d'$ も（逆向きに）$\frac{n}{e}$ の約数全てを動くことになるので，結局これは，

$$\sum_{e:e|n} f(e) \left(\sum_{d'':d''|\frac{n}{e}} \mu(d'')\right) \tag{4.1.4}$$

に等しい．ここで，補題 4.1.4 を利用すると，内側の和は $\frac{n}{e} > 1$ のとき 0 で，$\frac{n}{e} = 1$ のときのみ 1 である．$\frac{n}{e} = 1$ のときは，$e = n$ なので，(4.1.4) 式は $f(n) \cdot 1 = f(n)$ となる．これで証明が終わった．　□

メビウス反転公式は，素数分布やふるい法など，解析数論の分野では頻繁に登場する．ここでは比較的容易な応用として，オイラー φ 関数が数論的関数であること（定理 2.1.3）の別証明を与える．

オイラー φ 関数が数論的関数であること（定理 2.1.3）の別証明.
定理 2.1.4 より，

$$n = \sum_{d:d|n} \varphi(d)$$

だから，メビウス反転公式（定理 4.1.3）より，

$$\varphi(n) = \sum_{d:d|n} \mu(d) \cdot \frac{n}{d} = n \sum_{d:d|n} \mu(d) \cdot \frac{1}{d}. \tag{4.1.5}$$

ここで，n の素因数分解に登場する相異なる素数たちを $p_1, \ldots, p_k$ とすると，右辺の和に登場する数は

$$d = 1 : \quad \mu(1) \cdot \frac{1}{1} = 1$$
$$d = p_i : \quad \mu(p_i) \cdot \frac{1}{p_i} = -\frac{1}{p_i}$$
$$d = p_i p_j : \quad \mu(p_i p_j) \cdot \frac{1}{p_i p_j} = \frac{1}{p_i p_j}$$
$$d = p_i p_j p_\ell : \quad \mu(p_i p_j p_\ell) \cdot \frac{1}{p_i p_j p_\ell} = -\frac{1}{p_i p_j p_\ell}$$
$$\vdots$$

のようになっていくので（素数の 2 乗で割り切れるような d は，$\mu(d) = 0$ より貢献しないことに注意），(4.1.5) 式は

$$\varphi(n) = n \left(1 - \frac{1}{p_1}\right) \left(1 - \frac{1}{p_2}\right) \cdots \left(1 - \frac{1}{p_k}\right) \tag{4.1.6}$$

を展開したものに等しい．この公式自体も非常に有益である．ここで，m の素因数分解に登場する相異なる素数を $q_1, \ldots, q_\ell$ とおくと，m と n が互いに素なとき，mn の素因数分解に登場する相異なる素数たちは，$p_1, \ldots, p_k, q_1, \ldots, q_\ell$ となり重複がないので，(4.1.6) 式より，

$$\begin{aligned}
\varphi(mn) &\\
&= mn \left(1 - \frac{1}{p_1}\right) \left(1 - \frac{1}{p_2}\right) \cdots \left(1 - \frac{1}{p_k}\right) \\
&\quad \times \left(1 - \frac{1}{q_1}\right) \left(1 - \frac{1}{q_2}\right) \cdots \left(1 - \frac{1}{q_\ell}\right) \\
&= \varphi(m)\varphi(n).
\end{aligned}$$

これでオイラー φ 関数が数論的関数であることの別証明を与えることができた． □

4.2 数論的関数の全情報をまとめよう
—ディリクレ級数とオイラー積

　数論的関数 f は，自然数 n ごとに値 $f(n)$ があるので，1 つの数列とみることもできる．数列を分析するのに有効な手段の 1 つが，母関数である．本節では，母関数の類似ともいえる，ディリクレ級数について述べ，ディリクレ級数を通して初めて見えてくる数論的関数同士の関連を述べる．まず，数列の母関数から述べよう．

　例えば，数列 $\{a_0, a_1, a_2, \ldots\}$ が次のような漸化式で定義されているとする：

$$a_0 = 2, \quad a_{n+1} = 3a_n + 2 \quad (n = 0, 1, \ldots)$$

これの一般項の求め方は，高校数学でも学ぶが，上の式を変形して

$$a_{n+1} + 1 = 3(a_n + 1)$$

と書くと，新しい数列 $b_n = a_n + 1$ が公比 3 の等比数列になっていることが分かる．この初項は $b_0 = a_0 + 1 = 3$ なので，数列 $\{b_n\}$ の一般項は

$$b_n = 3 \cdot 3^n = 3^{n+1}$$

となる（n が 0 から始まっていることに注意）．よって元々の数列の一般項は

$$a_n = b_n - 1 = 3^{n+1} - 1.$$

　同じことを**母関数**を使っても示すことができる．つまり，数列 $\{a_n\}$ を考える代わりに，これらをべき級数の係数と考えて，

$$f(x) = a_0 + a_1 x + a_2 x^2 + a_3 x^3 + \cdots = \sum_{n=0}^{\infty} a_n x^n$$

を考えることにする．ここで，

$$
\begin{aligned}
f(x) &= a_0 + a_1 x + a_2 x^2 + a_3 x^3 + \cdots \\
&= a_0 + (3a_0 + 2)x + (3a_1 + 2)x^2 + (3a_2 + 2)x^3 + \cdots \\
&= a_0 + \left(3a_0 x + 3a_1 x^2 + 3a_2 x^3 + \cdots\right) + \left(2x + 2x^2 + 2x^3 + \cdots\right) \\
&= a_0 + 3x\left(a_0 + a_1 x + a_2 x^2 + \cdots\right) + \left(2x + 2x^2 + 2x^3 + \cdots\right) \\
&= a_0 + 3x f(x) + \frac{2x}{1-x}. \tag{4.2.1}
\end{aligned}
$$

ここで,最後の行は初項 $2x$,公比 x の等比数列の和の公式(付録の命題 A.2.4 を参照のこと)を使っている(あるいは,

$$
\begin{aligned}
&(1-x)(2x + 2x^2 + 2x^3 + \cdots) \\
&= (2x - 2x^2) + (2x^2 - 2x^3) + (2x^3 - 2x^4) + (2x^4 - \cdots \\
&= 2x
\end{aligned}
$$

からも分かる).(4.2.1) 式に $a_0 = 2$ を代入し,$f(x)$ の項を移項して整理すると,

$$
f(x) = \left(2 + \frac{2x}{1-x}\right) / (1 - 3x) = \frac{(2-2x) + 2x}{(1-x)(1-3x)} = \frac{2}{(1-x)(1-3x)}.
$$

ここで,

$$
\frac{2}{(1-x)(1-3x)} = \frac{3(1-x) - (1-3x)}{(1-x)(1-3x)} = \frac{3}{1-3x} - \frac{1}{1-x}
$$

より[注1],$\frac{3}{1-3x}$ を初項 3 で公比 $3x$ の等比数列の和,$\frac{1}{1-x}$ を初項 1 で公比 x の等比数列の和と捉えて,今までの計算をまとめると,

$$
\begin{aligned}
&a_0 + a_1 x + a_2 x^2 + a_3 x^3 + \cdots \\
&= f(x) = \frac{3}{1-3x} - \frac{1}{1-x} \\
&= 3(1 + 3x + 9x^2 + 27x^3 + \cdots) - (1 + x + x^2 + x^3 + \cdots) \\
&= (3-1) + (3^2 - 1)x + (3^3 - 1)x^2 + \cdots \\
&= \sum_{n=0}^{\infty} (3^{n+1} - 1)x^n
\end{aligned}
$$

注1 これは,積分計算などでよく用いられる「部分分数展開」と呼ばれる作業で,左辺が

$$
\frac{A}{1-3x} + \frac{B}{1-x} = \frac{A(1-x) + B(1-3x)}{(1-x)(1-3x)}
$$

に等しい,つまり $2 = A(1-x) + B(1-3x)$ として,A と B に関して解けばよい.

となる．両辺の係数の比較から，$a_n = 3^{n+1} - 1$ を再び得られる．

　一見すると，母関数を用いたやり方の方が手間かかっている．しかしポイントは，母関数を使わないやり方では，「上手に等比数列を作る」というアイディアが必要なのに対し，母関数ではアイディアはいらず，半ば機械的な作業で計算できてしまう点である．したがって，同じやり方で，より複雑な漸化式を持つ数列の一般項を求めることもでき，母関数を構築して数列の全情報をまとめることの意義がある．

　これと似た発想が数列に対する**ディリクレ級数**で，数列 $\{a_n\}$ に対し，s を変数とする関数

$$\alpha(s) = \sum_{n=1}^{\infty} \frac{a_n}{n^s}$$

として定義される．母関数と同様，数列の全ての項の情報をまとめて扱える関数を構築しているが，大きく異なる点がある．それは，母関数は数列の第 n 項を，x の n 乗の係数にしたのに対し，ディリクレ級数では，数列の第 n 項は n の $-s$ 乗の係数であるので，かたや n が指数でかたや n が底になっている点である．後にみるように，数論的関数で定義された数列のときによい性質をもつように（定理 4.2.1），あえて母関数とは違って n を底に持ってきている[注2]．

　母関数での x の役割を，ディリクレ級数では s が果たす．つまり，母関数を x で微分したり積分したりするように，ディリクレ級数を s の関数としてみて，微分したり積分したりすることで，元の数列の情報を得ることになる．ここで母

注2　実際には，「一般ディリクレ級数」と呼ばれるものでは，べき級数も一例として含んでいるので，統一的な分析ができないわけではない．またメリン変換という，ディリクレ級数型のものを母関数の積分で書き表すものも知られているので，密接な関連はある．

関数とディリクレ級数のさらなる違いが生まれる．母関数の場合はべき級数なので，ダランベールの判定法（付録の命題 A.2.8）を使うと，系 A.2.9 の証明にもあるように，収束条件は

$$\lim_{n\to\infty}\left|\frac{a_{n+1}x^{n+1}}{a_n x^n}\right| = \lim_{n\to\infty}\left|\frac{a_{n+1}}{a_n}\right|\cdot|x| < 1$$

となり，母関数の収束性は 0 との距離で決まる．したがって，**収束半径**と呼ばれる

$$\lim_{n\to\infty}\left|\frac{a_n}{a_{n+1}}\right|$$

未満の絶対値を持つ x で収束，これより大きい絶対値を持つ x で発散する．絶対値が収束半径そのもののときは，収束するか発散するかは数列による．また，ダランベールの判定法に絶対値が付いているので，数列の絶対値をとってから母関数を作っても収束半径は変わらない[注3]．

これに対し，ディリクレ級数にダランベール判定法を利用すると，

$$\lim_{n\to\infty}\left|\frac{a_{n+1}n^s}{a_n(n+1)^s}\right| = \lim_{n\to\infty}\left|\frac{a_{n+1}}{a_n}\right|\cdot\left(\frac{n}{n+1}\right)^s = \lim_{n\to\infty}\left|\frac{a_{n+1}}{a_n}\right|$$

となってしまい，s が消えてしまう．したがってダランベール判定法からはあまり有益な情報を得ることができず，**積分判定法**（付録 A.2.10 参照）と呼ばれる方法を使うことが多い．次節の定理 4.3.1 でみるように，ゼータ関数のときにもこれを利用する．ディリクレ級数の場合は，変数 s はべきの部分にあるので，s（の実数部分）がある数より大きいと収束，その数未満だと発散する．この数のことを**収束軸**という．しかし，母関数のときと違い，数列の絶対値でディリクレ級数を作ると，この収束軸の位置は変わり，また，同じようなスピードで収束する（このことを**一様収束**という）s の軸もさらに異なりうるので，収束に関する分析は，より複雑である．

これとも関連することだが，ディリクレ級数における分析をより強力にするために，s を複素数の値を動く変数だと考えることが多い．このようにすることで，複素数の世界で微分可能な関数に関して構築された「複素解析」と呼ばれる理論を援用することになる．「複素数の世界で微分ができる」という条件は，普通の微分可能な関数よりはるかに強力な条件なので，例えば一度でも微分できれば無限回微分ができたり，また留数と呼ばれる手法を用いて，積分を有限和で計算できたりもする．このように強力な理論なのだが，本書では，なるべく多くの

[注3] これを**絶対収束**という：正式な定義は 339 ページにある．

方に解析数論と呼ばれる分野の入り口をみて頂くことを目標としているため，複素解析は使わない．よって，本書では基本的に s を実数として扱う．また，ディリクレ級数がどの s で収束するのか，という基本的な疑問にも，次節でゼータ関数について少し述べる以外は触れずに，ディリクレ級数の活躍ぶりを中心に述べていく．

ここからは，数列 $\{a_n\}$ を数論的関数 f から作った場合，つまり $a_n = f(n)$ の場合のディリクレ級数を考えていこう．最も中心となるのが，次の**オイラー積**と呼ばれる性質である．今後，$\mathscr{P}$ という記号で素数全ての集まりとする．

> **定理 4.2.1.** f を数論的関数とすると，そのディリクレ級数は次の積表示を持つ：
>
> $$\sum_{n=1}^{\infty} \frac{f(n)}{n^s} = \prod_{p \in \mathscr{P}} \left(1 + \frac{f(p)}{p^s} + \frac{f(p^2)}{p^{2s}} + \frac{f(p^3)}{p^{3s}} + \cdots\right) \quad (4.2.2)$$
>
> $$= \left(1 + \frac{f(2)}{2^s} + \frac{f(2^2)}{2^{2s}} + \frac{f(2^3)}{2^{3s}} + \cdots\right)$$
>
> $$\times \left(1 + \frac{f(3)}{3^s} + \frac{f(3^2)}{3^{2s}} + \frac{f(3^3)}{3^{3s}} + \cdots\right)$$
>
> $$\times \left(1 + \frac{f(5)}{5^s} + \frac{f(5^2)}{5^{2s}} + \frac{f(5^3)}{5^{3s}} + \cdots\right) \times \cdots$$

つまり，和の表示であったディリクレ級数を，積の形に書き直せる．左辺の和表示のときは，n は全ての自然数を動くが，右辺の積表示のときは，p は素数の所だけを動くことに注意しよう．よって，ディリクレ級数を素数ごとの情報にまとめたものがオイラー積表示だとも言える．先ほど述べた通り，収束については本書ではあまりこだわらないが，この定理は $\sum \frac{|f(n)|}{n^s}$ が収束するときには（つまり，絶対収束するときには）成り立つ．次節（定理 4.3.1）で特殊な場合に，収束を含めてより精密にこの定理を証明する．

証明． 基本的に，この定理は「素因数分解の存在と一意性」（定理 1.2.3）そのものである．右辺の積を展開することを考えよう．全ての素数の部分から先頭項の 1 を選んで掛け合わせると，1 を得る．次に，素数 2 の部分からは 2 番目の項，残りの素数の部分からは 1 を選ぶと，$\frac{f(2)}{2^s}$ を得る．同様に，素数 3 の部分から 2 番目，それ以外の素数の部分から 1 を選ぶと $\frac{f(3)}{3^s}$，素数 2 の部分から 3 番目，それ以外の素数の部分から 1 を選ぶと $\frac{f(4)}{4^s}$，素数 5 の部

分から 2 番目，それ以外の素数の部分から 1 を選ぶと $\frac{f(5)}{5^s}$ のように続いていく．次の 6 だが，素数 2 の部分と素数 3 の部分から 2 番目の項を選び，残りの素数の部分からは 1 を選ぶと，

$$\frac{f(2)}{2^s} \cdot \frac{f(3)}{3^s}$$

となるが，f は数論的関数であると仮定しているので，互いに素である 2 と 3 に対しては，$f(2)f(3) = f(6)$ が成り立っている．したがって，上の式は

$$\frac{f(6)}{6^s}$$

と等しくなる．このように続けていく．

一般に，左辺にある $\frac{f(n)}{n^s}$ を得るには，n の素因数分解

$$n = p_1^{k_1} \cdots p_\ell^{k_\ell}$$

を考え，素数 p_i の部分からは $k_i + 1$ 番目の項を（各素数の 1 番目の項は $1 = p_i^0$ であることに注意），残りの素数の部分からは先頭の 1 を選んで掛け合わせればよい．すると，違う素数のべき同士は互いに素だから，

$$\frac{f(p_1^{k_1})}{p_1^{k_1 s}} \cdots \frac{f(p_\ell^{k_\ell})}{p_\ell^{k_\ell s}} = \frac{f(n)}{\left(p_1^{k_1} \cdots p_\ell^{k_\ell}\right)^s} = \frac{f(n)}{n^s} \tag{4.2.3}$$

となる．また，素因数分解の一意性より，右辺の展開で得た 2 種類の項が，左辺で同じ項になることもない．よって，絶対収束している限り，和をとる順番によらず同じ収束値になるという事実も使うと（付録の命題 A.2.6），ディリクレ級数がオイラー積と同じになることが分かった[注4]． □

証明から，数論的関数であることの重要性，そして母関数のように x^n でなく n^s にすることによって，n の素因数分解が活きていることが分かるだろう．数論的関数の中でも，**完全乗法的関数**，つまり任意の自然数 m と n に対して（互いに素であるか関係なく），

$$f(mn) = f(m)f(n)$$

が成り立つようなものに関しては，定理 4.2.1 は特にきれいな形になる．系として記述しておこう．

[注4] 厳密には，右辺の展開で，無限個の素数の部分から 1 以外のものをとった場合を考慮していないが，この部分の貢献は少ないと示せる．ゼータ関数の場合は，定理 4.3.1 できちんと議論する．

系 4.2.2. f が完全乗法的関数のとき，（絶対収束するような s の範囲においては）
$$\sum_{n=1}^{\infty} \frac{f(n)}{n^s} = \prod_{p \in \mathscr{P}} \left(1 - \frac{f(p)}{p^s}\right)^{-1}.$$

証明. 完全乗法的関数のときは，$f(p^k) = f(p)^k$ となるので，(4.2.2) 式の右辺の p 部分は，初項 1，公比 $\frac{f(p)}{p^s}$ の等比数列の無限和となる．したがって，等比数列の和の公式（付録の命題 A.2.4）より，それぞれの p 部分は
$$\frac{1}{1 - \dfrac{f(p)}{p^s}}$$
となるので，題意が示せた． □

特に大事な完全乗法的関数として，$f(n) = 1$ $(n = 1, 2, \ldots)$ がある．つまり，恒等的に 1 の値をとる関数である．この場合，$f(mn) = 1$, $f(m)f(n) = 1 \cdot 1 = 1$ だから，明らかに完全乗法的となる．この恐ろしく単純な完全乗法的関数に対応するディリクレ級数のことを，**リーマン・ゼータ関数**，あるいは単に**ゼータ関数**と言い，$\zeta(s)$ と表記する．解析数論で最も重要な関数である．素数に関しての情報が全て含められている，といっても過言ではない．系 4.2.2 より，
$$\zeta(s) = \sum_{n=1}^{\infty} \frac{1}{n^s} = \prod_{p \in \mathscr{P}} \left(1 + \frac{1}{p^s} + \frac{1}{p^{2s}} + \cdots\right) = \prod_{p \in \mathscr{P}} \left(1 - \frac{1}{p^s}\right)^{-1} \quad (4.2.4)$$
が成り立つ．ゼータ関数が素数の分布についての情報を含んでいることは，この式からすでに垣間見れる．例えば，

$$\text{大きい素数しかない} \iff \frac{1}{p^s} \text{ が小さい}$$
$$\iff 1 - \frac{1}{p^s} \text{ が 1 に近い}$$
$$\iff \zeta(s) \text{ が 1 に近い．}$$

このような大ざっぱな感覚を正確にするのが，解析数論のテーマである．ゼータ関数については，収束も含めて次節でより掘り下げて述べる．

本節の残りでは，オイラー積による表示で，様々なディリクレ級数の間に密接な関係があることを述べる．ディリクレ級数の定義のまま和の形で書いていると見えてこないが，オイラー積の形で積表示することで初めて見えてくる関係がた

くさんある.

> **定理 4.2.3.** 数論的関数に付随するディリクレ級数に関し,次が成り立つ.
>
> 1. $\sum_{n=1}^{\infty} \dfrac{\mu(n)}{n^s} = \dfrac{1}{\zeta(s)}$
>
> 2. $\sum_{n=1}^{\infty} \dfrac{\sigma(n)}{n^s} = \zeta(s)\zeta(s-1)$
>
> 3. $\sum_{n=1}^{\infty} \dfrac{\varphi(n)}{n^s} = \dfrac{\zeta(s-1)}{\zeta(s)}$
>
> 4. $\sum_{n=1}^{\infty} \dfrac{|\mu(n)|}{n^s} = \sum_{n=1}^{\infty} \dfrac{\mu(n)^2}{n^s} = \dfrac{\zeta(s)}{\zeta(2s)}$

証明. 両辺のオイラー積を定理 4.2.1 を用いて計算し,比較することで示していく.

1. に関しては,$\mu(p) = -1$,かつ $k \geq 2$ に対しては $\mu(p^k) = 0$ なので,$\sum_{n=1}^{\infty} \dfrac{\mu(n)}{n^s}$ のオイラー積は,

$$\prod_{p \in \mathscr{P}} \left(1 + \frac{-1}{p^s}\right) = \prod_{p \in \mathscr{P}} \left(1 - p^{-s}\right).$$

これを (4.2.4) 式の $\zeta(s)$ のオイラー積と比較すると,ちょうど逆数になっていることが分かる.2. に関しては,まず,右辺をオイラー積を使って書く:

$\zeta(s)\zeta(s-1)$

$= \prod_{p \in \mathscr{P}} \left(1 + \dfrac{1}{p^s} + \dfrac{1}{p^{2s}} + \dfrac{1}{p^{3s}} + \cdots \right)$

$\quad \times \prod_{p \in \mathscr{P}} \left(1 + \dfrac{1}{p^{s-1}} + \dfrac{1}{p^{2(s-1)}} + \dfrac{1}{p^{3(s-1)}} + \cdots \right)$

$= \prod_{p \in \mathscr{P}} \left(\left(1 + \dfrac{1}{p^s} + \dfrac{1}{p^{2s}} + \dfrac{1}{p^{3s}} + \cdots \right)\left(1 + \dfrac{p}{p^s} + \dfrac{p^2}{p^{2s}} + \dfrac{p^3}{p^{3s}} + \cdots \right) \right).$

これの p 部分を展開してみよう.先頭項同士の掛け算をすると 1 となる.次に,分母が p^s となるものは最初の括弧から 2 項目をとり 2 個目の括弧から先頭項をとるか,最初の括弧から先頭項をとり 2 個目の括弧から 2 項目をとっ

たときのみなので，
$$\frac{1\times 1 + 1\times p}{p^s} = \frac{1+p}{p^s}$$
となる．同様に，分母が p^{2s} となるものは，3 項目と 1 項目，2 項目同士，1 項目と 3 項目をそれぞれの括弧からとったときなので，
$$\frac{1\times 1 + 1\times p + 1\times p^2}{p^{2s}} = \frac{1+p+p^2}{p^{2s}}$$
となる．同様に，分母が p^{ks} となるものは，$k+1$ 項目と 1 項目，k 項目と 2 項目，…，1 項目と $k+1$ 項目のようにとったときで，最初の括弧の分子は全て 1，後半の括弧の分子は p のべき数で上がっていくので，
$$\frac{1\times 1 + 1\times p + \cdots + 1\times p^k}{p^{ks}} = \frac{1+p+\cdots+p^k}{p^{ks}}$$
である．これは，σ 関数の定義より，$\frac{\sigma(p^k)}{p^{ks}}$ に等しい．つまり，
$$\zeta(s)\zeta(s-1) = \prod_{p\in \mathscr{P}}\left(1 + \frac{\sigma(p)}{p^s} + \frac{\sigma(p^2)}{p^{2s}} + \frac{\sigma(p^3)}{p^{3s}} + \cdots\right).$$

この右辺は σ に付随するディリクレ級数のオイラー積なので，2. の証明が終わった．

3. と 4. の証明には，右辺の分母で両辺を掛けた上で，オイラー積をみる．そこで，3. に対しては，
$$\left(\sum_{n=1}^{\infty} \frac{\varphi(n)}{n^s}\right)\cdot \zeta(s) = \zeta(s-1)$$
の両辺をオイラー積でみていく．命題 2.1.1 を利用すると，

$$\left(\sum_{n=1}^{\infty} \frac{\varphi(n)}{n^s}\right)\cdot \zeta(s)$$
$$= \left(\prod_{p\in\mathscr{P}}\left(1 + \frac{\varphi(p)}{p^s} + \frac{\varphi(p^2)}{p^{2s}} + \frac{\varphi(p^3)}{p^{3s}} + \cdots\right)\right)\cdot \zeta(s)$$
$$= \left(\prod_{p\in\mathscr{P}}\left(1 + \frac{p-1}{p^s} + \frac{p^2-p}{p^{2s}} + \frac{p^3-p^2}{p^{3s}} + \cdots\right)\right)$$
$$\times \prod_{p\in\mathscr{P}}\left(1 + \frac{1}{p^s} + \frac{1}{p^{2s}} + \frac{1}{p^{3s}} + \cdots\right)$$

$$= \prod_{p \in \mathscr{P}} \left(\left(1 + \frac{p-1}{p^s} + \frac{p^2-p}{p^{2s}} + \frac{p^3-p^2}{p^{3s}} + \cdots \right) \right.$$
$$\left. \cdot \left(1 + \frac{1}{p^s} + \frac{1}{p^{2s}} + \frac{1}{p^{3s}} + \cdots \right) \right)$$

2. の場合と同様に，これを展開し，分母が 1 の項，分母が p^s の項，分母が p^{2s} の項，… をまとめていく．すると，分母が 1 の項の分子は，先頭項同士の積で 1，分母が p^s の項の分子は $1 \times 1 + (p-1) \times 1 = p$，分母 p^{2s} の項の分子は $1 \times 1 + (p-1) \times 1 + (p^2-p) \times 1 = p^2$ と分かる．一般に分母が p^{ks} の項の分子は

$$1 \times 1 + (p-1) \times 1 + (p^2-p) \times 1 + \cdots + (p^k - p^{k-1}) \times 1 = p^k$$

である．したがって，

$$\left(\sum_{n=1}^{\infty} \frac{\varphi(n)}{n^s} \right) \cdot \zeta(s) = \prod_{p \in \mathscr{P}} \left(1 + \frac{p}{p^s} + \frac{p^2}{p^{2s}} + \frac{p^3}{p^{3s}} + \cdots \right)$$
$$= \prod_{p \in \mathscr{P}} \left(1 + \frac{1}{p^{s-1}} + \frac{1}{p^{2(s-1)}} + \frac{1}{p^{3(s-1)}} + \cdots \right)$$

より，$\zeta(s-1)$ のオイラー積表示となる．これで 3. が示せた．

4. の最初の等号は，μ が 0 と ± 1 の値しかとらないので，必ず $\mu(n)^2 = |\mu(n)|$ が成り立つことからくる．2つ目の等号のためには，$\mu(p)^2 = 1$, $\mu(p^k)^2 = 0$ ($k \geq 2$ のとき) に着目し，両辺を $\zeta(2s)$ で掛けて，オイラー積をみる：

$$\prod_{p \in \mathscr{P}} \left(1 + \frac{1}{p^s} \right) \cdot \prod_{p \in \mathscr{P}} \left(1 + \frac{1}{p^{2s}} + \frac{1}{p^{4s}} + \frac{1}{p^{6s}} + \cdots \right)$$
$$= \prod_{p \in \mathscr{P}} \left(\left(1 + \frac{1}{p^s} \right) \left(1 + \frac{1}{p^{2s}} + \frac{1}{p^{4s}} + \frac{1}{p^{6s}} + \cdots \right) \right).$$

展開をすると，

$$\prod_{p \in \mathscr{P}} \left(1 + \frac{1}{p^s} + \frac{1}{p^{2s}} + \frac{1}{p^{3s}} + \cdots \right) = \zeta(s)$$

となるので，題意が全て示せた． □

余談 4.2.4.

定理 4.2.3 で挙げたもの以外にも，このような関係式は存在し，オイラー積を使って同じように示すことができる．例えば，n の約数を $d_1, d_2, \ldots, d_\ell$ として

$$\sigma_k(n) = d_1^k + d_2^k + \cdots + d_\ell^k$$

と定義すると，これは数論的関数となる．特に，$k = 1$ の場合が σ 関数で，$k = 0$ の場合は約数の個数を数える関数 $d(n)$ となる．σ_k のディリクレ級数に関しては，$\zeta(s)\zeta(s-k)$ と等しいことが知られており，定理 4.2.3 の 2. の一般化である．また，n の素因数分解が $p_1^{k_1} \cdots p_\ell^{k_\ell}$ のとき，

$$\lambda(n) = k_1 + k_2 + \cdots + k_\ell$$

と定義すると（つまり，n の素因数分解における重複も含めた素数の個数），リウヴィルの**ラムダ関数**と呼ばれる数論的関数となり，このディリクレ級数は $\dfrac{\zeta(2s)}{\zeta(s)}$ と等しい．また，次の**マンゴルト関数**

$$\Lambda(n) = \begin{cases} \log p & (n \text{ がある素数 } p \text{ のべき乗}) \\ 0 & (n \text{ がそれ以外のとき}) \end{cases}$$

は，本章最後で少し述べるように，素数の個数を数えるうえで重要な数論的関数である．このマンゴルト関数に付随するディリクレ級数は，なんとゼータ関数の微分と関連があり，$-\dfrac{\zeta'(s)}{\zeta(s)}$ と等しい．

4.3 素数の性質が凝縮 —リーマン・ゼータ関数 ζ

本節ではゼータ関数について,少しだけ掘り下げてみよう.ゼータ関数は,整数論の世界の中で最も重要な関数であり,証明されていることも未解決問題も多いが,本節では,そのさわりとして,次節で証明するディリクレの定理に必要な部分を主に紹介する.

前節で定義した通り,ゼータ関数とは,$f(n) = 1$ という単純な数論的関数に付随したディリクレ級数で,系 4.2.2 より,オイラー積

$$\zeta(s) = \sum_{n=1}^{\infty} \frac{1}{n^s} = \prod_{p \in \mathscr{P}} \left(1 + \frac{1}{p^s} + \frac{1}{p^{2s}} + \cdots \right) = \prod_{p \in \mathscr{P}} \left(1 - \frac{1}{p^s}\right)^{-1}$$

を持つ.まず,収束について,より詳しくみてみよう.前節では収束についてはお茶を濁していたが,非常に重要であり,大学で学ぶ「解析学」が整数論の世界で大活躍することがよく分かると思う.本来,ディリクレ級数は s を複素数で動かした関数とみるので,ところどころ定理の主張では「s の実部」と書くが,s を実数としてしまっても本書では問題ない.

定理 4.3.1.

$$\zeta(s) = \sum_{n=1}^{\infty} \frac{1}{n^s}$$

は,s(の実部)が 1 より大きいときに収束し[注1],またこのとき,オイラー積の表示に等しい.

注1 同じ証明で,絶対収束および広義一様収束であることも示せている.

証明. N が自然数のとき,

$$S(N, s) = \sum_{n=1}^{N} \frac{1}{n^s}$$

と定義する. $s > 1$ ならば, $N \to \infty$ のとき $S(N,s)$ が $\zeta(s)$ に収束することは, 積分判定法（命題 A.2.10）の応用として (A.2.8) 式（347ページ）で導いているが, 重要なことなので, この場合の積分判定法をこの証明内でも再現する.

「収束する」ことの定義は, N を大きくすると, $S(N,s)$ がどんどん $\zeta(s)$ に近づいていくことである. つまり, N を大きくすると,

$$\zeta(s) - S(N, s) = \sum_{n=N+1}^{\infty} \frac{1}{n^s} \qquad (4.3.1)$$

がどんどん 0 に近づくことを示せばよい[注2]. 今は s は固定して考えており, N だけを大きくしていることに注意しよう.

ここで積分を活用する. 図 4.1 は, 関数 $f(x) = \frac{1}{x^s}$ のグラフである.

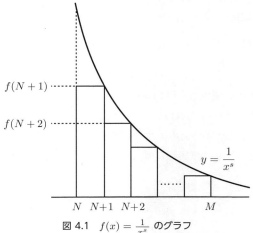

図 4.1 $f(x) = \frac{1}{x^s}$ のグラフ

(4.3.1) 式の右辺は, $f(N+1) + f(N+2) + \cdots$ に等しいことに注目すると, グラフの下に位置する横幅 1 の長方形の面積の和に等しいことが分かる. 定積分

$$\int_{N}^{\infty} \frac{1}{x^s} \, dx$$

[注2] s を複素数とした場合は, 三角不等式（付録の命題 A.1.1）を使い, 右辺の各項の絶対値の和が小さいことを示せば十分である. 実数の虚数乗である $n^{\mathrm{Im}(s)}$ は絶対値 1 の複素数なので, $|n^s| = n^{\mathrm{Re}(s)}$ となり, s の実部だけをみればよいことになる.

は，定義より，グラフと x 軸の間のうち $x = N$ の線の右側の部分の面積なので，定積分の方が (4.3.1) 式よりも明らかに大きい．この（広義）積分は計算可能で，s（の実部）が 1 より大きいことより，

$$\int_N^\infty \frac{1}{x^s}\,dx = \lim_{M \to \infty} \int_N^M \frac{1}{x^s}\,dx = \lim_{M \to \infty} \left[-\frac{1}{(s-1)x^{s-1}}\right]_{x=N}^{x=M}$$
$$= \lim_{M \to \infty} \left(\frac{1}{(s-1)N^{s-1}} - \frac{1}{(s-1)M^{s-1}}\right) = \frac{1}{(s-1)N^{s-1}}.$$
(4.3.2)

最後の等号では，$s > 1$ なので $\lim_{M \to \infty} \frac{1}{M^{s-1}} = 0$ であることを使った．この分析をするときは N は止めてあることに注意しよう．再び $s > 1$ の条件を使うと，(4.3.2) 式は N を大きくすると 0 に収束することが分かる．したがって，

$$0 \leq \zeta(s) - S(N, s) \leq (4.3.2) \text{ 式}$$

なので，間にはさまれている $\zeta(s) - S(N, s)$ も，N を大きくするとつられて 0 に行くことが分かり（これを**はさみうち**といい，付録の命題 A.2.1 で証明している），N を大きくすると $S(N, s)$ が $\zeta(s)$ に収束することが分かった．

なお，この議論を $N = 1$ で行うと，$S(1, s) = \frac{1}{1^s} = 1$ だから，

$$\zeta(s) = S(1, s) + (\zeta(s) - S(1, s)) \leq 1 + \big(N=1 \text{ の場合の (4.3.2) 式}\big)$$
$$\leq 1 + \frac{1}{s - 1}$$

となり，$\zeta(s)$ の有限性も同時に示せている．

続いて，オイラー積表示について考える．まず，各 p ごとの括弧内をみると，初項が 1，公比が $\frac{1}{p^s}$ の等比数列の和なので，s（の実部）が 1 より大きいという仮定の下では（実際には $s > 0$ という条件で十分である），この和は存在し，

$$\frac{1}{1 - \frac{1}{p^s}} = \left(1 - \frac{1}{p^s}\right)^{-1}$$

に等しい．よって，有限個の素数に関して，この式の積をとることは収束の問題もないので，$p_1, \ldots, p_N$ を最初の N 個の素数として，

$$P(N, s) = \prod_{i=1}^N \left(1 + \frac{1}{p_i^s} + \frac{1}{p_i^{2s}} + \frac{1}{p_i^{3s}} + \cdots\right)$$

は定義できる．そこで問題は，N を大きくしたとき，つまり考慮する素数をどんどん増やしていったときに $P(N, s)$ が収束するか，という点だけとなる．このために，次の不等式を証明しよう：

$$S(N,s) \leq P(N,s) \leq \zeta(s) \tag{4.3.3}$$

これを示せれば,すでに,N を大きくすると $S(N,s)$ がどんどん $\zeta(s)$ に近づくことを証明しているので,その間にはさまれている $P(N,s)$ も,はさみうち(付録の命題 A.2.1)により,つられて $\zeta(s)$ に近づくしかなくなる.そこで,(4.3.3) 式を示そう.オイラー積の定理(定理 4.2.1)の証明を参考にする.

$$P(N,s) = \left(1 + \frac{1}{p_1^s} + \frac{1}{p_1^{2s}} + \cdots\right) \times \cdots \times \left(1 + \frac{1}{p_N^s} + \frac{1}{p_N^{2s}} + \cdots\right)$$

を展開すると,

$$\frac{1}{p_1^{k_1 s} p_2^{k_2 s} \cdots p_N^{k_N s}}$$

の形の和となる($k_1,\ldots,k_N$ は 0 以上の整数).つまり,

$$P(N,s) = \sum_{\substack{n:\ n \text{ を割り}\\ \text{切る素数が}\\ p_1,\ldots,p_N \text{のみ}}} \frac{1}{n^s}.$$

素因数分解の<u>一意性</u>から,2 通りの展開の項が同じ $\frac{1}{n^s}$ になることはないことに注意しよう.この式から,$P(N,s) \leq \zeta(s)$ がすぐに分かる.また,N 以下の整数の素因数分解をすると,N 以下の素数しか登場せず,したがって,(全ての自然数が素数なわけではないので)N 番目までの素数があれば,N 以下の自然数の素因数分解は書き表せる.このことより,$S(N,s) \leq P(N,s)$ も従う.以上で,$s > 1$ のとき,(4.3.3) 式が示せたので,$P(N,s)$ も $\zeta(s)$ に収束することが分かった. □

この証明方法を少し一般化すると,次を得ることができる.

系 4.3.2. $a_1, a_2, \ldots,$ を数列とする.また,ある実数 C が存在して,どの自然数 n に対しても $|a_n| \leq C$ が成り立っているとする.このとき,s(の実部)が 1 より大きいならば,

$$\sum_{n=1}^{\infty} \frac{a_n}{n^s}$$

は収束する.

証明. 次の計算をする:

$$0 \leq \left| \sum_{n=1}^{\infty} \frac{a_n}{n^s} - \sum_{n=1}^{N} \frac{a_n}{n^s} \right| \tag{4.3.4}$$

$$= \left| \sum_{n=N+1}^{\infty} \frac{a_n}{n^s} \right| \leq \sum_{n=N+1}^{\infty} \left| \frac{a_n}{n^s} \right| \quad (\because 三角不等式, 命題 A.1.1)$$

$$\leq C \sum_{n=N+1}^{\infty} \frac{1}{n^s} \quad (\because |a_n| \leq C) \tag{4.3.5}$$

ここで，定理 4.3.1 の証明の中で，N を大きくすると (4.3.1) 式がどんどん 0 に近づくことを証明したので，(4.3.5) 式も 0 に近づく．よって，はさみうちより，(4.3.4) 式も 0 に近づくことが分かり，$\sum_{n=1}^{\infty} \frac{a_n}{n^s}$ が収束する． □

この系より次の結果が導ける．

系 4.3.3. s の実部が 1 より大きいとき，$\zeta(s) \neq 0$．

証明． メビウス関数の値は 0 か ± 1 なので，$a_n = \mu(n)$ は $C = 1$ で系 4.3.2 の条件を満たす．よって，s（の実部）が 1 より大きいとき，$\sum_{n=1}^{\infty} \frac{\mu(n)}{n^s}$ は収束する．また，定理 4.3.1 より，同じ範囲で $\zeta(s)$ も収束する．しかし，定理 4.2.3 の 1. より，

$$\zeta(s) \times \sum_{n=1}^{\infty} \frac{\mu(n)}{n^s} = 1$$

なので，$\zeta(s) \neq 0$ となる． □

つまり，実部が 1 より大きいところでは，リーマン・ゼータ関数が「収束する」というだけでなく，「値が 0 でない」ということまで分かった．この系 4.3.3 は，s が実数のときは自明となってしまう（$\zeta(s) = \sum \frac{1}{n^s}$ は正の項の足し算）．しかし，s が複素数のときには非自明である．実部と虚部に分けて計算すると，

$$\frac{1}{n^s} = n^{-\text{Re}(s) - \text{Im}(s) \cdot i} = \frac{1}{n^{\text{Re}(s)}} e^{-\text{Im}(s) \cdot \log n \cdot i}$$
$$= \frac{1}{n^{\text{Re}(s)}} \Big(\cos(-\text{Im}(s) \cdot \log n) + i \sin(-\text{Im}(s) \cdot \log n) \Big)$$

となるので，$\text{Im}(s) \cdot \log n$ が作っていく角度によっては，$\frac{1}{n^s}$ がらせん状に見事にバランスをとって分布することで $\sum_{n=1}^{\infty} \frac{1}{n^s}$ を 0 にしてしまう可能性があるからである．

さて，逆に，s が 1 以下の場合はどうなのだろうか？ 本書では直接この事実はいらないのだが，$s = 1$ が境目になっていて，この境目部分での分析が重要であ

ることを伝えるために，次の命題も証明しておこう．証明方法は，定理 4.3.1 と同様，積分の援用である．

命題 4.3.4.
$$\zeta(s) = \sum_{n=1}^{\infty} \frac{1}{n^s}$$
は，s が 1 以下のときに発散する[注3]．

証明． 定理 4.3.1 同様，関数 $f(x) = \frac{1}{x^s}$ のグラフと比較するのだが，今度は図 4.2 のように長方形をグラフの上に書く：

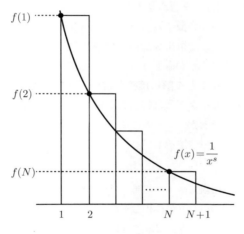

図 4.2　$f(x) = \frac{1}{x^s}$ のグラフ

面積の比較より，
$$S(N,s) \geq \int_1^{N+1} \frac{1}{x^s}\,dx. \tag{4.3.6}$$
この右辺は，今回は $1 - s \geq 0$ より，

注3　「s の実部が 1 以下のとき」としても，同じ主張が成り立つが，収束のときと違って同じ証明方法ではうまくいかない．各項の絶対値をとったときに無限に発散したとしても，s が実数でないときには，$\frac{1}{n^s}$ がらせん状にバランスをとることで，和を収束させる可能性がある．一般の複素数の場合は，「アーベルの総和法」を用いるのが一般的である．詳しくは，例えば小山「素数とゼータ関数」[5] 定理 3.5, 3.6 を参照のこと．

$$\int_1^{N+1} \frac{1}{x^s}\,dx = \begin{cases} [\log x]_{x=1}^{x=N+1} & (s=1) \\ \left[\dfrac{1}{1-s}x^{1-s}\right]_{x=1}^{x=N+1} & (s<1) \end{cases}$$

$$= \begin{cases} \log(N+1) & (s=1) \\ \dfrac{1}{1-s}[(N+1)^{1-s}-1] & (s<1) \end{cases}$$

いずれの場合も $N \to \infty$ のときに無限大に発散する．したがって，(4.3.6) 式と比較判定法（付録の命題 A.2.7）より，$S(N,s)$ も無限大に発散する． □

定理 4.3.1 と命題 4.3.4 を合わせると，$s=1$ が境目になることがよく分かる．しかし，ゼータ関数が「発散する」となったからといって分析不能で絶望的，というわけでもない．ここが解析数論の面白いところで，ゼータ関数が収束するところでは同じ値を持ち，しかももう少し広い範囲で収束するような別の関数を構築できる．このようなことを**解析接続**と言い，解析数論では非常に重要である．本当は，リーマン・ゼータ関数は複素数全域へ（有理型関数として）解析接続できることが知られているが，$s=1$ のまわりでの分析さえできれば，本書では十分なので，次の定理の形で述べる．

> **定理 4.3.5**（解析接続）．s（の実部）が 0 より大きいときに定義される，（複素）微分可能な関数 $\psi(s)$ が存在し，$\zeta(s)$ が定義できる範囲，つまり s（の実部）が 1 より大きい範囲においては，
> $$\zeta(s) = \frac{1}{s-1} + \psi(s) \tag{4.3.7}$$
> が成り立つ．

初めてこれをみると面食らうと思うので，少し立ち止まろう．図 4.3 に，(4.3.7) 式のそれぞれの項が定義される場所を記した．

これら 3 項全てが定義できる，s の実部が 1 より大きいところにおいては，(4.3.7) 式が成り立つ．また，$\zeta(s)$ は定義できないものの，右辺の 2 項は $s=1$ を除く $\mathrm{Re}(s) > 0$ で定義できる．したがって，このより広い範囲へゼータ関数を解析的に「接続」できる（あるいは「延長」できる），と定理 4.3.5 は主張している．ゼータ関数のままでは命題 4.3.4 より定義が不可能でも，ゼータ関数が定義

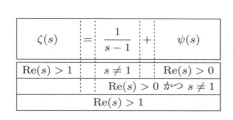
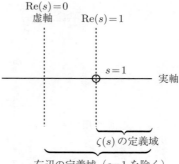

図 4.3 (4.3.7) 式の各項の定義域

できる範囲の所で (4.3.7) 式の右辺のように上手に書き直してあげることで，定義できる範囲を広げられる，ということである．

証明は s を実数として行う．s が複素数の場合については，余談 4.3.6 で補足する．

証明. まず，関数 $\psi_n(s)$ を次のように定義する：
$$\psi_n(s) = \frac{1}{n^s} - \int_n^{n+1} \frac{1}{x^s}\,dx.$$
図 4.4 の網かけ部分の面積が $\psi_n(s)$ なので，任意の正の s に対して $\psi_n(s)$ は正の値となる．

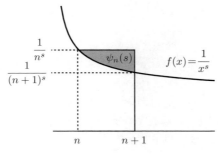

図 4.4 $\psi_n(s)$

そこで，定義できるかは分からないが，
$$\psi(s) = \sum_{n=1}^{\infty} \psi_n(s) \tag{4.3.8}$$
としてみよう．このとき，s が 1 より大きいならば，

$$\sum_{n=1}^{\infty}\left(\int_{n}^{n+1}\frac{1}{x^s}\,dx\right) = \int_{1}^{\infty}\frac{1}{x^s}\,dx$$
$$= \lim_{M\to\infty}\int_{1}^{M}\frac{1}{x^s}\,dx = \lim_{M\to\infty}\frac{1}{1-s}\left[x^{1-s}\right]_{x=1}^{x=M}$$
$$= \lim_{M\to\infty}\frac{1}{s-1}\left(1-\frac{1}{M^{s-1}}\right) = \frac{1}{s-1}$$

となる．これを用いると，$s > 1$ の範囲においてゼータ関数は収束するので（定理 4.3.1），

$$\zeta(s) = \sum_{n=1}^{\infty}\frac{1}{n^s} = \underbrace{\frac{1}{s-1} - \sum_{n=1}^{\infty}\left(\int_{n}^{n+1}\frac{1}{x^s}\,dx\right)}_{=0} + \sum_{n=1}^{\infty}\frac{1}{n^s}$$
$$= \frac{1}{s-1} + \sum_{n=1}^{\infty}\underbrace{\left(\frac{1}{n^s} - \int_{n}^{n+1}\frac{1}{x^s}\,dx\right)}_{\psi_n(s)}.$$

もし (4.3.8) 式における ψ の無限和がちゃんと定義できる，つまり収束するならば，最後の行は $\frac{1}{s-1} + \psi(s)$ と等しくなるので，題意が示せたことになる．そこで，$s > 0$ において，(4.3.8) 式における ψ の無限和が収束することを示せばよい．もう一度図 4.4 に戻ると，$\psi_n(s)$ の面積となる網かけ部分は，横幅 1，縦幅 $\frac{1}{n^s} - \frac{1}{(n+1)^s}$ の長方形内に含まれているので，

$$\psi_n(s) \leq \frac{1}{n^s} - \frac{1}{(n+1)^s}.$$

この右辺は

$$\int_{n}^{n+1}\underbrace{\frac{s}{x^{s+1}}}_{g(x)}\,dx = \frac{s}{-s}\left[x^{-s}\right]_{n}^{n+1}$$

と捉えることもできる．$g(x)$ は x の減少関数，また積分区間の長さは 1 なので，この積分（図 4.5 の網かけ部分）は，グラフの上の長方形の面積である $g(n)\cdot 1 = g(n) = \frac{s}{n^{s+1}}$ 以下となる．

まとめると，

$$\psi_n(s) \leq \frac{1}{n^s} - \frac{1}{(n+1)^s} = \int_{n}^{n+1}\frac{s}{x^{s+1}}\,dx \leq \frac{s}{n^{s+1}}. \tag{4.3.9}$$

$s > 0$ より，$s + 1 > 1$ なので，定理 4.3.1 の証明でもみた通り，$\sum_{n=1}^{\infty}\frac{1}{n^{s+1}}$ は収束する．よって，比較判定法（付録 A.2.7）と

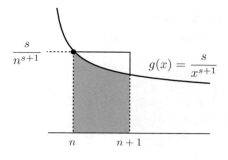

図 4.5　$g(x)$ のグラフ

$$\psi(s) = \sum_{n=1}^{\infty} \psi_n(s) \leq s \sum_{n=1}^{\infty} \frac{1}{n^{s+1}}$$

から，ψ も収束することが分かる．これで証明が終わった．　□

余談 4.3.6.

　本書では必要ないが，s を複素数にした場合を述べておく．上記証明と同じ方法で，s を複素数としたとき，$\mathrm{Re}(s) > 0$ の中の任意のコンパクト集合の中で，$\sum \psi_n$ が ψ に一様収束していることが分かる．ポイントは，コンパクト集合の場合 s の虚部も有界となることから，(4.3.9) 式に s での掛け算があっても問題ないこと，および $\mathrm{Re}(s) > 0$ 内のコンパクト集合なので，実部はある正の数 ε 以上で，(4.3.9) 式の右辺の分母のべきの実部が $1+\varepsilon$ 以上となることである．ψ_n それぞれは明らかに正則関数（複素数として微分可能な関数）なので，それぞれの s のまわりで十分小さな開円板，例えば半径 $\frac{\mathrm{Re}(s)}{2}$ の開円板をとることで，$\psi(s)$ も正則であると分かる．

　図 4.3 をみても分かる通り，$\mathrm{Re}(s) > 0$ 内で，定理 4.3.5 の右辺が定義できないのは，(s を複素数で考えたとしても)$s = 1$ だけである．これは非常に重要な事実である．より精密にいうと，定理 4.3.5 に現れるのは $\frac{1}{s-1}$ であり，例えば $\frac{1}{(s-1)^2}$ などではないので，ゼータ関数 (の解析接続) は $s = 1$ で**単純極**を持つという．

　系 4.3.3 によると，$\mathrm{Re}(s) > 1$ の範囲では $\zeta(s) = 0$ を満たす s はない．また，定理 4.3.5 によると，ゼータ関数は $\mathrm{Re}(s) > 0$ の範囲まで解析接続できる．それでは，解析接続した範囲では，0 の値をとる s はあるのだろうか？これが，**リーマン予想**と呼ばれる整数論の大予想である．

予想 〈リーマン予想〉
$\zeta(s)$ を $\mathrm{Re}(s) > 0$ の範囲まで解析接続した際, 0 の値をとる s の実部は全て $\frac{1}{2}$ である.

つまり, s の実部が正で, $\frac{1}{2}$ でないならば, 定理 4.3.5 の $\frac{1}{s-1} + \psi(s)$ は 0 にならない. この主張だけをパッと見ても, この予想の壮大さは分からないが, 素数定理における誤差項の評価など, 素数分布に関しての一番深遠な部分がこの予想と関連付けられている.

さて, ここまでのゼータ関数の分析の応用として, 素数の逆数の和が発散することを示そう. より正確な主張は次である.

定理 4.3.7. ある正の数 C と十分に小さい正の数 ε とが存在し, s(の実部)が 1 より大きく $|s-1| < \varepsilon$ のとき,
$$\left| \sum_{p \in \mathscr{P}} p^{-s} - \log \frac{1}{s-1} \right| \leq C.$$

この系として

系 4.3.8. 素数の逆数の和は発散する:
$$\sum_{p \in \mathscr{P}} \frac{1}{p} = \infty.$$

この系から, 定理 1.2.4 の別証明を与えることができる. なぜならば, 素数がもし有限個しかないならば, 素数の逆数の和は有限項で止まるので, ある正の数となるはずで, 系 4.3.8 と矛盾するからである. もちろん, 元々与えた証明の方が簡単だが, このような解析的な証明のほうが, ただ「無限個ある」というだけでなく, 「どの位の数までの間に何個位素数があるのか」という素数分布の情報をある程度教えてくれる. その意味で, 証明がたとえより大変だったとしても, 定理 4.3.7 や系 4.3.8 は貴重である. 証明に入る前に, 少し具体的に説明してみよう.

簡単のため, 定理 4.3.7 において, $\varepsilon = 0.02$, $C = 1$ とできるとしよう. この

とき，

$$\left| \sum_{p \in \mathscr{P}} \frac{1}{p^{1.01}} - \log \frac{1}{1.01-1} \right| \leq 1$$

$$\log \frac{1}{1.01-1} = \log 100 \approx 4.60517$$

より，

$$\sum_{p \in \mathscr{P}} \frac{1}{p^{1.01}} \geq 3.60517 \tag{4.3.10}$$

となる．ここで，定理 4.3.1 の証明の中の図 4.1 を参考にすると，

$$\sum_{n=10^{200}+1}^{\infty} \frac{1}{n^{1.01}} \leq \int_{10^{200}}^{\infty} \frac{1}{x^{1.01}}\, dx$$

$$= -\frac{1}{0.01} \left[\frac{1}{x^{0.01}} \right]_{x=10^{200}}^{\infty} = \frac{100}{(10^{200})^{0.01}} = 1$$

したがって，素数の場合だけ取り出しても，

$$\sum_{\substack{p: p \in \mathscr{P} \\ p > 10^{200}}} \frac{1}{p^{1.01}} \leq \sum_{n=10^{200}+1}^{\infty} \frac{1}{n^{1.01}} \leq 1.$$

よって，(4.3.10) 式と合わせると，

$$\sum_{\substack{p: p \in \mathscr{P} \\ p \leq 10^{200}}} \frac{1}{p^{1.01}} \geq 2.60517$$

が分かる．つまり，10^{200} までの間に十分な素数が存在して，この数までの素数の 1.01 乗の逆数の和が最低でも 2.60517 を超えないといけない，という結論を得る．ものすごく雑に議論をしたので，得られた主張も非常に弱いが（実際，9441 番目の素数である 98321 までの $\frac{1}{p^{1.01}}$ の和で 2.60517 を超えるので，10^{200} どころか，10^5 で本来十分であることになる），代数的な証明であったユークリッドの方法（定理 1.2.4）では得づらい，どの位の数までにどの位素数があるか，という問いに答えることができた[注4]．

それでは定理と系を証明しよう．

[注4] もっとも，実際には，複素解析もゼータ関数も使わずに，二項係数の性質などを少し詳しく調べるだけで，n 以下の素数の個数が $\frac{n}{6\log n}$ 以上 $\frac{6n}{\log n}$ 以下だということを証明できる．詳しくは Apostol 「Introduction to Analytic Number Theory」[6] Theorem 4.6 を参照のこと．

定理 4.3.7 の証明. 定理 4.3.1 より, $s > 1$ の範囲では, ゼータ関数をオイラー積で表示できるので,

$$\zeta(s) = \prod_{p \in \mathscr{P}} \left(1 - \frac{1}{p^s}\right)^{-1}.$$

$\log ab = \log a + \log b$ および $\log a^{-1} = -\log a$ に注意して, 両辺の対数をとると[注5],

$$\log \zeta(s) = -\sum_{p \in \mathscr{P}} \log\left(1 - \frac{1}{p^s}\right). \tag{4.3.11}$$

ここで, **マクローリン展開** (付録 A.3 節を参照のこと)

$$\log(1+x) = x - \frac{x^2}{2} + \frac{x^3}{3} - \frac{x^4}{4} + \cdots \tag{4.3.12}$$

を使う. 付録でも示しているように, このマクローリン展開は $|x| < 1$ で収束するが, $\left|\frac{1}{p^s}\right| < 1$ なので問題はない. よって, (4.3.12) 式に $x = -\frac{1}{p^s}$ を代入すると, (4.3.11) 式は

$$\log \zeta(s) = -\sum_{p \in \mathscr{P}} \left(\left(-\frac{1}{p^s}\right) - \frac{1}{2}\left(-\frac{1}{p^s}\right)^2 + \frac{1}{3}\left(-\frac{1}{p^s}\right)^3 - \frac{1}{4}\left(-\frac{1}{p^s}\right)^4 + \cdots\right)$$

$$= \sum_{p \in \mathscr{P}} \left(\frac{1}{p^s} + \frac{1}{2p^{2s}} + \frac{1}{3p^{3s}} + \frac{1}{4p^{4s}} + \cdots\right).$$

右辺の和をとる順番を入れ替えると[注6],

$$\log \zeta(s) = \left(\sum_{p \in \mathscr{P}} \frac{1}{p^s}\right) + \left(\sum_{p \in \mathscr{P}} \sum_{k=2}^{\infty} \frac{1}{kp^{ks}}\right). \tag{4.3.13}$$

ここで, $s \geq 1$ のとき, 2 項目がある定数以下であることを示そう:

$$\sum_{p \in \mathscr{P}} \sum_{k=2}^{\infty} \frac{1}{kp^{ks}} < \sum_{p \in \mathscr{P}} \sum_{k=2}^{\infty} \frac{1}{p^k} \quad (\because \text{分母の } ks \geq k, k \geq 2 > 1)$$

$$= \sum_{p \in \mathscr{P}} \left(\frac{1}{p^2} + \frac{1}{p^3} + \cdots\right) = \sum_{p \in \mathscr{P}} \frac{\frac{1}{p^2}}{1 - \frac{1}{p}} \quad (\because \text{初項 } \frac{1}{p^2}, \text{ 公比 } \frac{1}{p}) \tag{4.3.14}$$

[注5] 厳密には,「対数関数が連続なので, 無限積の対数が, 対数の無限和と等しい」という事実を使う. 付録の命題 A.2.2 参照のこと.

[注6] この範囲では絶対収束することが分かっているので, 和をとる順番を並べ替えられる. 付録の命題 A.2.6 参照のこと.

$$= \sum_{p \in \mathscr{P}} \frac{1}{p(p-1)} \leq \sum_{n=2}^{\infty} \frac{1}{n(n-1)} = \frac{1}{2} + \frac{1}{6} + \frac{1}{12} + \frac{1}{20} + \cdots$$

$$= \left(1 - \frac{1}{2}\right) + \left(\frac{1}{2} - \frac{1}{3}\right) + \left(\frac{1}{3} - \frac{1}{4}\right) + \left(\frac{1}{4} - \frac{1}{5}\right) + \cdots = 1 \quad (4.3.15)$$

から示せた．最後に，定理 4.3.5 を使う．

$$\zeta(s) = \frac{1}{s-1} + \psi(s)$$

の右辺をみると，$s=1$ のまわりで，$\frac{1}{s-1}$ は発散し，$\psi(s)$ は連続なので $\psi(1)$ の近くの値をとる．よって，ある $\varepsilon > 0$ と $C', C'' \geq 1$ が存在し，$1 < s < 1+\varepsilon$ を満たす s に関し，

$$\frac{1}{C''}\frac{1}{s-1} \leq \frac{1}{s-1} + \psi(s) \leq C'\frac{1}{s-1}.$$

したがって，

$$-\log C'' + \log \frac{1}{s-1} \leq \log \zeta(s) \leq \log \frac{1}{s-1} + \log C'$$

となる．よって，(4.3.13) 式と (4.3.15) 式と合わせると，$1 < s < 1+\varepsilon$ を満たす s に関して，

$$\left|\left(\sum_{p \in \mathscr{P}} \frac{1}{p^s}\right) - \log \frac{1}{s-1}\right| = \left|\log \zeta(s) - \left(\sum_{p \in \mathscr{P}} \sum_{k=2}^{\infty} \frac{1}{kp^{ks}}\right) - \log \frac{1}{s-1}\right|$$

$$\leq \left|\log \zeta(s) - \log \frac{1}{s-1}\right| + \left|\sum_{p \in \mathscr{P}} \sum_{k=2}^{\infty} \frac{1}{kp^{ks}}\right|$$

$$(\because 三角不等式)$$

$$\leq \max(\log C', \log C'') + 1$$

となるので，題意が示せた ($C = \max(\log C', \log C'') + 1$ とすればよい)．　□

系 4.3.8 の証明. ε と C を定理 4.3.7 の通りとし, N を $\log \frac{1}{\varepsilon}$ より大きい数とする. $s = 1 + \frac{1}{e^{N+C}}$ とおけば,

$$s - 1 = \frac{1}{e^{N+C}} < \frac{1}{e^N} < \varepsilon,$$

かつ

$$\log \frac{1}{s-1} = \log \frac{1}{1/e^{N+C}} = N + C$$

を満たす. すると, 定理 4.3.7 と三角不等式 (系 A.1.2) より,

$$\sum_{p \in \mathscr{P}} \frac{1}{p^s} = \left| \log \frac{1}{s-1} - \left(\log \frac{1}{s-1} - \sum_{p \in \mathscr{P}} \frac{1}{p^s} \right) \right|$$

$$\geq \left| \log \frac{1}{s-1} \right| - \left| \log \frac{1}{s-1} - \sum_{p \in \mathscr{P}} \frac{1}{p^s} \right|$$

$$\geq (N + C) - C = N.$$

しかし, $s > 1$ なので, $\frac{1}{p^s} < \frac{1}{p}$. よって,

$$N \leq \sum_{p \in \mathscr{P}} \frac{1}{p^s} < \sum_{p \in \mathscr{P}} \frac{1}{p}.$$

$\sum_{p \in \mathscr{P}} \frac{1}{p}$ はこれで, どんな N よりも大きい, と結論づけられたので, 発散することが分かった. □

すでにみた通り, 定理 4.3.7 は, ゼータ関数を使って素数の分布を調べる第一歩となる重要な定理である. 本書でも, 次節で素数の密度を定義するのに使う.

4.4 余り1も余り3も同頻度！
―交差4の場合のディリクレの算術級数定理の証明

　いよいよ，4で割った余りが1の素数も3の素数も同頻度あるという事実を証明しよう．まず，「頻度」の定義が必要となる．本書では主に解析的密度を扱うが，本節最後に，「自然密度」と呼ばれる頻度の測り方にも触れる．

　$\mathscr{P}$ を素数全ての集まりとしよう．P を $\mathscr{P}$ の一部分，つまり P が何らかの素数の集合のとき，P の**解析的密度**，あるいは**ディリクレ密度**が定義できるとは，

$$\lim_{s \to 1+} \frac{\sum_{p \in P} \frac{1}{p^s}}{\log \frac{1}{s-1}}$$

が存在することで，このときこの極限値を P の解析的密度という．ここで，$s \to 1+$ とは，1 より大きい実数であることを保ちながら s が 1 に近づくという意味で，数直線上で右側から 1 に近づいていくことを指す．

　解析的密度が計算できる例をいくつか紹介しよう．まずは，$P = \mathscr{P}$，つまり素数全体を考える．$s \to 1+$ のとき，$\log \frac{1}{s-1}$ は ∞ に発散するので，定数 C に対し，

$$\lim_{s \to 1+} \frac{C}{\log \frac{1}{s-1}} = 0.$$

したがって，定理 4.3.7 より，

$$1 = \lim_{s \to 1+} \frac{\log \frac{1}{s-1} - C}{\log \frac{1}{s-1}} \leq \lim_{s \to 1+} \frac{\sum_{p \in \mathscr{P}} \frac{1}{p^s}}{\log \frac{1}{s-1}} \leq \lim_{s \to 1+} \frac{\log \frac{1}{s-1} + C}{\log \frac{1}{s-1}} = 1$$

となる．これより，$\mathscr{P}$ の解析的密度は 1 である．

　次に，有限個の素数を集めたものを P とおくと，$\sum_{p \in P} \frac{1}{p}$ はある正の数になる

ので,

$$\lim_{s \to 1+} \frac{\sum_{p \in P} \frac{1}{p^s}}{\log \frac{1}{s-1}} = \lim_{s \to 1+} \frac{\sum_{p \in P} \frac{1}{p}}{\log \frac{1}{s-1}} = \frac{\text{正の数}}{\infty} = 0.$$

よって,素数の有限集合の解析的密度は 0 である.

最後に,P を奇数番目の素数を集めたもの,Q を偶数番目の素数を集めたものとしよう.つまり,小さい順に素数を並べたときに n 番目の素数を p_n と書くことにすると,$P = \{p_1, p_3, p_5, \ldots\}$, $Q = \{p_2, p_4, p_6, \ldots\}$ である.P の解析的密度が存在するならば,$p_1 < p_2$, $p_3 < p_4$ などより,

$$\sum_{p \in P} \frac{1}{p^s} \geq \sum_{p \in Q} \frac{1}{p^s}$$

なので,P の解析的密度は,Q の解析的密度以上となる.しかし $p_3 > p_2$, $p_5 > p_4$ などより

$$\sum_{p \in P, p \neq p_1} \frac{1}{p^s} \leq \sum_{p \in Q} \frac{1}{p^s}$$

も成り立つ.∞ に発散する $\log \frac{1}{s-1}$ と比較すると $\frac{1}{p_1}$ の貢献は消えてしまうことを,次の 2 番目の等号で使うと,

$$\lim_{s \to 1+} \frac{\sum_{p \in P} \frac{1}{p^s}}{\log \frac{1}{s-1}} = \lim_{s \to 1+} \frac{\frac{1}{p_1^s} + \sum_{p \in P, p \neq p_1} \frac{1}{p^s}}{\log \frac{1}{s-1}} = \lim_{s \to 1+} \frac{\sum_{p \in P, p \neq p_1} \frac{1}{p^s}}{\log \frac{1}{s-1}}$$

$$\leq \lim_{s \to 1+} \frac{\sum_{p \in Q} \frac{1}{p^s}}{\log \frac{1}{s-1}}.$$

よって,P の解析的密度は,Q の解析的密度以下ともいえる.P と Q の和集合は素数全体 $\mathscr{P}$ で,この密度は先ほど述べたように 1 なので,どちらも密度が $\frac{1}{2}$ ずつということになる.

このような例から,解析的密度は「素数の頻度」を測る 1 つのものさしとなっていることが分かる.そこで,本章の主定理を述べよう.

> **定理 4.4.1**(公差 4 の場合のディリクレの算術級数定理).4 で割ると 1 余る素数の集まりの解析的密度は $\frac{1}{2}$ であり,4 で割ると 3 余る素数の集まりの解析的密度も $\frac{1}{2}$ である.

すでに定理 1.3.3 や 2.2.7 で，それぞれ無限個あることは分かっているが，頻度・分布もちょうど半分ずつある，というのがこの定理の主張である．この定理名にある「算術級数」とは等差数列のことで，定理の言い換えが，「$5, 9, 13, 17, \ldots$ という等差数列と，$3, 7, 11, 15, \ldots$ という等差数列それぞれに同程度素数が存在する」であることに由来する．等差 4 に限らず，一般には次が知られている．

定理 4.4.2（ディリクレの算術級数定理）．m を自然数とし，a を m と互いに素な整数とする．このとき，m を法として a に合同となるような素数の集まりの解析的密度が存在し，$\frac{1}{\varphi(m)}$ に等しい．

つまり，定理 4.4.1 における $\frac{1}{2}$ は，$\varphi(4) = 2$ だから，と説明できる．この定理より，m と互いに素な数から始める公差 m の等差数列には，無限個の素数が必ず含まれ（有限個しか含まないとすると，解析的密度は 0 であるため），登場頻度も $\frac{1}{\varphi(m)}$ だと分かる．

ディリクレの定理にオイラー関数 φ が出てくるのは自然である．理由を説明しよう．法 m で a と合同になるような数は，$a + km$ の形で書けるが（k は任意の整数），もし a と m に最大公約数 $d > 1$ が存在したならば，$a + km$ は必ず d の倍数となるので，ほぼ全て合成数となる．より正確には，$a + km$ の形で d が書けてしかも d が素数ならば，$a + km$ の形の自然数の中に 1 つだけ素数が存在し，そうでないときには 1 つも存在しない．つまり，$\gcd(a, m) > 1$ のとき，法 m で a と合同になるような素数は最大でも 1 個しかない．よって，有限個以外の素数は，m と互いに素な数と法 m で合同になる．したがって，

$$A_m = \{1 \leq a \leq m : \gcd(a, m) = 1\}$$

のそれぞれの元 a ごとに $P_a = \{p : p \text{ は素数},\ p \equiv a \pmod{m}\}$ を考え，これらの解析的密度が全て等しいと仮定すると，A_m に含まれる元の数が $\varphi(m)$ 個なので，P_a の密度がそれぞれ $\frac{1}{\varphi(m)}$ ずつとなる．これが，定理 4.4.2 に $\frac{1}{\varphi(m)}$ が出てくる理由である．

本節では定理 4.4.1 のみ証明するが，余談 4.4.6 でも触れるように，ほぼ同様の議論で定理 4.4.2 も証明できる．ただ，公差が 4 の場合に限定することで，複素数関数の使用や複素解析学の定理の援用を避けることができ，また一部の議論が簡略化される（特に命題 4.4.3）．

それでは定理 4.4.1 の証明に入ろう．活躍するのが，自然数上で定義される次の関数である：

$$\chi_{-1}(n) = \begin{cases} 1 & (n \equiv 1 \pmod 4) \\ -1 & (n \equiv 3 \pmod 4) \\ 0 & (n \equiv 0, 2 \pmod 4) \end{cases}$$

n と m が整数のとき，

$$\begin{cases} \chi_{-1}(mn) = 1 = 1^2 = \chi_{-1}(m)\chi_{-1}(n), & m \equiv n \equiv 1 \pmod 4 \\ \chi_{-1}(mn) = 1 = (-1)^2 = \chi_{-1}(m)\chi_{-1}(n), & m \equiv n \equiv 3 \pmod 4 \\ & (\Rightarrow mn \equiv 3^2 \equiv 1 \pmod 4) \\ \chi_{-1}(mn) = -1 = 1(-1) = \chi_{-1}(m)\chi_{-1}(n), & m \equiv 1, n \equiv 3 \pmod 4, \\ & \text{あるいは逆} \\ & (\Rightarrow mn \equiv 3 \pmod 4) \\ \chi_{-1}(mn) = 0 = 0 = \chi_{-1}(m)\chi_{-1}(n), & m \text{ と } n \text{ の少なくとも } 1 \text{ つが偶数} \\ & (\Rightarrow mn \text{ も偶数}) \end{cases}$$

より，必ず $\chi_{-1}(nm) = \chi_{-1}(n)\chi_{-1}(m)$ が成り立っていることが分かる．つまり，完全乗法的な数論的関数となっている．このような自然数上の複素値関数を（法 4 での）**指標**という[注1]．もう 1 つの指標として，**自明な指標**

$$\chi_{\text{triv}}(n) = \begin{cases} 1 & (n \text{ が奇数}) \\ 0 & (n \text{ が偶数}) \end{cases}$$

も定義しておく[注2]．これら 2 つの指標を使って，4 で割ったときの余りが 1 の素数と 3 の素数を区別する．そのために指標 χ に対する**ディリクレ L 関数**を，χ に付随するディリクレ級数，つまり

$$L(s, \chi) = \sum_{n=1}^{\infty} \frac{\chi(n)}{n^s}$$

と定義する．まず最初に次を示そう．

注1　群論の言葉では，$\chi : (\mathbb{Z}/m\mathbb{Z})^* \longrightarrow \mathbb{C}^*$ の準同型のことを法 m での指標という（ここで，$(\mathbb{Z}/m\mathbb{Z})^*$ とは，35 ページで定義した A_m 上の演算を法 m での掛け算とした群のこと，$\mathbb{C}^*$ とは，0 以外の複素数上で演算を掛け算とした群のことである）．例えば，$m = 5$ のときには，$\chi(\overline{1}) = 1, \chi(\overline{2}) = i, \chi(\overline{3}) = -i, \chi(\overline{4}) = -1$ と定義すると，複素値をとる指標となる．χ を完全乗法的な数論的関数として自然数全体上で定義するためには，m と互いに素な数 a では $\chi(\overline{a})$ の値をとり，$\gcd(a, m) > 1$ であるような a では 0 の値をとるとすればよい．

注2　一般の m に対しては，

$$\chi_{\text{triv}}(n) = \begin{cases} 1 & (n \text{ と } m \text{ が互いに素}) \\ 0 & (n \text{ と } m \text{ の最大公約数が } > 1) \end{cases}$$

と定義する．m と互いに素な 2 つの整数の積は再び m と互いに素だし，m と公約数を持つような数の倍数は再び m と公約数を持つので，これは完全乗法的な数論的関数となる．

命題 4.4.3. $L(1, \chi_{-1})$ は収束し，この値は正である[注3]．

余談 4.4.4.
　一般の法 m の場合では，χ_{triv} 以外の指標 χ，つまり $\gcd(a, m) = 1$ を満たす何らかの a に関して $\chi(a) \neq 1$ となっている指標に対して，$L(1, \chi) \neq 0$ となる．一般のディリクレ算術級数定理（定理 4.4.2）の場合，この命題を示すのが少し面倒である．なぜなら，χ が複素数値を持つ関数の場合，次の証明で行うような絶対値による議論がうまくいかないからである．詳しくは，余談 4.4.6 を参照のこと．

証明. 　一般に，交代級数に関する**ライプニッツの判定法**（付録 A.2.11）と呼ばれるものがあり，それを使えばすぐ終わる．ここでは，この判定法の証明に沿いながら，$L(1, \chi_{-1})$ の場合を具体的に考える．

　$L(1, \chi_{-1})$ の定義通りに求めると，
$$1 - \frac{1}{3} + \frac{1}{5} - \frac{1}{7} + \frac{1}{9} - \frac{1}{11} + \cdots$$
である．図 4.6 から，極限値が存在して，しかもそれは $\frac{2}{3}$ 以上 1 以下になることが分かる．特に値は正である．

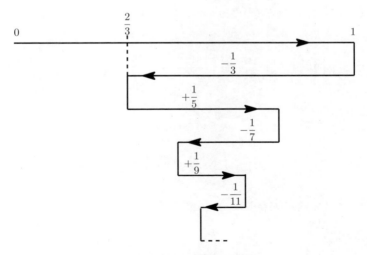

図 4.6　行ったり来たりの図

注3　本書では，「正」だけで十分だが，これは $\frac{\pi}{4}$ に収束することが知られており，ライプニッツの公式と言う．

図に頼らない議論をするならば，

$$S_n = 1 - \frac{1}{3} + \frac{1}{5} - \cdots + \frac{1}{4n+1}$$

$$T_n = 1 - \frac{1}{3} + \frac{1}{5} - \cdots + \frac{1}{4n+1} - \frac{1}{4n+3}$$

とすると，$S_{n+1} = S_n - \frac{1}{4n+3} + \frac{1}{4n+5}$ および $\frac{1}{4n+3} > \frac{1}{4n+5}$ より，$S_{n+1} < S_n$．同様に，$T_{n+1} = T_n + \frac{1}{4n+5} - \frac{1}{4n+7}$ および $\frac{1}{4n+5} > \frac{1}{4n+7}$ より，$T_{n+1} > T_n$．よって次のような大小関係となる：

$$\frac{2}{3} = T_0 < T_1 < \cdots < T_n < \cdots < L(1, \chi_{-1}) < \cdots < S_n < \cdots < S_1 < S_0 = 1$$

ここで $S_n - T_n = \frac{1}{4n+3}$ なので $\lim(S_n - T_n) = 0$．つまり，$\lim S_n = \lim T_n$ なので，はさみうち（付録の命題 A.2.1）により，$L(1, \chi_{-1})$ も，$\frac{2}{3}$ 以上 1 以下に収束することが分かる． □

指標の値の絶対値は 1 以下なので，前節でリーマン・ゼータ関数に関して示したことが，ディリクレ L 関数でも成り立つ．次にまとめておこう．

命題 4.4.5. χ_{-1} に関して次が成り立つ．

1. $L(s, \chi_{-1})$ は s（の実部）が 1 より大きいなら収束し，またこの範囲において，オイラー積

$$\prod_{p \in \mathscr{P}} \left(1 + \frac{\chi_{-1}(p)}{p^s} + \frac{\chi_{-1}(p^2)}{p^{2s}} + \cdots\right) = \prod_{p \in \mathscr{P}} \left(1 - \frac{\chi_{-1}(p)}{p^s}\right)^{-1}$$

とも等しい．

2. s（の実部）が 1 より大きいならば，

$$\log L(s, \chi_{-1}) = \left(\sum_{p \in \mathscr{P}} \frac{\chi_{-1}(p)}{p^s}\right) + \left(\sum_{p \in \mathscr{P}} \sum_{k=2}^{\infty} \frac{\chi_{-1}(p^k)}{kp^{ks}}\right).$$

3. ある定数 C が存在し，2. の第 2 項

$$\left(\sum_{p \in \mathscr{P}} \sum_{k=2}^{\infty} \frac{\chi_{-1}(p^k)}{kp^{ks}}\right)$$

の絶対値は，$s \geq 1$ で C 以下となる．

証明. 1. の収束性に関しては，$|\chi_{-1}(n)| \leq 1$ なので，系 4.3.2 より従う（実際には絶対収束する）．オイラー積との一致をみるために，$p_1, \ldots, p_N$ を最初の N 個の素数として，

$$S(N, s, \chi_{-1}) = \sum_{n=1}^{N} \frac{\chi_{-1}(n)}{n^s}$$

$$P(N, s, \chi_{-1}) = \prod_{i=1}^{N} \left(1 + \frac{\chi_{-1}(p_i)}{p_i^s} + \frac{\chi_{-1}(p_i^2)}{p_i^{2s}} + \frac{\chi_{-1}(p_i^3)}{p_i^{3s}} + \cdots\right)$$

とおく．リーマン・ゼータ関数のときと同じ議論により，$S(N, s, \chi_{-1})$ に含まれるものは全て $P(N, s, \chi_{-1})$ の展開にも含まれているので，三角不等式より

$$\left.\begin{array}{r}|P(N, s, \chi_{-1}) - L(s, \chi_{-1})| \\ |S(N, s, \chi_{-1}) - L(s, \chi_{-1})|\end{array}\right\} \leq \sum_{n=N+1}^{\infty} \frac{|\chi_{-1}(n)|}{n^s} = \sum_{n=N+1}^{\infty} \frac{1}{n^s}$$

となる．この一番右の項は $\zeta(s) - S(N, s)$ と等しく，N を大きくすると 0 に収束することが，定理 4.3.1 の証明の中で分かっている．したがって，$P(N, s, \chi_{-1})$ も $S(N, s, \chi_{-1})$ も $L(s, \chi_{-1})$ に収束する．

2. に関しては，$\left|\frac{\chi_{-1}(p)}{p^s}\right| < 1$ が成り立つので，log のマクローリン展開はこの場合も（絶対）収束し，定理 4.3.7 の証明内の議論をそのまま援用すると，

$$\log L(s, \chi_{-1})$$
$$= \log \prod_{p \in \mathscr{P}} \left(1 - \frac{\chi_{-1}(p)}{p^s}\right)^{-1} = \sum_{p \in \mathscr{P}} -\log\left(1 - \frac{\chi_{-1}(p)}{p^s}\right)$$
$$= \sum_{p \in \mathscr{P}} -\left(\left(-\frac{\chi_{-1}(p)}{p^s}\right) - \frac{1}{2}\left(-\frac{\chi_{-1}(p)}{p^s}\right)^2 \right.$$
$$\left. + \frac{1}{3}\left(-\frac{\chi_{-1}(p)}{p^s}\right)^3 - \frac{1}{4}\left(-\frac{\chi_{-1}(p)}{p^s}\right)^4 + \cdots\right)$$
$$= \left(\sum_{p \in \mathscr{P}} \frac{\chi_{-1}(p)}{p^s}\right) + \left(\sum_{p \in \mathscr{P}} \sum_{k=2}^{\infty} \frac{\chi_{-1}(p^k)}{kp^{ks}}\right)$$

より示せた（χ_{-1} は完全乗法的なので，$\chi_{-1}(p)^k = \chi_{-1}(p^k)$ である）．

3. に関しては，三角不等式より

$$\left|\sum_{p\in\mathscr{P}}\sum_{k=2}^{\infty}\frac{\chi_{-1}(p^k)}{kp^{ks}}\right| \leq \sum_{p\in\mathscr{P}}\sum_{k=2}^{\infty}\frac{|\chi_{-1}(p^k)|}{kp^{ks}} \leq \sum_{p\in\mathscr{P}}\sum_{k=2}^{\infty}\frac{1}{kp^{ks}}$$

となり，これは (4.3.15) 式より，1 以下と分かっているため従う． □

さて，命題 4.4.3 と 4.4.5 を合わせると，リーマン・ゼータ関数のときとは違った現象が 1 つ見えてくる：$L(1,\chi_{-1})$ は正の数なので，対数をとることができ，命題 4.4.5 の 2. と 3. を使うと，

$$\sum_{p\in\mathscr{P}}\frac{\chi_{-1}(p)}{p^s} = \log L(s,\chi_{-1}) - \left(\sum_{p\in\mathscr{P}}\sum_{k=2}^{\infty}\frac{\chi_{-1}(p^k)}{kp^{ks}}\right)$$

も $s \to 1+$ のときにある数 C' に収束することが分かる．特に，ある正の数 $\delta > 0$ が存在し，$1 < s < 1 + \delta$ のとき，

$$C' - 1 \leq \sum_{p\in\mathscr{P}}\frac{\chi_{-1}(p)}{p^s} \leq C' + 1. \tag{4.4.1}$$

ここで，$P_1 \subset \mathscr{P}$ を 4 で割ると 1 余る素数の集まり，$P_3 \subset \mathscr{P}$ を 4 で割ると 3 余る素数の集まりとしよう．すると，s が 1 より大きい範囲では[注4]，

$$\sum_{p\in\mathscr{P}}\frac{1}{p^s} = \frac{1}{2^s} + \left(\sum_{p\in P_1}\frac{1}{p^s}\right) + \left(\sum_{p\in P_3}\frac{1}{p^s}\right)$$

となる．定理 4.3.7 より，正の数 C と ε があり，$1 < s < 1 + \varepsilon$ では

$$\log\frac{1}{s-1} - C \leq \sum_{p\in\mathscr{P}}\frac{1}{p^s} = \frac{1}{2^s} + \left(\sum_{p\in P_1}\frac{1}{p^s}\right) + \left(\sum_{p\in P_3}\frac{1}{p^s}\right) \leq \log\frac{1}{s-1} + C.$$

つまり，

$$\log\frac{1}{s-1} - C - \frac{1}{2^s} \leq \left(\sum_{p\in P_1}\frac{1}{p^s}\right) + \left(\sum_{p\in P_3}\frac{1}{p^s}\right) \leq \log\frac{1}{s-1} + C - \frac{1}{2^s}. \tag{4.4.2}$$

これに対し，

$$\sum_{p\in\mathscr{P}}\frac{\chi_{-1}(p)}{p^s} = \left(\sum_{p\in P_1}\frac{1}{p^s}\right) - \left(\sum_{p\in P_3}\frac{1}{p^s}\right)$$

と (4.4.1) 式より，$1 < s < 1 + \delta$ では

[注4] 絶対収束性より和の順番も入れ替えることができる（命題 A.2.6）．

$$C' - 1 \leq \left(\sum_{p \in P_1} \frac{1}{p^s}\right) - \left(\sum_{p \in P_3} \frac{1}{p^s}\right) \leq C' + 1. \tag{4.4.3}$$

(4.4.2) 式と (4.4.3) 式を，$\left(\sum_{p \in P_1} \frac{1}{p^s}\right)$ と $\left(\sum_{p \in P_3} \frac{1}{p^s}\right)$ を変数とする連立方程式としてみて解く．まず，(4.4.2) 式と (4.4.3) 式の足し算をすると，$\sum_{p \in P_1} \frac{1}{p^s}$ は，$1 < s < 1 + \min(\delta, \varepsilon)$ で，

$$\frac{1}{2}\left(\log \frac{1}{s-1} - C - \frac{1}{2^s} + C' - 1\right) \sim \frac{1}{2}\left(\log \frac{1}{s-1} + C - \frac{1}{2^s} + C' + 1\right)$$

の間にあることが分かる．また，(4.4.3) 式を -1 倍すると不等号の向きが変わるので，

$$-(C'+1) \leq -\left(\sum_{p \in P_1} \frac{1}{p^s}\right) + \left(\sum_{p \in P_3} \frac{1}{p^s}\right) \leq -(C'-1)$$

となり，これに (4.4.2) 式を足すと，$\sum_{p \in P_3} \frac{1}{p^s}$ は，$1 < s < 1 + \min(\delta, \varepsilon)$ で，

$$\frac{1}{2}\left(\log \frac{1}{s-1} - C - \frac{1}{2^s} - (C'+1)\right) \sim \frac{1}{2}\left(\log \frac{1}{s-1} + C - \frac{1}{2^s} - (C'-1)\right)$$

の間にあることが分かる．C, C', 1, $\frac{1}{2^s}$ は有限の値なので，$s \to 1+$ で ∞ に発散する $\log \frac{1}{s-1}$ で割ると，消える．よって，はさみうち（付録の命題 A.2.1）により，P_1, P_3 の解析的密度

$$\lim_{s \to 1+} \frac{\sum_{p \in P_1} \frac{1}{p^s}}{\log \frac{1}{s-1}}, \quad \lim_{s \to 1+} \frac{\sum_{p \in P_3} \frac{1}{p^s}}{\log \frac{1}{s-1}}$$

はともに $\frac{1}{2}$ となる．これで定理 4.4.1 の証明が終わった． $\square$

ここで扱った密度の概念は，この証明を行うのには便利であったが，一番最初に思いつく「素数の頻度」の概念ではないだろう．次の**自然密度**の方が直観的である：素数の集合 P が**自然密度**を持つとは

$$\lim_{x \to \infty} \frac{P \text{ に含まれる素数の中で，} x \text{ 以下のものの個数}}{x \text{ 以下の素数の個数}}$$

が存在することで，この極限値を P の自然密度という．これは，素数の全体のなかで，P に含まれる素数がどのくらいの割合を占めているのかを測っているので，分かりやすい頻度の概念である．

定理 4.4.2 の「解析的密度」を「自然密度」に置き換えても，成立する．つまり，a が m と互いに素ならば，法 m で a と合同になるような素数の集まりの自然密度は $\frac{1}{\varphi(m)}$ である．この主張の方が分かりやすいのだが，大まかな証明の流れは同じであるものの，証明には補足の議論が必要となる．実は，「自然密度が存在するような素数の集まり P に対しては，解析的密度も存在し，この 2 つの密度が一致する」という事実があるのだが，逆は成り立たないので，解析的密度を示しても一般には自然密度を示すことはできない．

定理 4.4.2 を自然密度で証明するにあたっては，素数の分布についてより詳しく分析する必要があり，また，121 ページで紹介したマンゴルト関数を利用することが多い．複素解析を回避した，「初等的」と呼ばれる証明方法もないわけではないが，経路積分などの複素解析を使うのが一番よく使われる証明法である．詳しくは小山「素数とゼータ関数」[5]を参照のこと．

余談 4.4.6.
 最後に，法 4 に限らない定理 4.4.2 の証明について少し述べる．実は，法 3 と法 6 に関しては，まったく同じ証明ができる．つまり，$3k+1$ 型の素数の集まりの解析的密度も $3k+2$ 型の素数の集まりの解析的密度も $\frac{1}{2}$ ずつで，また，$6k+1$ 型の素数の集まりの解析的密度も $6k+5$ 型の素数の集まりの解析密度も $\frac{1}{2}$ ずつである．法 3 の場合は，χ_{-1} を

$$\chi_{-1}(n) = \begin{cases} 1 & (n \equiv 1 \pmod{3}) \\ -1 & (n \equiv 2 \pmod{3}) \\ 0 & (n \equiv 0 \pmod{3}) \end{cases}$$

と定義し，法 6 の場合は

$$\chi_{-1}(n) = \begin{cases} 1 & (n \equiv 1 \pmod{6}) \\ -1 & (n \equiv 5 \pmod{6}) \\ 0 & (n \equiv 0, 2, 3, 4 \pmod{6}) \end{cases}$$

と定義すると，どちらも指標となり，対応するディリクレ L 関数の $s=1$ での値は

$$\sum_{n=1}^{\infty} \frac{\chi_{-1}(n)}{n} = 1 - \frac{1}{2} + \frac{1}{4} - \frac{1}{5} + \frac{1}{7} - \cdots \qquad \text{法 3}$$

$$\sum_{n=1}^{\infty} \frac{\chi_{-1}(n)}{n} = 1 - \frac{1}{5} + \frac{1}{7} - \frac{1}{11} + \frac{1}{13} - \cdots \qquad \text{法 6}$$

なので，命題 4.4.3 と同じ議論により，法 3 の場合は $\frac{1}{2}$ 以上 1 以下となり，法 6 の場合は $\frac{4}{5}$ 以上 1 以下となる．後の議論はまったく同じである．

3 と 4 と 6 が特殊なのは，$\varphi(3) = \varphi(4) = \varphi(6) = 2$ だからであり，ほかには $\varphi(m) = 2$ となるものはない：もし $\varphi(m) = 2$ だとして，m が素数べき p^k でちょうど割り切れるならば，定理 2.1.3 より，$\varphi(p^k) = 2$ か $\varphi(p^k) = 1$ となるが，命題 2.1.1 より，φ の値が 1 となる素数べきは 2 のみで，φ の値が 2 となる素数べきは 3 と 4 のみなので，$m = 3, 4, 3 \times 2 = 6$ となる（4 と 2 は互いに素でないので $4 \times 2 = 8$ は不可である；実際，$\varphi(8) = 4$）．

3, 4, 6 以外の m の場合も大まかな流れは同じだが，異なる点は主に 2 点ある．1 点目は，指標が複素数の値を持ったり，あるいは，実数値の指標でも対応するディリクレ L 関数が交代級数にならなかったりするので，命題 4.4.3 の証明を変えないといけなくなる点である．複素数の値を持つ指標の例は 140 ページに挙げたので，ディリクレ級数が交代級数にならない具体例を挙げよう：$m = 8$ として，

$$\chi(n) = \begin{cases} 1 & (n \equiv 1, 5, 7 \pmod 8) \\ -1 & (n \equiv 3 \pmod 8) \\ 0 & (n \equiv 0, 2, 4, 6 \pmod 8) \end{cases}$$

と定義すると，これは指標となるが，対応するディリクレ L 関数は

$$1 - \frac{1}{3} + \frac{1}{5} + \frac{1}{7} + \frac{1}{9} - \frac{1}{11} + \frac{1}{13} + \frac{1}{15} + \cdots$$

で，交代級数ではない（$\frac{1}{3} < \frac{1}{5} + \frac{1}{7} + \frac{1}{9}$）．ただ，余談 4.4.4 でも触れたように，自明な指標を除くと，一般の法 m でも命題 4.4.3 は成り立つ．この事実の大まかな証明方法を述べると，法 m での L 関数を指標ごとに 1 つずつ考えるのではなく，法 m での L 関数を全て合体させたものを考え，それが正の係数を持つディリクレ級数となることをまず示す．そして，非自明な指標の L 関数のうちの 1 つが $s = 1$ で 0 の値をとると，$\mathrm{Re}(s) > 0$ 全域で合体版ディリクレ級数が収束してしまうと議論し，矛盾を導く．「非自明な L 関数の $s = 1$ における値が非零である，よって対数をとれる」という事実が，実はディリクレの算術級数定理の一番の根幹といってもよいので，$m = 4$ の場合との差異の中でここが一番重要である．

2 点目の差は，証明の最後に出てきた (4.4.2) 式と (4.4.3) 式の連立方程式が，一般の法の場合 $\varphi(m)$ 個の式からなる連立方程式になることである．一般の m の場合，有限アーベル群の構造定理という定理を活用すると便利である．これにより，法 m での指標の形が理解でき[注5]，特に指標の個数（これが連立方程式の式の数でもある）が $\varphi(m)$ 個であることも分かる．この理論から導ける「指標の直交性」を使うと，連立方程式が簡単に解ける．

　それ以外の点では証明の流れは同じであるので，複素解析を使わなくても，少し補足議論を行うことで，解析的密度に関してはディリクレの算術級数定理を導くことができる．

[注5] 有限アーベル群 G と，G 上の指標の集まりの間に群同型があると分かるので，この事実を $(\mathbb{Z}/m\mathbb{Z})^*$ に適用する（注 1 も参照のこと）．

第5章 | $\sqrt{2}$ と1億分の1の差となる分数のうち,最小分母のものは?
―ディオファントス近似

整数論の中でも歴史が特に長い**ディオファントス問題**とは，いくつかの変数からなる多項式の整数解や有理数解について調べることである．

最も有名な例が，フェルマーの最終定理で，n が 3 以上の場合，

$$x^n + y^n = z^n$$

を満たす自然数解 (x, y, z) は存在しない，と主張する．

ディオファントス問題を攻略するには代数的，解析的，幾何学的など，様々なアプローチが考えられるが，本章では，**ディオファントス近似**と呼ばれる手法を紹介する．ディオファントス近似の定理を紹介した後，トゥエ方程式・単数方程式に応用し，また，超越数や連分数との関連についても述べる．

5.1 100年以上の挑戦の末のフィールズ賞 —ロスの定理までの近似定理の歴史

$\sqrt{2} = 1.41421\cdots$ であるが，約分は気にせずに，

$$1, \quad 1.4 = \frac{14}{10}, \quad 1.41 = \frac{141}{100}, \quad 1.414 = \frac{1414}{1000}, \quad 1.4142 = \frac{14142}{10000}, \cdots$$

のように考えれば，$\sqrt{2}$ をよりよく近似するような有理数（分数）をどんどん見つけていくことができる．一般にどんな実数でも，より長い小数展開を考えることで，よりよく近似するような有理数が必ずある．

これを詳しくみてみよう．例えば，$\sqrt{2}$ と 1.41 は小数点以下 2 桁まで一致しているわけだから，特に，$1.41 \leq \sqrt{2} < 1.42$ である．つまり，

$$\sqrt{2} - 1.41 < 0.01 = \frac{1}{100}$$

を満たす．右辺の 100 が，1.41 の分数表示の分母と一致していることに注意しよう．同様に $1.414 \leq \sqrt{2} < 1.415$ であるから，

$$\sqrt{2} - 1.414 < 0.001 = \frac{1}{1000}$$

ではあるが，今度は，$\frac{1414}{1000}$ は本当は約分することができて，$\frac{707}{500}$ となるので，近似の誤差を計るときの分母が，近似している分数の分母の 2 倍となっている．約分ができると，その約分の分だけ，近似の精度と近似分数の分母にずれができることが分かる．

ここまでは，小数展開からくる分数だけを考えてきたが（このようなものの分母は，約分する前は 10 のべき乗となっている），一般の分数にしたら，より小さい分母で同じような精度の近似を実現できるのだろうか？例えば，$\sqrt{2}$ に対しては，

$$\left| \sqrt{2} - \frac{41}{29} \right| \approx 0.000420459 \approx \frac{1}{29^{2.30873}} \tag{5.1.1}$$

$$\left|\sqrt{2} - \frac{577}{408}\right| \approx 0.0000021239 \approx \frac{1}{408^{2.17296}} \tag{5.1.2}$$

などがある．分母の 2 乗分の 1 位の精度で，$\sqrt{2}$ を近似することに成功しており，小数展開からくるものを考えたときには，分母（の 1 乗）分の 1 位だったことを考えると，だいぶ精度がいい．これを一般化したのが，次の定理である．

定理 5.1.1 （ディリクレ）．α を有理数でない実数とする．このとき，
$$\left|\alpha - \frac{p}{q}\right| < \frac{1}{q^2} \tag{5.1.3}$$
を満たす既約分数 $\frac{p}{q}$ は無限個存在する．

$\sqrt{2}$ の場合，(5.1.2) 式から，$\frac{41}{29}$ と $\frac{577}{408}$ ともに (5.1.3) 式の条件を満たしていることが分かる．このような近似分数が無限個とれる，というのがディリクレの定理の主張である．

証明． 鳩の巣論法を使った証明である．

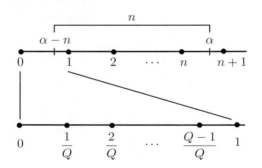

図 5.1 整数でのずらしと Q 等分の図

まず，α が 0 と 1 の間にある場合に証明できれば十分であることに注意する．なぜならば，図 5.1 のように，数直線上で α を整数 n でずらせば，$\alpha - n$ を必ずこの範囲に持ってくることができる．また，
$$\left|(\alpha - n) - \frac{p}{q}\right| < \frac{1}{q^2}$$
ならば，

$$\left|\alpha - \frac{p+nq}{q}\right| = \left|\alpha - n - \frac{p}{q}\right| = \left|(\alpha - n) - \frac{p}{q}\right| < \frac{1}{q^2}$$

でもあるので ($\frac{p}{q}$ に整数 n を足しても，分母は変わらない)，$\alpha - n$ に対して (5.1.3) 式を満たす分数が無限個あるならば，元々の α に対して (5.1.3) 式を満たす分数も無限個あるからである．

そこではじめから $0 < \alpha < 1$ とする．背理法で証明する[注1]ので，(5.1.3) 式を満たす分数が有限個しかないとしよう．

$$\frac{p_1}{q_1}, \ldots, \frac{p_n}{q_n}$$

が (5.1.3) 式を満たす既約分数の全てとする．α は有理数ではないと仮定しているので，$|\alpha - \frac{p_k}{q_k}|$ がちょうど 0 になることはない．そこで，自然数 Q を

$$\left|\alpha - \frac{p_k}{q_k}\right| > \frac{1}{q_k Q} \qquad (k = 1, \ldots, n \text{ の全て}) \tag{5.1.4}$$

となるようにとる．つまり，

$$Q > \max_{k=1,\ldots,n} \frac{1}{q_k \cdot \left|\alpha - \frac{p_k}{q_k}\right|} \tag{5.1.5}$$

ととればよい．

次に，0 と 1 の区間を図 5.1 のように，Q 等分する．そこで，$1 \leq i \leq Q+1$ を満たす自然数 i ごとに，$i\alpha$ の小数部分 b_i を考える．つまり，$i\alpha$ の小数点よりも前の整数部分は取り除いて，小数点の右にある部分を取り出して b_i とするということである．このとき，

$$i\alpha = n_i + b_i \qquad (n_i \text{ は } 0 \text{ 以上の整数}, \quad 0 \leq b_i < 1).$$

よって，$b_1, b_2, \ldots, b_{Q+1}$ はそれぞれ，先ほど Q 等分した区間のどこかに入るので，鳩の巣論法により，長さ $\frac{1}{Q}$ の区間のどこか 1 つの中にこのうちの 2 つが入らなければならない (「鳩」の b_i たちが $(Q+1)$ 羽，「巣」の区間が Q 個)．よって，ある $1 \leq i < j \leq Q+1$ があり，

$$|b_j - b_i| < \frac{1}{Q}.$$

つまり，

[注1] 証明後にも述べるように，「構成的」な証明方法なので，厳密には背理法とも少し違う．

$$|(j\alpha - n_j) - (i\alpha - n_i)| = |((j-i)\alpha - (n_j - n_i)| < \frac{1}{Q}.$$

この不等式を $j-i$ で割ると，

$$\left|\alpha - \frac{n_j - n_i}{j-i}\right| < \frac{1}{(j-i)Q}$$

$\frac{n_j - n_i}{j-i}$ の既約分数表示が $\frac{p}{q}$ だとすると，$q \leq j-i$ なので，

$$\left|\alpha - \frac{n_j - n_i}{j-i}\right| < \frac{1}{(j-i)Q} \leq \frac{1}{qQ}.$$

この式と，(5.1.4) 式を比較すると $\frac{n_j - n_i}{j-i} = \frac{p}{q}$ は $\frac{p_k}{q_k}$ のうちの1つではないことが分かる．しかし，$1 \leq i < j \leq Q+1$ であったから，$j-i \leq (Q+1)-1 = Q$. よって，

$$\left|\alpha - \frac{n_j - n_i}{j-i}\right| < \frac{1}{(j-i)Q} \leq \frac{1}{(j-i)^2} \leq \frac{1}{q^2}$$

これにより，(5.1.3) 式を満たす新しい既約分数 $\frac{p}{q}$ を見つけたので，背理法の仮定に矛盾する．よって，(5.1.3) 式を満たす既約分数は無限個なくてはならない． □

この証明方法に沿うと，(5.1.3) 式を満たす分数を構築できる．例えば，(5.1.2) 式の場合に戻ろう．すでに $\frac{41}{29}$ と $\frac{577}{408}$ ともに (5.1.3) 式の条件を満たしていると分かっているので，(5.1.5) 式

$$Q > \max\left(\frac{1}{29 \cdot \left|\sqrt{2} - \frac{41}{29}\right|}, \frac{1}{408 \cdot \left|\sqrt{2} - \frac{577}{408}\right|}\right) \approx 1153.9\cdots$$

より，分母が 1154 までの分数の中に，(5.1.3) 式を満たす新しい分数があることが分かる（この場合は $\frac{1393}{985}$）．このようにして，次々に近似分数を具体的に構築できるので，ただ「近似分数が無限個ある」という主張よりもディリクレの定理は強い．ただ，「次の近似分数はこれだ」とピンポイントで見つけることはできない．あくまでも分母の範囲が分かるだけで，各分母 q ごとに $q\alpha$ のまわりの整数を分子の候補として，(5.1.3) 式を満たすかどうか確認しないといけない．したがって，構築的な証明ではあるものの効率は悪い．よりよい構築方法は連分数を使ったやり方で，これに関しては 5.5 節の命題 5.5.4 で述べる．

ディリクレの定理は近似分数が無限個ある場合の定理であった．それでは，分母の大きさと比べてどの位の近似精度を求めると，それを満たす近似分数が有限

個のみとなるのであろうか．これがディオファントス近似の核心的問題である．
実は，ディリクレよりも少し前に次は知られていた．

> **定理 5.1.2** （リウヴィル）．α を有理数ではない実数で，d 次の整数係数多項式
> $$f(x) = a_d x^d + a_{d-1} x^{d-1} + \cdots + a_1 x + a_0$$
> の根だとする（つまり，$f(\alpha) = 0$）．このとき，$\rho > d$ ならば，
> $$\left| \alpha - \frac{p}{q} \right| < \frac{1}{q^\rho} \tag{5.1.6}$$
> を満たす既約分数 $\frac{p}{q}$ は有限個しかない．

ディオファントス近似の定理の主張はこの形をとることが多いので，立ち止まろう．例えば $\rho = d + \frac{1}{2}$ とすると，(5.1.6) 式を満たす既約分数は有限個，$\rho = d + \frac{1}{3}$ としても (5.1.6) 式を満たす既約分数は有限個，$\rho = d + \frac{1}{100}$ としても (5.1.6) 式を満たす既約分数は有限個と主張している．ただ，d との差を小さくすると（このとき，ρ は小さくなるので，$\frac{1}{q^\rho}$ は大きくなり，(5.1.6) 式で求めている近似の条件は弱まる），この「有限個の例外」たちがどんどん増えてしまうかもしれないので，$\rho = d$ としたときに (5.1.6) 式を満たす既約分数が有限個なのかは分からない．実際，例えば，$\alpha = \sqrt{2}$ とすると，$x^2 - 2 = 0$ という整数係数方程式を満たすので，$d = 2$ ととれる．ここで，$\rho = 2$ として (5.1.6) 式を書くと，
$$\left| \alpha - \frac{p}{q} \right| < \frac{1}{q^2}$$
を満たす既約分数が有限個しかないことになり，ディリクレの定理（定理 5.1.1）と明らかに矛盾する！このように，ディオファントス近似は，非常にデリケートなことが多い．「d より大きいどんな ρ でも成り立つ」と「$\rho = d$ でも成り立つ」は本質的に異なる．

リウヴィルの定理を証明する前に，ディリクレの定理と比較してみよう．$d = 1$ の整数係数多項式を α が満たすとすると，
$$a_1 \alpha - a_0 = 0$$
となるので，$\alpha = \frac{a_0}{a_1}$ となり，α が有理数でないという仮定に矛盾する．したがって，必ず $d \geq 2$ なのだが，すると $\rho > d$ のときは $\frac{1}{q^\rho} < \frac{1}{q^2}$ が成り立つ．こ

のような観察の後もう一度定理の主張をみると，ディリクレの定理のときは，右辺の近似の精度が $\frac{1}{q^2}$ 以内だったので無限個近似分数を見つけることができたが，精度をよりきつく，$\frac{1}{q^\rho}$ 以内とすると，近似分数の個数が有限個となってしまう，ということが浮かび上がる．

証明． $f(x)$ は d 次多項式なので，1 度微分すると，$d-1$ 次多項式，2 度微分すると $d-2$ 次多項式，となり，d 度微分すると，0 次多項式，つまり定数となる．ということは，$d+1$ 度目の微分で恒等的に 0 となり，それ以降の微分も当然 0 となる．したがって，$f(x)$ のテイラー展開（付録の (A.3.1) 式）を $x = \alpha$ のまわりで行うと，d 乗の項で止まり，

$$f(x) = f(\alpha) + f'(\alpha)(x-\alpha) + \frac{f''(\alpha)}{2!}(x-\alpha)^2 + \cdots + \frac{f^{(d)}(\alpha)}{d!}(x-\alpha)^d.$$

となる．$f(\alpha) = 0$ なので，最初の項がなくなることに注意しよう．したがって，三角不等式（命題 A.1.1）により

$$|f(x)| \leq |f'(\alpha)(x-\alpha)| + \left|\frac{f''(\alpha)}{2!}(x-\alpha)^2\right| + \cdots + \left|\frac{f^{(d)}(\alpha)}{d!}(x-\alpha)^d\right|$$

$$= |f'(\alpha)| \cdot |x-\alpha| + \left|\frac{f''(\alpha)}{2!}\right| \cdot |x-\alpha|^2 + \cdots + \left|\frac{f^{(d)}(\alpha)}{d!}\right| \cdot |x-\alpha|^d.$$

さて，ここで，$\frac{p}{q}$ が (5.1.6) 式を満たすとして，上の x に $\frac{p}{q}$ を代入することを考える．(5.1.6) 式を満たす以上，$|\alpha - \frac{p}{q}| \leq 1$ だから，$|\frac{p}{q} - \alpha|^i \leq |\frac{p}{q} - \alpha|$．よって，

$$\left|f\left(\frac{p}{q}\right)\right| \leq |f'(\alpha)| \cdot \left|\frac{p}{q} - \alpha\right| + \left|\frac{f''(\alpha)}{2!}\right| \cdot \left|\frac{p}{q} - \alpha\right| + \cdots + \left|\frac{f^{(d)}(\alpha)}{d!}\right| \cdot \left|\frac{p}{q} - \alpha\right|$$

$$= \left(|f'(\alpha)| + \left|\frac{f''(\alpha)}{2!}\right| + \cdots + \left|\frac{f^{(d)}(\alpha)}{d!}\right|\right) \left|\frac{p}{q} - \alpha\right|$$

$$< \left(|f'(\alpha)| + \left|\frac{f''(\alpha)}{2!}\right| + \cdots + \left|\frac{f^{(d)}(\alpha)}{d!}\right|\right) \cdot \frac{1}{q^\rho}. \tag{5.1.7}$$

最後に，$f(x)$ が整数係数であることを使う．上の式の左辺は

$$f\left(\frac{p}{q}\right) = a_d \left(\frac{p}{q}\right)^d + a_{d-1} \left(\frac{p}{q}\right)^{d-1} + \cdots + a_1 \cdot \frac{p}{q} + a_0$$

$$= \frac{a_d p^d + a_{d-1} p^{d-1} q + \cdots + a_1 p q^{d-1} + a_0 q^d}{q^d}$$

なので，$\frac{整数}{q^d}$ の形の有理数である．ここで，$\frac{p}{q}$ は $f(x)$ の根ではないとしよう[注2]（$f(x) = 0$ の根が有限個しかないので，有理数の根も高々有限個であ

る).このとき,$f(\frac{p}{q}) \neq 0$ かつ $\frac{整数}{q^d}$ の形なので,

$$\left| f\left(\frac{p}{q}\right) \right| \geq \frac{1}{q^d}. \tag{5.1.8}$$

これを (5.1.7) 式と合わせると,

$$\frac{1}{q^d} \leq \left| f\left(\frac{p}{q}\right) \right| \leq \frac{|f'(\alpha)| + \left|\frac{f''(\alpha)}{2!}\right| + \cdots + \left|\frac{f^{(d)}(\alpha)}{d!}\right|}{q^\rho}$$

両辺を q^ρ で掛けると,

$$q^{\rho-d} \leq |f'(\alpha)| + \left|\frac{f''(\alpha)}{2!}\right| + \cdots + \left|\frac{f^{(d)}(\alpha)}{d!}\right|$$

つまり,

$$q \leq \left(|f'(\alpha)| + \left|\frac{f''(\alpha)}{2!}\right| + \cdots + \left|\frac{f^{(d)}(\alpha)}{d!}\right| \right)^{\frac{1}{\rho-d}} \tag{5.1.9}$$

となる.右辺は f や α には依存するものの,p や q には依存しないので,これで,q がある数以下であることが分かった.しかし,q を 1 つ固定すると,(5.1.6) 式を満たすような $\frac{p}{q}$ は 2 個以下である.なぜならば,$\frac{i}{q} \leq \alpha < \frac{i+1}{q}$ とすると $p \neq i, i+1$ のとき

$$\left| \alpha - \frac{p}{q} \right| \geq \frac{1}{q} > \frac{1}{q^\rho}$$

となるので,(5.1.6) 式を満たさないからである.これにより,q の可能性は有限で,しかも,1 つの q に対して最大でも 2 つの p しか (5.1.6) 式を満たさないので,合わせると,(5.1.6) 式を満たす既約分数 $\frac{p}{q}$ が有限個だということが分かる.$f = 0$ の有理数根も有限個なので,これで証明が終わる. □

注2 通常,$f(x)$ を既約多項式とするので,この条件は自動的に満たされる.

定理 5.1.2 の対偶（50 ページ）をとってみると，「(5.1.6) 式を満たす既約分数が無限個存在するならば，α は整数係数多項式の解とはならない」となる．整数係数多項式の解とならないような複素数のことを**超越数**という．収束がものすごく速い級数の場合，非常によく近似する分数をたくさん作れるので，定理 5.1.2 より極限は必ず超越数となる．このような数のことを**リウヴィル数**といい，5.4 節で詳しく述べる．

ただ，収束があまり速くないときには，その極限 α に対し定理 5.1.2 は使えない．一方，もう少し精度がよいディオファントス近似の定理を証明できれば，適用できる場合もある．つまり，リウヴィルの定理では「$\rho > d$ として近似の精度を $\frac{1}{q^\rho}$ とすると，近似分数は有限個」と主張していたが，「もう少し緩い精度の近似の条件にしても近似分数は有限個しかない」という定理を証明できれば，この方がリウヴィルの定理よりも強い主張となり，より遅い収束をするような数に対しても超越性を示せる可能性が出てくる．ただ，ディリクレの定理（定理 5.1.1）があるので，近似の精度を $\frac{1}{q^2}$ まで緩めてしまうと，近似分数が無限個となってしまう．そこで，$2 < \rho \leq d$ として，近似の精度を $\frac{1}{q^\rho}$ としたときに，近似分数が有限個のみとなるのかどうかがポイントとなる．

同じような問題として，定理 5.1.2 を使ってディオファントス方程式を解こうとすると，ほぼ間違いなく壁にぶつかる．これについては，トゥエ方程式の定理（定理 5.2.2）の証明の後の段落（特に (5.2.5) 式のあたり）でより詳しく触れるが，もう少し緩い近似でも有限個しか近似分数がない，という主張がないと，ディオファントス方程式について結果を得るのは難しい．

このように，ディオファントス近似を使って超越性を示したりディオファントス方程式を解いたりしようとすると，近似精度を緩めても近似分数の有限性が言えるような定理がほしいことが分かる．この経緯から，ディオファントス近似に関しては，大数学者たちが挑んできて，次のように改善されていった．これをまとめよう．

定理 5.1.3. α を有理数ではない実数で，d 次の整数係数多項式
$$f(x) = a_d x^d + a_{d-1} x^{d-1} + \cdots + a_1 x + a_0$$
の根だとする（つまり，$f(\alpha) = 0$）．このとき，ρ を次の (i)〜(iv) のいずれかの条件を満たすものとして 1 つ固定したとき，
$$\left| \alpha - \frac{p}{q} \right| < \frac{1}{q^\rho} \tag{5.1.10}$$
を満たす既約分数 $\frac{p}{q}$ は有限個しかない：

(i) （トゥエ）$\rho > \frac{d}{2} + 1$
(ii) （ジーゲル）$\rho > 2\sqrt{d}$
(iii) （ゲルフォント–ダイソン）$\rho > \sqrt{2d}$
(iv) （ロス）$\rho > 2$

d が十分大きいならば，
$$d > \frac{d}{2} + 1 > 2\sqrt{d} > \sqrt{2d} > 2$$
なので，リウヴィル→トゥエ→ジーゲル→ゲルフォント–ダイソン→ロスとなるにつれて，求めている近似の精度はどんどん緩くなっている．それでも近似分数の有限性が言えているので，より強い結果となっている．（d が小さいときは少し特殊で，例えば $d = 2$ のときは，リウヴィルやトゥエの定理がすでにロスと同じ条件となっている）．

ディリクレの定理（定理 5.1.1）によると，$\frac{1}{q^2}$ 未満に近似する分数 $\frac{p}{q}$ は無限個あり，定理 5.1.3 の最後のロスの定理によると，ρ が少しでも 2 を超えるとき，$\frac{1}{q^\rho}$ 未満に近似する分数 $\frac{p}{q}$ は有限個となるので，2 がちょうど境目となる．このことから，整数係数多項式を満たすような数の近似に関しては，ロスの定理が最良の結果であることが分かる．

リウヴィルの定理が証明されたのが 1844 年，ロスの定理が証明されたのが 1955 年なので，100 年以上かけてディオファントス近似が改良されて，ついに最良の結果にたどり着いた．この功績で，ロスは，「数学のノーベル賞」と呼ばれることも多いフィールズ賞[注3]を 1958 年に受賞している．大数学者たちが 100 年間にわたって取り組んできたことの積み上げでのフィールズ賞とも捉えられる．

注3　実際には，フィールズ賞には「40 歳未満」という年齢制限があるので，ノーベル賞とは少し趣旨が違う．

すでに触れたように，ディオファントス近似の改良は，ただよりよい結果の追求というだけでなく，超越数やディオファントス方程式への応用上必要不可欠であった．トゥエの近似定理が証明されたことにより，リウヴィルの定理からは得られなかったディオファントス方程式の応用があり，これについては5.2節で述べる．また，ジーゲルの定理が証明されたことにより，単数方程式と呼ばれる方程式について調べることが可能となった．これについては5.3節で詳しく述べるが，トゥエの近似定理からは導けない．そして，最良結果であるロスの定理が証明されたことで，初めて超越性を示すことができた数もあり，これについては，5.4節で述べる．

定理5.1.3の証明は，(i)〜(iv) のどの条件に対しても簡単ではない．基本的な方針は全て同じで，(5.1.10) 式を満たすような近似分数が無限個あると仮定し，それらの分数をもとに，ある「変な」性質を持つ多変数多項式 $P(x_1, \ldots, x_n)$ を構築する．これは $P(\alpha, \ldots, \alpha)$ での性質が「変」と作られており，全ての変数に近似分数を代入しても「変さ」が維持されることになり，ここから矛盾を導く．最後の部分で必ず重要な役割を果たすのが，「0と1の間には整数がない」という，ごく当たり前だが重要な性質である．つまり，「絶対値が1未満の整数ならば0である」という事実で，この瞬間，不等式評価でしかないはずの $|x| < 1$ が，突如，等式 $x = 0$ になる．この事実は実はリウヴィルの定理の証明でも使われていて，(5.1.8) 式を得る際に，「0でないから分子は1以上」という形で登場している．いろいろ難しい議論を重ねないと得られないディオファントス近似だが，最後の詰めは，このような単純な観察が肝要となる．

もちろん，「変な」性質を持つ多変数多項式の構築が一番難しい部分である．トゥエは $P_1(x) - yP_2(x)$ の形をした2変数多項式を利用した．ジーゲル，ゲルフォント，ダイソンとだんだん複雑な2変数多項式が利用され，ロスが利用したのは，ρ が2に近ければ近いほど変数の数も増えていくような，多変数多項式である．このような複雑なものに対しても矛盾を得られるように，非常に極端な条件を持たせて，1つ変数が少ない状況でも同じように極端な性質を持つようにし，帰納的議論を可能にした（これが「ロスの補題」と呼ばれる）．このロスの素晴らしい着想は，その後，さらなる一般化であるシュミットの部分空間定理の証明でも活用されている．

最後にこの節で述べたディオファントス近似に関して，2つ余談を述べよう．

余談 5.1.4.

リウヴィルの定理(定理 5.1.2)の証明をみると,「近似分数は有限個」という主張よりも強いことが示されていて,近似分数の分母の範囲が (5.1.9) 式で明示化されている.つまり,どこまでの範囲を調べれば,(5.1.6) 式の条件を満たす分数を全て見つけることができるかが分かるわけで,このようなことを**実効的**,あるいはしばしば **effective** という.これに対し,定理 5.1.3 でまとめたトゥエの定理以降の近似定理は,「無限個ある」という仮定から矛盾を導いているだけなので,どこまでの範囲を探したら全ての近似分数が見つかるか,という問いには答えられない.つまり,定理 5.1.3 で述べたものは,どれも実効的ではない.一方,近似分数の「個数」に関しては,証明をよく読むと,「この個数以下である」と言えるような証明にはなっている.ただ,この数も非常に大きな数で,とても実用的ではなく,また,近似分数の個数が分かったところで,どこの分母まで探せばよいのかが分からない状態では,コンピューターに近似分数の検索を任せることはできない[注4].

余談 5.1.5.

本節で紹介したディオファントス近似の定理(定理 5.1.1,定理 5.1.2,定理 5.1.3)では,α を必ず実数としたが,これには理由がある.分数が実数である以上,α が虚部を持つときには,その虚部の分だけは必ず分数との距離ができてしまう.したがって,どんどん α に近づいていくような分数を見つけることはできない(どんな ρ に対しても,q が大きくなる以上,$\frac{1}{q^\rho}$ がいずれ α の虚部より小さくなってしまう).もちろん,実部・虚部それぞれを近似することを考えてもいいが,「同じ分母で実部も虚部も同時に近似できるのか」という問題はロスの定理よりさらに難しく,一般にはシュミットの部分空間定理の範疇となる.

注4 近年では,ロスの定理の一般化であるシュミット部分空間定理の実効性に関する研究もだいぶ進んではいる.

5.2 $x^3 - 2y^3 = 1$ の整数解
―トゥエ方程式への応用

本節では，ディオファントス近似のディオファントス方程式への応用をみる．これを通して，近似定理を改良していくことの大事さを述べる．

本節の目標は定理 5.2.2 で，例えば
$$x^3 - 2y^3 = 1$$
の整数解 (x, y) は有限個しかない，と主張する．これの対比として，まず，べきを 3 でなく 2 にした場合を考える．これは**ペル方程式**と呼ばれる非常に有名なディオファントス方程式である．

定理 5.2.1（ペル方程式）．$x^2 - 2y^2 = 1$ には自然数解 (x, y) が無限個ある．

証明． $a + b\sqrt{2}$ の**ノルム**を
$$N(a + b\sqrt{2}) = a^2 - 2b^2$$
と定義する．このとき，
$$\begin{aligned}
&N\bigl((a+b\sqrt{2})(c+d\sqrt{2})\bigr) \\
&= N\bigl((ac + 2bd) + (ad + bc)\sqrt{2}\bigr) \\
&= (ac + 2bd)^2 - 2(ad + bc)^2 \\
&= (a^2c^2 + 4b^2d^2 + 4abcd) - (2a^2d^2 + 2b^2c^2 + 4abcd) \\
&= a^2c^2 - 2b^2c^2 - 2a^2d^2 + 4b^2d^2 \\
&= (a^2 - 2b^2)(c^2 - 2d^2) \\
&= N(a + b\sqrt{2}) \cdot N(c + d\sqrt{2})
\end{aligned}$$

が成り立つ．したがって，もし $N(a+b\sqrt{2}) = 1$ ならば，

$$\begin{aligned}
N\bigl((a+b\sqrt{2})^n\bigr) &= N\bigl((a+b\sqrt{2})\cdot(a+b\sqrt{2})^{n-1}\bigr) \\
&= N(a+b\sqrt{2})\cdot N\bigl((a+b\sqrt{2})^{n-1}\bigr) \\
&= N(a+b\sqrt{2})\cdot N\bigl((a+b\sqrt{2})\cdot(a+b\sqrt{2})^{n-2}\bigr) \\
&= N(a+b\sqrt{2})\cdot N(a+b\sqrt{2})\cdot N\bigl((a+b\sqrt{2})^{n-2}\bigr) \\
&= \cdots \\
&= N(a+b\sqrt{2})^n = 1^n = 1
\end{aligned}$$

となる．$N(3+2\sqrt{2}) = 3^2 - 2\cdot 2^2 = 1$ なので，$(3+2\sqrt{2})^n$ を展開して，整数部分を x_n，$\sqrt{2}$ の係数を y_n とおけば，ノルムの定義より，(x_n, y_n) が全てペル方程式の解となることが分かった． □

証明に沿えば，具体的に解を構築していくことができ，例えば，

$$(3+2\sqrt{2})^2 = (9+8) + 12\sqrt{2}$$

より，$x = 17, y = 12$ が解になることが分かる（実際，$17^2 - 2\cdot 12^2 = 289 - 288 = 1$）．

一般に，平方数ではない自然数 m に対して（つまり $\sqrt{m}$ が自然数とならないような場合），$x^2 - my^2 = 1$ のことを**ペル方程式**といい，無限個の整数解があることが知られている．基本的な証明方針は定理 5.2.1 とまったく同じで，

$$N(a+b\sqrt{m}) = a^2 - m\cdot b^2$$

とノルムを定義したとき，

$$N\bigl((a+b\sqrt{m})(c+d\sqrt{m})\bigr) = N(a+b\sqrt{m})\cdot N(c+d\sqrt{m})$$

が成り立つことを使う．ただし，最初の 1 つの解（$m=2$ の場合の $3+2\sqrt{2}$ にあたるもの）を各 m ごとに探さないといけない．これは，何の理論もなく取り組もうとすると大変な問題で，例えば $m=46$ のときの一番最小の自然数解は

$$x = 24335, \qquad y = 3588$$

である．後に定理 5.5.9 で述べるように，連分数の理論を使うと，このように最小の解が大きい場合でも求めることができるようになる．

ここまで，2 次のディオファントス方程式をみてきたが，同じような形で次数を上げるとどうなるのだろうか？ これが，本節の主題で，次の定理を前節のディ

オファントス近似の定理を用いて導く．

> **定理 5.2.2 （トゥエ）．** d, m を自然数とし，d は 3 以上，m は自然数の d 乗ではないとする．このとき，方程式
> $$x^d - my^d = 1 \tag{5.2.1}$$
> の整数解 (x, y) は有限個しかない．

(5.2.1) 式のようなものを**トゥエ方程式**という．より一般的なトゥエ方程式については，余談 5.2.3 で述べる．$d = 2$ のペル方程式の場合と非常に対称的な結果で，次数を 1 つ上げると，解の個数が有限個となってしまう．

証明． 整数 x と y が，(5.2.1) 式を満たすとする．(5.2.1) 式の両辺を y^d で割ると，
$$\left(\frac{x}{y}\right)^d - m = \frac{1}{y^d}. \tag{5.2.2}$$
ここで，複素数 α が $X^d - m = 0$ の根ならば，
$$\left(\frac{\alpha}{\sqrt[d]{m}}\right)^d = \frac{\alpha^d}{(\sqrt[d]{m})^d} = \frac{m}{m} = 1.$$
したがって，$\frac{\alpha}{\sqrt[d]{m}}$ は，d 乗すると 1 になる複素数なので，
$$1, e^{2\pi i/d}, e^{4\pi i/d}, \ldots, e^{2(d-1)\pi i/d}$$
のどれかである．逆に，整数 k に対して $\alpha = \sqrt[d]{m} \cdot e^{2\pi ki/d}$ ならば，
$$\alpha^d = \left(\sqrt[d]{m} \cdot e^{2\pi ki/d}\right)^d = m \cdot e^{2\pi ki} = m$$
なので，$X^d - m = 0$ の根となる（図 5.2 のように，原点が中心で半径が $\sqrt[d]{m}$ の円上に全ての根がある）．したがって，
$$X^d - m = (X - \sqrt[d]{m})(X - \sqrt[d]{m} \cdot e^{2\pi i/d})(X - \sqrt[d]{m} \cdot e^{4\pi i/d}) \cdots$$
$$\cdot (X - \sqrt[d]{m} \cdot e^{2(d-1)\pi i/d})$$
となる．この式に $X = \frac{x}{y}$ を代入し，(5.2.2) 式の両辺に絶対値を付けると，
$$\left|\frac{x}{y} - \sqrt[d]{m}\right| \cdot \left|\frac{x}{y} - \sqrt[d]{m} \cdot e^{2\pi i/d}\right| \cdots \left|\frac{x}{y} - \sqrt[d]{m} \cdot e^{2(d-1)\pi i/d}\right| = \left|\frac{1}{y^d}\right|. \tag{5.2.3}$$

ここで次の主張を証明する．

> **主張．** d と m にだけ依存する定数 C が存在して，(5.2.1) 式の任意の整数解 (x,y) に対して，
> $$\left|\frac{x}{y} - (\pm \sqrt[d]{m})\right| \leq \left|\frac{C}{y^d}\right| \tag{5.2.4}$$
> が成り立つ（ここで，d が奇数の場合はプラスの符号，d が偶数のときは x と y の符号が一致している場合はプラスで，違う場合がマイナスの符号）．

主張の証明． d が奇数のときは，$k=1,\ldots,d-1$ としたとき，$\sqrt[d]{m} \cdot e^{2\pi k i/d}$ はどれも実数ではない．そこで，これらの複素数の虚部のうち最小絶対値のものを C' とすると（図 5.2 の左側も参照のこと），$\frac{x}{y}$ は有理数，特に実数だから，
$$\left|\frac{x}{y} - \sqrt[d]{m} \cdot e^{2\pi k i/d}\right| \geq C', \quad k=1,\ldots,d-1.$$
よって，(5.2.3) 式と合わせると，
$$\left|\frac{x}{y} - \sqrt[d]{m}\right| \leq \left|\frac{1}{y^d}\right| \div (C')^{d-1}.$$
よって，$C = \frac{1}{(C')^{d-1}}$ とおけばよい．

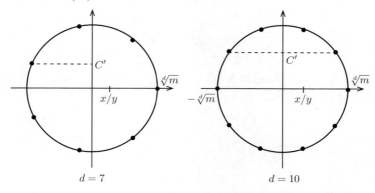

図 5.2　$X^d - m = 0$ の根たち

次に d を偶数とする．$k \neq \dfrac{d}{2}$ に関しては，$\sqrt[d]{m} \cdot e^{2\pi ki/d}$ はどれも実数ではないので，これらの複素数の虚部のうち最小絶対値のものを C' とすると（図 5.2 の右側も参照のこと），d が奇数のとき同様，

$$\left| \frac{x}{y} - \sqrt[d]{m} \cdot e^{2\pi ki/d} \right| \geq C', \quad k = 1, \ldots, \frac{d}{2}-1, \frac{d}{2}+1, \ldots, d-1.$$

$k = \dfrac{d}{2}$ のときは，

$$\sqrt[d]{m} \cdot e^{2\pi \cdot \frac{d}{2} \cdot i/d} = \sqrt[d]{m} \cdot e^{\pi i} = -\sqrt[d]{m}$$

となりこれは実数となるが，図 5.2 からも明らかなように，x と y の符号が一致しているときは，$\dfrac{x}{y}$ は $-\sqrt[d]{m}$ と最低 $\sqrt[d]{m}$ 離れており，逆に x と y の符号が逆のときは，$\dfrac{x}{y}$ は $\sqrt[d]{m}$ と最低 $\sqrt[d]{m}$ 離れている．よって，離れていない方の $\pm\sqrt[d]{m}$ とは

$$\left| \frac{x}{y} - (\pm\sqrt[d]{m}) \right| \leq \left| \frac{1}{y^d} \right| \div \left((C')^{d-2} \cdot \sqrt[d]{m} \right).$$

よって，$C = \dfrac{1}{(C')^{d-2} \cdot \sqrt[d]{m}}$ とおけばよい．これで主張の証明が終わる． □

さて，$\sqrt[d]{m}$ は $X^d - m = 0$ という d 次の整数係数多項式を満たす（d が偶数のときの $-\sqrt[d]{m}$ も同様）．しかも $d \geq 3$ なので，$\dfrac{d}{2}+1 < d$ であり，$\dfrac{d}{2}+1 < \rho < d$ を満たすような ρ が存在する．また，(5.2.1) 式の右辺が 1 なので，$\gcd(x,y)$ は自動的に 1 で，$\dfrac{x}{y}$ はすでに既約分数表示である．したがって，もし

$$\left| \frac{C}{y^d} \right| < \frac{1}{|y|^\rho}$$

ならば，(5.2.4) 式と合わせると，トゥエの定理（定理 5.1.3 (i)) より，このような分数 $\dfrac{x}{y}$ は有限個と分かる（C は，x や y によらないものであったことに注意）．逆に，

$$\left| \frac{C}{y^d} \right| \geq \frac{1}{|y|^\rho}$$

のときは，$|y|^d$ で掛けると，

$$|C| \geq |y|^{d-\rho}$$

となるので，y の候補が有限個となってしまう．y を 1 つを決めれば，それに対して (5.2.1) 式を満たす x は，d 次方程式 $X^d - my^d - 1 = 0$ の根なので高々 d 個である．したがって，この場合の x と y の候補も有限個となる．両

方の場合を合わせて，結局 (5.2.1) 式を満たす整数解が有限個であることが分かった． □

証明の鍵となるのが，十分大きな $|y|$ に対しては，(5.2.4) 式の右辺よりも，$\frac{1}{|y|^\rho}$ の方が大きくなるような ρ が（つまり $\rho < d$），トゥエの近似定理の条件 $\rho > \frac{d}{2} + 1$ を満たすようにとれることである．ここからも分かるように，リウヴィルの定理（定理 5.1.2）しか使えない状況だと，$\rho > d$ に対しては，

$$\frac{C}{|y|^d} \not< \frac{1}{|y|^\rho} \tag{5.2.5}$$

なので，(5.2.4) 式を満たすからといって，リウヴィルの近似条件を満たすとは限らない．「$\frac{C}{|y|^d}$ 以下ではあるが，$\frac{1}{|y|^\rho}$ 以下ではない」ということがありえてしまうので，リウヴィルの定理から有限性が言える状況ではないからである．$\sqrt[d]{m}$ のように次数 d の方程式を満たす元に関して，d 未満の数を分母のべきとした近似（つまり $\frac{1}{|y|^d}$ よりも緩い精度の近似）に対して有限性が言えないと，方程式の理論には活用しにくい．これが，トゥエの得た $\frac{d}{2} + 1$ の意義である．この例からも，ディオファントス近似の定理の改良を重ねる意味が分かる．

また，同様に，定理 5.2.2 の証明内と同じ議論を $d = 2$ で行おうとすると，$\frac{d}{2} + 1 = d$ となってしまうため，$\rho > 2$ のとき，

$$\left| \frac{C}{y^2} \right| \not< \frac{1}{|y|^\rho}$$

であり，証明がうまくいかない．$d = 2$ のペル方程式の場合は，感覚的にはディリクレの定理（定理 5.1.1）に近い．つまり，$x^2 - my^2 = 1$ の両辺を y^2 で割ると，

$$\left| \left(\frac{x}{y} \right)^2 - m \right| = \left| \frac{x}{y} - \sqrt{m} \right| \cdot \left| \frac{x}{y} + \sqrt{m} \right| = \frac{1}{y^2}$$

となり，x も y も正のときは，

$$\left| \frac{x}{y} + \sqrt{m} \right| \geq \sqrt{m}$$

だから，

$$\left|\frac{x}{y} - \sqrt{m}\right| \leq \frac{1}{\sqrt{m}} \cdot \frac{1}{y^2}.$$

となる．ディリクレの定理と違い，右辺に $\frac{1}{\sqrt{m}}$ が付いているので，この不等式を満たす分数 $\frac{x}{y}$ が無限個あるかどうかは，ディリクレの定理から直接は導き出せないが，この定数のずれを除くと求めている近似の精度はほぼ同じなので，無限個あるのではないか，と推測できる[注1]．

本節最後に，トゥエ方程式への応用に関して，余談を 2 つ述べる．

余談 5.2.3.

定理 5.2.2 で挙げたものは，実はトゥエ方程式の代表例で，一般の**トゥエ方程式**とは，

$$a_d x^d + a_{d-1} x^{d-1} y + \cdots a_1 x y^{d-1} + a_0 y^d = n$$

の形の方程式のことを指す．ここで，$d \geq 3$, $a_0, \ldots, a_d, n$ は整数，$a_d \neq 0$ である．左辺の全ての項で，x と y の総次数が同じ d 次となっている（このような式を**斉次多項式**という）．この一般のトゥエ方程式の場合でも，同じような議論で整数解 (x, y) の有限性が証明できる．

余談 5.2.4.

余談 5.1.4 でも述べたように，トゥエの近似定理（定理 5.1.3 (i)）は実効的ではないので，近似分数を具体的に求めることはできない．しかし，トゥエ方程式の解に関しては，トゥエの近似定理を介さないで調べる方法がある．これは，ベーカーによる「対数 1 次形式の理論」と呼ばれるもので，ベーカーがフィールズ賞を受賞した功績である．この理論を使うと，m と d に依存する（理論的には計算可能な）定数 C_1 と C_2 があり，

$$x^d - m y^d = n$$

を満たすような整数解 x と y の絶対値は，$|C_1 n|^{C_2}$ 以下であることが知られている．

[注1] 実際には，この「定数のずれ」を許しても主張が成り立つかどうかは，近似しようとしている無理数によって変わってくるので，緻密な議論が必要である．

5.3

$2^x 3^y 5^z$ の形の3つの整数 a, b, c が $a+b=c$ を満たすとき —単数方程式への応用

素数の有限集合 $S = \{p_1, p_2, \ldots, p_k\}$ を固定したとき,自然数の集まり

$$\{p_1^{n_1} \times p_2^{n_2} \times \cdots \times p_k^{n_k} : n_1, \ldots, n_k \geq 0\}$$

のことを **S 単数**という[注1].つまり,素因数分解したときに S に含まれる素数しか登場しないような自然数の集まりである.例えば,$S = \{2, 3, 5\}$ とすると,素因数分解したときに 7 以上の素数が登場しないような自然数の集まりが S 単数となり,$2^x 3^y 5^z$ の形で書ける($x, y, z \geq 0$).これに関して,ジーゲルは次の美しい結果を証明した.

> **定理 5.3.1** (単数方程式). S を素数の有限集合とする.このとき,$\gcd(a, b, c) = 1$ で
> $$a + b = c$$
> を満たすような S 単数の組 (a, b, c) は有限個しかない.

パッと見ただけではこの定理の主張の素晴らしさが分からないかもしれないので,$S = \{2, 3, 5\}$ としてこの定理の主張を考えてみよう.例えば,$b = 2$ は S 単数なので,この結果の一部分として,「$a + 2 = c$ を満たす S 単数の組 (a, c) は有限個しかない」ということが分かる.つまり,S 単数が間隔 2 で起きることが有限回しか起きないと言っている.最初には,

$$3 + 2 = 5, \qquad 5^2 + 2 = 3^3$$

[注1] 正式には,S 単数は有理数の部分集合として定義され,同じ形の負のものも含める.また,n_i も(負も含めた)整数でよい.本書では S 単数は自然数とする.

とあるが，このようなことは無限回起きない．同様に，$b=3$ とすると，
$$5+3=2^3, \qquad 5^3+3=2^7$$
とあるが，間隔 3 で起きる S 単数も無限回は起きない．ただ，この定理の主張はこれだけではなく，この定理のすごさは b も S 単数で動かしてもよいところにある．つまり，1 つずつの S 単数 b ごとに，間隔 b で起きる S 単数の組が有限個だ，という主張だけではなく，b としてどんな S 単数を考えても，間隔 b で起きる互いに素な S 単数が有限組しかないと言っている．したがって，必然的に，有限個の b を除くと，間隔が S 単数 b となる互いに素な S 単数の組が一切存在しない，ということになる！なぜならば，S 単数自体は無限個あるわけだから（n_i を任意の自然数でとれる），b の候補は無限個あり，それぞれの b ごとに間隔が b の互いに素な S 単数の組が存在していたら，単数方程式の解も無限個になってしまうからである．

この定理の感覚としては，「S 単数は無限集合ではあるものの，べきの形（の積）なので，飛び飛びにちらばっていて，たまたま間隔も S 単数になることなど，そうそうあるものではない」ということである．こう書くと，至極もっともな気もしてくる．しかし，離散的なものでも，大きい数でたまたまそばにくるかもしれない．現に，$S=\{2,3,5,7\}$ とすると，
$$2\cdot 3^7+1=4374+1=4375=5^4\cdot 7$$
となるし，$S=\{2,3,23,109\}$ とすると，
$$3^{10}\cdot 109+2=6436341+2=6436343=23^5$$
などもある．ただ，これらは，いわば恣意的に S を選んで見つけられたものであり，一度 S を固定してしまうと，このような例はそうそう見つからない，というのが単数方程式の定理の主張である．

もう 1 つの単数方程式の捉え方を述べよう．a や b や c が S 単数である，という条件は，素因数分解の構成に関することなので，整数における掛け算の条件である．これに対して，$a+b=c$ という条件は，整数における足し算の条件である．このように考えると，「足し算に関するよい条件」と「掛け算に関するよい条件」を両立することはあまりできない，と単数方程式の定理を捉えることもできる．足し算の条件 $a+b=c$ を求めてしまったとき，「全てが単数である」などという掛け算に関するよい条件を同時に望むのは，（有限個の例外を除いて）高望みだ，ということである．

このような考え方は，第7章でより詳しく述べる **abc 予想** につながっていく．abc 予想とは，S を始めに固定せずに，「$a+b=c$ という方程式を満たすときに，a も b も c も小さい素数だけの素因数分解を持つことはありえない」という主張である．「小さい素数だけの素因数分解」というのが，掛け算に関しての条件となっている．あらかじめ S を固定しない分，緩めた条件となっており，「足し算と掛け算の条件の両立が高望みである」という主張は，より強い主張となる．

定理 5.3.1 は，ジーゲルのディオファントス近似定理（定理 5.1.3 (ii)）から導ける．残念ながら，この証明をきちんと述べるには，ある程度代数的整数論や高さ関数の理論が必要となってしまうので，本書では，「なぜトゥエの近似定理（定理 5.1.3 (i)）ではこの定理の証明に不十分なのか」だけは伝わるように，証明の概略を述べることにする[注2]．近似定理を改良していくことの重要さの第 2 弾である．

定理 5.3.1 の証明の概略． 背理法で証明するので，$S = \{p_1, \ldots, p_k\}$ の場合の単数方程式の解が無限個あるとしよう．まず $c - b = a$ の両辺を a で割ると，

$$\frac{c}{a} - \frac{b}{a} = 1 \tag{5.3.1}$$

となり，$\frac{c}{a}$ や $\frac{b}{a}$ は

$$R_S^* = \{p_1^{n_1} \times p_2^{n_2} \times \cdots \times p_k^{n_k} : n_1, \ldots, n_k は整数\}$$

の元である．ここで，自然数 d に対して（後でこの数を上手に選ぶことになる），自然数の部分集合

$$T = \{p_1^{n_1} \times p_2^{n_2} \times \cdots \times p_k^{n_k} : 0 \leq n_i < d\}$$

を考える．T は有限集合である（それぞれの素数のべきの可能性が d 個なので，T の元の個数は d^k である）．また，どんな R_S^* の元も，それぞれの素数のべき数の d の倍数部分を取り出すことで，

$$(T\ の元) \times (R_S^*\ の元)^d$$

と書ける．したがって，(5.3.1) 式の解が無限個で，T の可能性が有限個なので，鳩の巣論法から，ある $\alpha, \beta \in T$（T の元である α, β）に対しては，

$$\alpha X^d - \beta Y^d = 1 \tag{5.3.2}$$

[注2] 詳しい証明は，Hindry–Silverman「Diophantine Geometry: An Introduction」[7] の §D.8 にある．

に無限個の解 $X, Y \in R_S^*$ があることになる．両辺を αY^d で割ると，

$$\left(\frac{X}{Y}\right)^d - \frac{\beta}{\alpha} = \frac{1}{\alpha Y^d}.$$

トゥエ方程式のときにも行ったように，$\frac{X}{Y}$ は正の有理数，特に正の実数で，$\sqrt[d]{\frac{\beta}{\alpha}}$ 以外の $x^d - \frac{\beta}{\alpha} = 0$ の根は複素数あるいは負の実数であるから，必ずある定数以上 $\frac{X}{Y}$ から離れていることになる．よって，X や Y に依存しない（α, β, d にだけ依存する）定数 C が存在し，

$$\left|\frac{X}{Y} - \sqrt[d]{\frac{\beta}{\alpha}}\right| \leq \left|\frac{C}{Y^d}\right| \tag{5.3.3}$$

を満たす．

ここまではトゥエ方程式の場合と基本的には同じ流れであり，厳密な証明となっている．ここでまず，第一の難関が訪れる．トゥエ方程式のときは，Y が整数であったが，今度の Y は，ある $\beta \in T$ に対して $\frac{b}{a} = \beta Y^d$ を満たしているので，一般に分数である．したがって，一見，右辺に Y の d 乗が登場しているので，トゥエ方程式のときの議論がうまくいきそうだが，実際には，Y の分母と分子がほぼ同じ大きさだと，たとえ d 乗で割っていたとしても，(5.3.3) 式の右辺はあまり小さくない．極端な話，ある素数の d 乗が a には含まれ b には含まれないとすると，$Y < 1$ であることもありえて，(5.3.3) 式の右辺は 1 よりも大きくなってしまう．これでは，まったく近似定理は使えない．

この難関を打破する方法は，複数の絶対値を考えることである．実はディオファントス近似の定理（定理 5.1.3 の全て）は，通常の絶対値だけでなく，**p 進絶対値**と呼ばれるものでも成り立つことが知られている．本書では p 進絶対値について詳しくは述べないが，素数 p ごとに定義できるもので，p の高いべきで分子が割り切れるほど，p 進絶対値は小さい，と定義する．p の高いべきで割り切れるほど，0（これは p で無限回割れる，と捉える）に p 進距離で近い，という感覚である．具体的には，どんな非零な有理数も

$$p^k \cdot \frac{q}{r} \qquad (k, q, r \text{ は整数, } \gcd(q, p) = \gcd(r, p) = 1)$$

の形に書けるので（p で割り切れる部分だけ，分子あるいは分母から取り出す），この有理数の p 進絶対値を

$$\left|p^k \cdot \frac{q}{r}\right|_p = p^{-k}$$

と定義する．k が大きいほど，0 に近い絶対値となることが分かる．このような絶対値は，有理数だけでなく，$\sqrt[d]{\dfrac{\beta}{\alpha}}$ が含まれていても（一意ではないのだが）定義することができるので，(5.3.3) 式の p_i 進絶対値版というのも考えることができる．

ただ，近似定理は 1 個 1 個の絶対値ごとに独立して成り立つわけではないので，注意が必要である．これは，言われてみれば当たり前で，例えば，n を自然数とすると，どんな ρ に対しても

$$\left|\frac{1}{p^n+1}-1\right|_p = \left|\frac{-p^n}{p^n+1}\right|_p = p^{-n} < 1 = \frac{1}{|p^n+1|_p^\rho}$$

となってしまうので，無限個の分数がこの不等式を満たしてしまう．つまり，p 進絶対値だけで近似の精度を定めても，近似分数の有限性は言えない．よって，近似の精度は，素数ごとでなく全体を考える必要がある．上の例の場合，p^n+1 は p では割り切れないかもしれないが，n を大きくすると，$\dfrac{1}{p^n+1}$ はどんどん小さくなっている．

そこで，近似の精度である右辺の部分では，**高さ関数** H を使う．既約分数 $\dfrac{q}{r}$ の高さは，

$$H\left(\frac{q}{r}\right) = \max(|q|, |r|)$$

と定義される．つまり，数直線上における大きさではなく，この分数を書くのにどれだけ大きな整数が分母や分子に必要なのかを示す関数である．これを導入すると，（ほぼ同じ証明で）定理 5.1.3 の p 進版である次の主張を証明できる：α が d 次の整数係数多項式の根であるとき，

$$\left|\frac{x}{y}-\alpha\right|_p < \frac{1}{H\left(\dfrac{x}{y}\right)^\rho}$$

を満たす既約分数 $\dfrac{x}{y}$ は有限個である（ρ の条件は定理 5.1.3 と同じ）[注3]．

さて，もう一度 (5.3.3) 式に戻ろう．これまでの流れから，

$$\left|\frac{X}{Y}-\sqrt[d]{\frac{\beta}{\alpha}}\right| \leq \left|\frac{C}{Y^d}\right|$$

およびこの p_i 進版

注3　実際には，左辺は 1 つの絶対値でなく，有限個の絶対値の積としても同じことが成り立つ（定理 7.1.3 も参照のこと）．

$$\left|\frac{X}{Y} - \sqrt[d]{\frac{\beta}{\alpha}}\right|_{p_i} \leq \left|\frac{C}{Y^d}\right|_{p_i}$$

が成り立つことが分かった．ここでディオファントス近似の定理を使うには，右辺を高さ関数と関連付ける必要がある．ここで，Y が R_S^* の元である（つまり，S の外の素数は Y の分母や分子に登場しない）という事実を使う．Y の高さは S の部分からの貢献の積で書くことができるので，ある d と S にだけ依存する定数 C' が存在し，通常の絶対値か p_i 進絶対値のうちのどれか1つは，

$$H\left(\frac{X}{Y}\right) \leq C'|Y|_v^{k+1}$$

を満たす，と示すことができる（ここで v は空白か，p_i のどれか）[注4]．

この絶対値に関しては，

$$\frac{H\left(\frac{X}{Y}\right)}{C'} \leq |Y|_v^{k+1},$$

つまり

$$\frac{1}{|Y|_v} \leq \left(\frac{C'}{H\left(\frac{X}{Y}\right)}\right)^{\frac{1}{k+1}}$$

を満たすので，

$$\left|\frac{X}{Y} - \sqrt[d]{\frac{\beta}{\alpha}}\right|_v \leq \left|\frac{C}{Y^d}\right|_v \leq \frac{C'''}{H\left(\frac{X}{Y}\right)^{\frac{d}{k+1}}} \tag{5.3.4}$$

となる（$C''' = C \times (C')^{d/(k+1)}$）．

これで，(p 進版も含めた) ディオファントス近似定理を活用する準備が整った．k は素数の個数なので，あらかじめ 1 以上の数として与えられているものだが，d は都合のよいように選ぶことができる．ここでトゥエの近似定理を使おうとすると，$\rho > \frac{d}{2} + 1$ を満たさないといけないので，

$$\frac{d}{k+1} \leq \frac{d}{2} + 1 < \rho$$

[注4] より詳しく書くと，(5.3.2) 式より，d と S に依存する定数 C'' が存在して，$H\left(\frac{X}{Y}\right) \leq C'' H(Y)$ を満たす．また，後に証明する命題 7.1.1 より，Y の高さは，S に含まれる素数の絶対値と通常の絶対値の貢献からなっていることが分かるので，このうちのどれかは $H(Y)^{1/(k+1)}$ の大きさの貢献をする（命題 7.1.1 も参照のこと）．

となってしまい，

$$\frac{C'''}{H\left(\frac{X}{Y}\right)^{\frac{d}{k+1}}} \not< \frac{1}{H\left(\frac{X}{Y}\right)^{\rho}}$$

なので，うまくいかない．一方，ジーゲルの近似定理の場合は，$\rho > 2\sqrt{d}$ でよいので，十分大きな d に対しては，

$$\frac{d}{k+1} > 2\sqrt{d}$$

であり（$d > (2(k+1))^2$ とすればよい），この中間に ρ をとれば，$\rho > 2\sqrt{d}$ かつ，

$$\left|\frac{X}{Y} - \sqrt[d]{\frac{\beta}{\alpha}}\right|_v \leq \frac{C'''}{H\left(\frac{X}{Y}\right)^{\frac{d}{k+1}}} < \frac{1}{H\left(\frac{X}{Y}\right)^{\rho}}$$

となる（トゥエの定理の証明同様，$H(\frac{X}{Y})$ が小さいときは最後の不等式が成り立たないが，そのような分数 $\frac{X}{Y}$ は有限個しかない）．そこで，ジーゲルの近似定理（定理 5.1.3 (ii) の p 進版）を使うと，$\frac{X}{Y}$ の有限性が出てくるので，元々の背理法の仮定と矛盾することが分かる． □

証明の最後で，トゥエの $\frac{d}{2} + 1$ では証明がうまくいかない理由が明らかになったと思う．$\frac{d}{k+1}$ と比べてより小さくなるような ρ をとれることが必須であり，これがそもそもジーゲルがこの近似定理を証明したきっかけでもある．

5.4 0.12345678910111213 14…は整数係数方程式を満たすの？ ―超越数への応用

複素数 α が，ある整数係数方程式

$$a_d x^d + a_{d-1} x^{d-1} + \cdots + a_1 x + a_0 = 0$$

の根であるとき，α のことを**代数的数**という．代数的数でないような複素数のことを，**超越数**という．つまり，超越数とは，どんな整数係数方程式の根にもならないような数のことである．

集合の「数え上げ」の分析から，超越数があることは古くから知られていた[注1]が，超越数だと具体的に証明できる数は長い間見つかっていなかった．これを打破したのがリウヴィルで，次を証明した．

定理 5.4.1（リウヴィル）．次の数

$$\alpha = \sum_{k=1}^{\infty} \frac{1}{10^{k!}} = \frac{1}{10} + \frac{1}{100} + \frac{1}{10^6} + \frac{1}{10^{24}} + \cdots$$

は超越数である．

小数点表示をすると，

$$\alpha = 0.1100010\underbrace{\cdots0}_{17\text{個}}1\underbrace{0\cdots0}_{95\text{個}}10\cdots$$

注1 集合論の「可算」の概念を知っている読者のための脚注である．1 つの d 次多項式に最大 d 個の根があり，d 次多項式の係数は $d+1$ 個の整数からなるので，d 次多項式を満たすような代数的数は可算である．代数的数とは，このような集合を d ごとに考えたものの和集合であるから，可算集合の可算和集合で，可算となる．これに対して，実数はカントールの「対角線論法」により非可算で，したがって複素数も非可算である．これにより，全ての複素数が代数的数ということはありえず，超越数の存在が分かる．

となっており，ほとんどが 0 である状態である．別の言い方をすると，次の 1 まで長い間 0 が続くので，収束が速い（n 回足し算した分数と α を比較すると，すでに誤差が $\frac{1}{10^{(n+1)!}}$ 位となっている）．

証明． α が代数的数だとして，d 次の整数係数多項式の根だと仮定する．このとき，$n \geq d+2$ として，有理数

$$\sum_{k=1}^{n} \frac{1}{10^{k!}} = \frac{1}{10} + \frac{1}{100} + \frac{1}{10^6} + \cdots + \frac{1}{10^{n!}}$$

を既約分数表示したものを $\frac{p_n}{q_n}$ とする．最後の項までは，$10^{(n-1)!}$ で通分でき，最後の 1 項のみが $10^{n!}$ の分母が必要な状態となっているので，$q_n = 10^{n!}$ である．また，

$$\alpha - \frac{p_n}{q_n} = \sum_{k=n+1}^{\infty} \frac{1}{10^{k!}} = \frac{1}{10^{(n+1)!}} + \frac{1}{10^{(n+2)!}} + \cdots$$

である．初項は同じ $\frac{1}{10^{(n+1)!}}$ にして，その後は全ての桁に 1 がある状態にしたら，より大きくなるので，

$$0 \leq \alpha - \frac{p_n}{q_n} = \sum_{k=n+1}^{\infty} \frac{1}{10^{k!}}$$
$$\leq \frac{1}{10^{(n+1)!}} \cdot \left(1 + \frac{1}{10} + \frac{1}{100} + \frac{1}{1000} + \cdots\right) = \frac{1}{10^{(n+1)!}} \cdot \frac{1}{1 - \frac{1}{10}}$$
$$< \frac{1}{10^{(n+1)!-1}}.$$

ここで，$d+2 \leq n$ なので，

$$(d+1) \cdot n! \leq (n-1) \cdot n! < (n+1) \cdot n! - 1 = (n+1)! - 1.$$

以上をまとめると，

$$\left|\alpha - \frac{p_n}{q_n}\right| < \frac{1}{10^{(n+1)!-1}} < \left(\frac{1}{10^{n!}}\right)^{d+1} = \frac{1}{q_n^{d+1}}.$$

n は $d+2$ 以上の自然数ならば何でもよかったので，$\rho = d+1$ のときのリウヴィルの近似（(5.1.6) 式）を満たしている既約分数を無限個見つけることができた．これはリウヴィルの定理 5.1.2 に矛盾する．よって，α は超越数である． □

同じ議論をもう少し一般化すると次が言える．

> **定理 5.4.2.** 自然数の数列が $m_1 < m_2 < m_3 < \cdots$ を満たし，かつ
> $$\lim_{k \to \infty} \frac{m_{k+1}}{m_k} = \infty$$
> であるとき，
> $$\alpha = \sum_{k=1}^{\infty} \frac{1}{10^{m_k}}$$
> は超越数である．

証明． 証明方針はまったく同じなので，簡潔に述べる．α が d 次多項式の根だとする．仮定より，ある N が存在し，$n \geq N$ ならば，$\frac{m_{n+1}}{m_n} > d+1$ となる．ここで，有理数
$$\sum_{k=1}^{n} \frac{1}{10^{m_k}}$$
の分母は 10^{m_n} であり，また，これと α との差は，
$$\sum_{k=n+1}^{\infty} \frac{1}{10^{m_k}} = \frac{1}{10^{m_{n+1}}} + \frac{1}{10^{m_{n+2}}} + \cdots \tag{5.4.1}$$
$$\leq \frac{1}{10^{m_{n+1}}} \left(1 + \frac{1}{10} + \frac{1}{100} + \cdots \right)$$
$$\leq \frac{\frac{1}{10^{m_{n+1}}}}{1 - \frac{1}{10}} < \frac{1}{10^{m_{n+1}-1}} \tag{5.4.2}$$
である．整数が $m_{n+1} > (d+1)m_n$ を満たすので，
$$m_{n+1} - 1 \geq (d+1)m_n > \left(d + \frac{1}{2}\right) m_n$$
である．よって，(5.4.2) 式の右辺は $(\frac{1}{10^{m_n}})^{d+\frac{1}{2}}$ より小さいので，N 以上の n ごとにリウヴィルの近似（(5.1.6) 式）を満たす分数が作れる． □

ディオファントス方程式に関しては，リウヴィルの近似定理はあまり役に立たなかったが，超越性を示すことに関しては，このように偉大な貢献があり，ここから超越数論が始まった．ただ，だからといって，ディオファントス近似の定

理の主張を強める（つまり，より緩い近似でも近似分数の有限性が言える）必要がないか，というとそうではない．次の数の超越性を定理 5.1.3 のようなディオファントス近似から示すには，ゲルフォント–ダイソンの近似定理でも不十分で，ロスの定理の強さが必要となる[注2]．

> **定理 5.4.3.** $1, 2, 3, \ldots$ を順に小数点の右に並べてできる数
> $$\alpha = 0.1234567891011121314\cdots$$
> は超越数である．

この α は**チャンパノウン数**と呼ばれている．この数は**正規性**を持つことが示された最初の数で，10^k 個の k 桁の数字列

$$\underbrace{0\cdots 0}_{k\,\text{個}},\quad \underbrace{0\cdots 0\,1}_{k\,\text{個}},\quad \ldots,\quad \underbrace{9\cdots 9}_{k\,\text{個}}$$

が全て均等な頻度で現れる．

定理 5.4.3 の証明方針は単純で，

$$
\begin{aligned}
&1\,\text{桁部分}:\ 0.123456789 \\
&2\,\text{桁部分}:\ 0.\underbrace{000000000}_{9\,\text{桁}}\underbrace{101112\cdots 99}_{180\,\text{桁}} \\
&3\,\text{桁部分}:\ 0.0\underbrace{\cdots\cdots\cdots\cdots\cdots\cdots}_{189\,\text{桁}}0\ \underbrace{100101\cdots 999}_{2700\,\text{桁}} \\
&\quad\vdots
\end{aligned}
$$

と k 桁の数に対応する部分の値を順に，等比級数の和の公式を使って求めていく．ただ，n 桁部分までで近似分数を作ると，分母の大きさの割に近似の精度があまりよくない．そこで，$n+1$ 桁部分の一部は，n 桁部分までの分母で書けることを利用して，少し近似分数を調整する工夫が必要となる．計算が大変面倒なので，ここではこの計算は省略する[注3]．

最終的に，n 桁部分まで（に少し調整を加えたもの）を $\frac{p_n}{q_n}$ とすると，10 より少し小さい数 ρ が存在して，十分大きな n に対して，

[注2] 実際にはこの数の超越性は，マーラーにより，2 進絶対値や 5 進絶対値を上手に活用することで，ロスの定理が示される 20 年ほど前に証明されている．
[注3] 証明は，塩川「無理数と超越数」[8] 3 章定理 5.

$$\left|\alpha - \frac{p_n}{q_n}\right| < \frac{1}{q_n^\rho} \tag{5.4.3}$$

を満たすことが分かる．ρ は 2 より大きい数なので，ロスの定理（定理 5.1.3 (iv)）より，α の超越性が分かる．

　リウヴィルの定理（定理 5.1.2）や，トゥエ，ジーゲル，ゲルフォント–ダイソンの定理（定理 5.1.3 (i)～(iii)）までのディオファントス近似定理からは，チャンパノウン数の超越性は言えない．なぜならば，これらの定理の近似の精度が，α の満たす整数係数多項式の次数に依存するからである．例えば，ゲルフォント–ダイソンの定理は，「α が d 次多項式を満たすならば，$\rho' > \sqrt{2d}$ としたとき，

$$\left|\alpha - \frac{p}{q}\right| < \frac{1}{q^{\rho'}} \tag{5.4.4}$$

を満たす分数 $\frac{p}{q}$ は有限個である」と主張する．しかし，$d > 50$ とすると，$\rho' > \sqrt{2d} > \sqrt{2 \cdot 50} = 10 > \rho$ なので，

$$\frac{1}{q_n^{\rho'}} < \frac{1}{q_n^\rho}$$

であり，この 2 つの分数の間に無限個の $|\alpha - \frac{p_n}{q_n}|$ があったとすると，(5.4.4) 式にも (5.4.3) 式にも矛盾しない．したがって，α が，高い次数の多項式の根である可能性を否定できないのである．

　このような議論から，d の関数となっているような近似の精度である限り，この形のディオファントス近似の定理からはチャンパノウン数の超越性を証明できない[注4]．このことからも，ディオファントス近似の定理の改良の重要性が分かると思う．

注4　実際には，10 未満の定数が ρ の条件となる近似定理が得られれば，チャンパノウン数の超越性は示せるのだが，歴史的には，次数 d に依存しない初めての結果がロスの定理であった．

5.5 $\sqrt{2}$をなるべく少ないビット数で分数表示するには
——連分数，最良近似と，ペル方程式

すでにディリクレの定理のところとペル方程式のところで，連分数というものの有益さについて予告した．本節で連分数を定義し，いろいろ性質を調べていく．まずは具体的な数でみた方が分かりやすいので，例として π で考えてみる．

π の小数展開は $3.141592654\cdots$ であるが，この展開に登場する整数 $3, 1, 4, 1, 5, 9, 2, 6, 5, 4\cdots$ は

$$\pi = \boxed{3} + \underbrace{0.141592654\cdots}_{\text{余り}}$$

$$(\pi - 3) \cdot 10 = 0.141592654\cdots \times 10 = \boxed{1} + \underbrace{0.41592654\cdots}_{\text{余り}}$$

$$((\pi - 3) \cdot 10 - 1) \cdot 10 = 0.41592654\cdots \times 10 = \boxed{4} + \underbrace{0.1592654\cdots}_{\text{余り}}$$

$$\vdots$$

から来ている．つまり，整数部分を取り出して，残った余りを10倍して，また整数部分を取り出して，残った余りをまた10倍して，....の作業で得られる．

もう少し別の「整数部分」の取り出し方法はないものだろうか？

$$\pi = \boxed{3} + \underbrace{0.141592654\cdots}_{\text{余り}}$$

の余りを10倍する代わりに，「余り」が何分の1に近いかを考えてみる．

$$0.141592654\cdots = \frac{1}{1/0.141592654\cdots} = \frac{1}{7.062513306\cdots}$$

だから，

$$\pi = \boxed{3} + \cfrac{1}{\boxed{7} + \underbrace{0.062513306\cdots}_{\text{余り}}}.$$

続けて，

$$0.062513306\cdots = \frac{1}{1/0.062513306\cdots} = \frac{1}{\boxed{15}.99659441\cdots}$$

より，

$$\pi = 3 + \cfrac{1}{7 + \cfrac{1}{15 + \underbrace{0.99659441\cdots}_{\text{余り}}}}.$$

この方法を続けて，いくつかまとめて計算していくと，

$$0.99659441\cdots = \frac{1}{1/0.99659441\cdots} = \frac{1}{\boxed{1}.\underbrace{003417231\cdots}_{\text{余り}}}$$

$$0.003417231\cdots = \frac{1}{1/0.003417231\cdots} = \frac{1}{\boxed{292}.\underbrace{6345910\cdots}_{\text{余り}}}$$

$$0.6345910\cdots = \frac{1}{1/0.6345910\cdots} = \frac{1}{\boxed{1}.575818090\cdots}$$

より，

$$\pi = 3 + \cfrac{1}{7 + \cfrac{1}{15 + \cfrac{1}{1 + \cfrac{1}{292 + \cfrac{1}{1 + 0.575818090\cdots}}}}}$$

となり，さらに続けていくこともできる．

このとき，あるところで小数点以下を無視してしまって，このプロセスを止めてしまったらどうなるのだろうか？ 例えば

$$\pi = 3 + \cfrac{1}{7 + \underbrace{0.062513306\cdots}_{\text{余り}}}$$

の「余り」部分を無視することにすると，

$$3 + \frac{1}{7} = \frac{22}{7} = 3.142857143\cdots$$

となり，小数点以下 2 桁まで一致する．これは円周率を近似する有名な分数である．小数展開を 2 桁で打ち切った分数 $\frac{314}{100} = \frac{157}{50}$ に比べると，だいぶ分母や分子が小さく済んでいる．同様に，

$$\pi = 3 + \cfrac{1}{7 + \cfrac{1}{15 + \underbrace{0.99659441\cdots}_{\text{余り}}}}$$

の「余り」を無視すると，

$$3 + \cfrac{1}{7 + \cfrac{1}{15}} = 3 + \frac{1}{106/15} = 3 + \frac{15}{106} = \frac{333}{106} = 3.141509434\cdots$$

は小数点以下 4 桁まで，

$$\pi = 3 + \cfrac{1}{7 + \cfrac{1}{15 + \cfrac{1}{1 + \cfrac{1}{292 + \underbrace{0.6345910\cdots}_{\text{余り}}}}}}$$

の「余り」を無視すると，

$$3 + \cfrac{1}{7 + \cfrac{1}{15 + \cfrac{1}{1 + \cfrac{1}{292}}}} = \frac{103993}{33102} = 3.141592653\cdots$$

となり，なんと小数点以下 8 桁まで π と一致してしまう．33102 という分母は大きいと思うかもしれないが，参考までに，小数点以下 8 桁で止めたものを既約分数表示すると，

$$\frac{314159265}{100000000} = \frac{62831853}{20000000}$$

5.5 $\sqrt{2}$ をなるべく少ないビット数で分数表示するには

なので，精度に比べて 33102 という分母は非常に小さいことがよく分かる．コンピューターに円周率を使った概算をやらせるのであれば，$\frac{103993}{33102}$ を覚えさせておく方が効率がよい．

ここまででも，十分に価値がありそうな連分数だが，より顕著な性質を体系的に調べていくために，いったん数と対応させるのをやめて，全てを変数としてみることにする．つまり，

$$x_0 + \cfrac{1}{x_1 + \cfrac{1}{x_2 + \cfrac{1}{x_3 + \cfrac{1}{x_4 + \cfrac{1}{\ddots + \cfrac{1}{x_n}}}}}} \tag{5.5.1}$$

において $x_0, \ldots, x_n$ を全て変数とみたものを（変数版）**連分数**と定義し，これを整理して得られる分数を

$$\frac{P_n(x_0, \ldots, x_n)}{Q_n(x_0, \ldots, x_n)}$$

と表すことにする．P_n も Q_n も $x_0, \ldots, x_n$ を変数と持つ多項式である．最初の方を計算すると，

$$x_0 \rightsquigarrow P_0(x_0) = x_0, \quad Q_0(x_0) = 1$$

$$x_0 + \frac{1}{x_1} = \frac{x_0 x_1 + 1}{x_1} \rightsquigarrow P_1(x_0, x_1) = x_0 x_1 + 1, \quad Q_1(x_0, x_1) = x_1$$

$$x_0 + \cfrac{1}{x_1 + \cfrac{1}{x_2}} = x_0 + \cfrac{1}{\cfrac{x_1 x_2 + 1}{x_2}} = \frac{x_0 x_1 x_2 + x_0 + x_2}{x_1 x_2 + 1} \tag{5.5.2}$$

$$\rightsquigarrow P_2(x_0, x_1, x_2) = x_0 x_1 x_2 + x_0 + x_2,$$
$$Q_2(x_0, x_1, x_2) = x_1 x_2 + 1$$

である．また，いちいち (5.5.1) 式の書き方で書いていると場所をとるので，今後

$$[x_0, x_1, x_2, \ldots, x_n]$$

と表記していく．次の命題は難しくはないが，連分数の性質の根幹をなす．

命題 5.5.1. 連分数 (5.5.1) 式は次を満たす.

(i) $n \geq 2$ に対して,
$$P_n(x_0, \ldots, x_n) = x_n \cdot P_{n-1}(x_0, \ldots, x_{n-1}) + P_{n-2}(x_0, \ldots, x_{n-2}).$$

(ii) $n \geq 2$ に対して,
$$Q_n(x_0, \ldots, x_n) = x_n \cdot Q_{n-1}(x_0, \ldots, x_{n-1}) + Q_{n-2}(x_0, \ldots, x_{n-2}).$$

(iii) $n \geq 1$ に対して,
$$P_n(x_0, \ldots, x_n)Q_{n-1}(x_0, \ldots, x_{n-1})$$
$$- P_{n-1}(x_0, \ldots, x_{n-1})Q_n(x_0, \ldots, x_n) = (-1)^{n-1}.$$

特に, (i) と (ii), および (5.5.2) 式から, P_n や Q_n が整数係数多項式であることが分かる.

証明. (i), (ii), (iii) を同時に帰納法で示す. (i) や (ii) の n の場合を示すのに, $n-1$ の場合の (iii) がすでに示されていると便利だからである.

$n = 2$ のときの (i) と (ii) および $n = 1, n = 2$ のときの (iii) は, (5.5.2) 式を使って確認できる:

$$P_2 = x_0 x_1 x_2 + x_0 + x_2 = x_2(x_0 x_1 + 1) + x_0 = x_2 P_1 + P_0$$
$$Q_2 = x_1 x_2 + 1 = x_2 \cdot x_1 + 1 = x_2 Q_1 + Q_0$$

$$P_1 Q_0 - P_0 Q_1 = (x_0 x_1 + 1) \cdot 1 - x_0 \cdot x_1 = 1$$
$$P_2 Q_1 - P_1 Q_2 = (x_0 x_1 x_2 + x_0 + x_2) \cdot x_1 - (x_0 x_1 + 1)(x_1 x_2 + 1)$$
$$= x_0 x_1^2 x_2 + x_0 x_1 + x_1 x_2 - (x_0 x_1^2 x_2 + x_0 x_1 + x_1 x_2 + 1)$$
$$= -1$$

より成り立つ.

そこで, $n \geq 3$ として, $n-1$ までは (i) も (ii) も (iii) も証明されているとしよう. n の場合の (i) と (ii) をまず示す. 次の □ の部分を y とおくと

$$[x_0,\ldots,x_{n-2},x_{n-1},x_n] = x_0 + \cfrac{1}{x_1 + \cfrac{1}{\ddots + \cfrac{1}{x_{n-2} + \cfrac{1}{\boxed{x_{n-1} + \cfrac{1}{x_n}}}}}}$$

$$= [x_0,\ldots,x_{n-2},y] \qquad (5.5.3)$$

であることに注意する．ここで，2 行目の y は，x_{n-2} の次なので，通常 x_{n-1} が入る場所に入っている．つまり，(5.5.3) 式は

$$\frac{P_{n-1}(x_0,\ldots,x_{n-2},y)}{Q_{n-1}(x_0,\ldots,x_{n-2},y)}$$

と等しい．ここで，帰納法の仮定を次の 1 行目と最後の行で使うと（x_{n-1} という変数で示しているので，特に y を代入しても成り立つ），

$$\begin{aligned}
&P_{n-1}(x_0,\ldots,x_{n-2},y) \\
&= y \cdot P_{n-2}(x_0,\ldots,x_{n-2}) + P_{n-3}(x_0,\ldots,x_{n-3}) \\
&= \left(x_{n-1} + \frac{1}{x_n}\right) \cdot P_{n-2}(x_0,\ldots,x_{n-2}) + P_{n-3}(x_0,\ldots,x_{n-3}) \\
&= \frac{x_n(\overbrace{x_{n-1}P_{n-2}(x_0,\ldots,x_{n-2}) + P_{n-3}(x_0,\ldots,x_{n-3})}^{P_{n-1}(x_0,\ldots,x_{n-1})}) + P_{n-2}(x_0,\ldots,x_{n-2})}{x_n} \\
&= \frac{x_n P_{n-1}(x_0,\ldots,x_{n-1}) + P_{n-2}(x_0,\ldots,x_{n-2})}{x_n}
\end{aligned}$$

P が満たす関係式と Q が満たす関係式は同じなので，Q でもまったく同じことが言える．したがって，

$$\begin{aligned}
[x_0,\ldots,x_n] &= \frac{P_{n-1}(x_0,\ldots,x_{n-2},y)}{Q_{n-1}(x_0,\ldots,x_{n-2},y)} \\
&= \frac{\dfrac{x_n P_{n-1}(x_0,\ldots,x_{n-1}) + P_{n-2}(x_0,\ldots,x_{n-2})}{x_n}}{\dfrac{x_n Q_{n-1}(x_0,\ldots,x_{n-1}) + Q_{n-2}(x_0,\ldots,x_{n-2})}{x_n}} \\
&= \frac{x_n P_{n-1}(x_0,\ldots,x_{n-1}) + P_{n-2}(x_0,\ldots,x_{n-2})}{x_n Q_{n-1}(x_0,\ldots,x_{n-1}) + Q_{n-2}(x_0,\ldots,x_{n-2})} \qquad (5.5.4)
\end{aligned}$$

となる．また，もし，$x_n P_{n-1} + P_{n-2}$ と $x_n Q_{n-1} + Q_{n-2}$ の両方を割り切る多項式 $g(x_0, \ldots, x_n)$ があったとすると，

$$Q_{n-1} \cdot (x_n P_{n-1} + P_{n-2}) - P_{n-1} \cdot (x_n Q_{n-1} + Q_{n-2})$$
$$= Q_{n-1} P_{n-2} - P_{n-1} Q_{n-2}$$

も g で割り切れることになるが，この右辺は $n-1$ の場合の (iii) より，$-(-1)^{n-2}$ だと帰納法より示してあるので，g も定数となる．したがって，$x_n P_{n-1} + P_{n-2}$ と $x_n Q_{n-1} + Q_{n-2}$ に共通の因子はないので，(5.5.4) 式の表示が既約となる．つまり，$P_n = x_n P_{n-1} + P_{n-2}$，$Q_n = x_n Q_{n-1} + Q_{n-2}$ となり，帰納法が進む．

(iii) の n の場合については，今証明されたばかりの n の場合の (i) と (ii) を使うと，

$$P_n Q_{n-1} - P_{n-1} Q_n$$
$$= (x_n P_{n-1} + P_{n-2}) \cdot Q_{n-1} - P_{n-1}(x_n Q_{n-1} + Q_{n-2})$$
$$= P_{n-2} Q_{n-1} - P_{n-1} Q_{n-2}$$
$$= -(P_{n-1} Q_{n-2} - P_{n-2} Q_{n-1})$$
$$= -(-1)^{n-2} = (-1)^{n-1}$$

となり，示せた． □

この命題の (i)(ii) から，P_n や Q_n は整数係数の多項式であることが分かる．また，この命題の特に (iii) は強調するに値する：変数版の連分数なのにもかかわらず，$P_n Q_{n-1} - P_{n-1} Q_n$ が必ず ± 1 になっている．よって，変数のところに，(整数に限らず) どんな値を代入してもこの事実は変わらない．

ここまで準備すれば，連分数の性質を証明できる．x_0 として（負も含めた）整数 a_0，$i \geq 1$ の x_i として自然数 a_i を代入したとき，

$$[a_0, a_1, \ldots, a_n]$$

のことを（通常の）**連分数**という．正式には，これは正則単純連分数と呼ばれる

ものであるが，本書ではこれだけで十分である．また，
$$P_n(a_0, a_1, \ldots, a_n), \quad Q_n(a_0, a_1, \ldots, a_n)$$
のことを，簡潔に p_n, q_n と表すことにする．整数係数多項式に整数を代入して評価しているので，これらは整数となる．

命題 5.5.2. （通常の）連分数 $[a_0, a_1, \ldots, a_n]$ の p_n や q_n は次を満たす：

$$q_0 = 1 \leq q_1 < q_2 < q_3 \cdots$$

$$\frac{p_n}{q_n} - \frac{p_{n-1}}{q_{n-1}} = \frac{(-1)^{n-1}}{q_{n-1}q_n} \quad (n \geq 1)$$

$$\frac{p_n}{q_n} = a_0 + \frac{1}{q_0 q_1} - \frac{1}{q_1 q_2} + \frac{1}{q_2 q_3} - \cdots + \frac{(-1)^{n-1}}{q_{n-1}q_n} \quad (n \geq 1)$$

特に，数列 $\left\{\frac{p_n}{q_n}\right\}$ はある実数 α に収束する．

証明． 定義より $q_0 = 1$, $q_1 = a_1$ なので，どちらも 1 以上である．また，命題 5.5.1 (ii) より，$n \geq 2$ のとき $q_n = a_n q_{n-1} + q_{n-2}$ であり，$q_{n-2} \geq 1$ はすでに帰納法で示されているので，$q_n > q_{n-1}$ となり帰納法が進む．また，

$$\frac{p_n}{q_n} - \frac{p_{n-1}}{q_{n-1}} = \frac{p_n q_{n-1} - p_{n-1} q_n}{q_{n-1} q_n}$$

より，命題 5.5.1 (iii) から，$\frac{(-1)^{n-1}}{q_{n-1}q_n}$ と等しいことが分かる．したがって，この式を繰り返し使うことで，

$$\frac{p_n}{q_n} = \frac{p_0}{q_0} + \left(\frac{p_1}{q_1} - \frac{p_0}{q_0}\right) + \left(\frac{p_2}{q_2} - \frac{p_1}{q_1}\right) + \cdots + \left(\frac{p_n}{q_n} - \frac{p_{n-1}}{q_{n-1}}\right)$$

$$= \frac{p_0}{q_0} + \frac{1}{q_0 q_1} - \frac{1}{q_1 q_2} + \cdots + \frac{(-1)^{n-1}}{q_{n-1} q_n}$$

定義より，最初の $\frac{p_0}{q_0}$ は a_0 なので，これで全ての等式が示せた．また，この式から，$\frac{p_n}{q_n}$ は交代級数の部分和となっていることが分かる．また，q_n が増加しているので，

$$\frac{1}{q_{n-1}q_n} > \frac{1}{q_n q_{n+1}}$$

を満たしながら，$\frac{1}{q_{n-1}q_n}$ は 0 に収束する．したがってライプニッツ判定法（付録の命題 A.2.11）より，$\frac{p_n}{q_n}$ が収束することが分かる（図 5.3 も参照のこと）． □

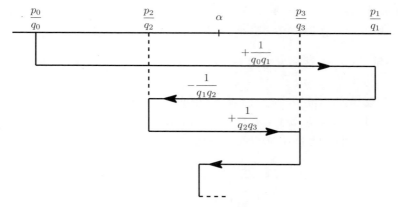

図 5.3 連分数の収束

これで,どんな整数 a_0 と自然数 $a_1, a_2, \ldots$, に対しても,$[a_0, a_1, \ldots]$ はある実数に収束することが分かった.次は逆に,ある実数 α から始めて,それに対応する連分数を見つけることを考える.このことを α の**連分数展開**といい,本節冒頭で π に対して行った計算の一般化となる.

> **命題 5.5.3.** 無理数 α に対して,
> $$\begin{cases} 0 \leq \alpha - a_0 < 1 \text{ を満たす整数 } a_0 \text{ をとり, } \alpha_1 = \dfrac{1}{\alpha - a_0} \\ 0 \leq \alpha_1 - a_1 < 1 \text{ を満たす自然数 } a_1 \text{ をとり, } \alpha_2 = \dfrac{1}{\alpha_1 - a_1} \\ 0 \leq \alpha_2 - a_2 < 1 \text{ を満たす自然数 } a_2 \text{ をとり, } \alpha_3 = \dfrac{1}{\alpha_2 - a_2} \\ \quad \vdots \\ 0 \leq \alpha_n - a_n < 1 \text{ を満たす自然数 } a_n \text{ をとり, } \alpha_{n+1} = \dfrac{1}{\alpha_n - a_n} \\ \quad \vdots \end{cases} \quad (5.5.5)$$
> と定義すると,(正則単純)連分数 $[a_0, a_1, \ldots,]$ は α に収束する.
> また,α が有理数のときに同様の定義をすると,ある n において $\alpha_n = a_n$ となり,(0 で割ることはできないので)作業が停止する.また,このときの $a_0, \ldots, a_n$ は,α の分母を a,分子を b としてユークリッドの互除法 ((1.1.1) 式) を計算したときの商 $q_1, \ldots, q_{n+1}$ と同じになる.

π の例に戻ると，$\pi = [3, 7, 15, 1, 292, \ldots]$ となる，ということである．数値でみた通り，この収束はかなり高速である．

証明． $\alpha - a_0$ や $\alpha_i - a_i$ は必ず 0 と 1 の間になるようにとっているので，$\alpha_{i+1} > 1$ であることに注意する $(i \geq 0)$．このことから，$a_1, a_2, \ldots$ は確かに自然数となり，$[a_0, a_1, a_2, \ldots]$ は（正則単純）連分数である．

最初に，$\alpha_i - a_i$ が 0 にならない場合を考える．次の式の最初の等号に α_1 の定義，次の等号に α_2 の定義，と順番に利用すると，

$$\alpha = a_0 + \frac{1}{\alpha_1} = a_0 + \cfrac{1}{a_1 + \cfrac{1}{\alpha_2}} = a_0 + \cfrac{1}{a_1 + \cfrac{1}{a_2 + \cfrac{1}{\alpha_3}}}$$

$$= \cdots = [a_0, a_1, \ldots, a_{n+1}, \alpha_{n+2}] = \frac{P_{n+2}(a_0, \ldots, a_{n+1}, \alpha_{n+2})}{Q_{n+2}(a_0, \ldots, a_{n+1}, \alpha_{n+2})} = \cdots$$

となる．ここで，最後の式では，変数版の P_{n+2} や Q_{n+2} を $(a_0, \ldots, a_{n+1}, \alpha_{n+2})$ で評価したものとなっている（最後の α_{n+2} だけは整数ではないが，多項式の評価はここでもできる）．したがって，変数版の命題 5.5.1 (i)(ii) を $n+2$ で使うと，

$$\alpha = \frac{\alpha_{n+2} P_{n+1}(a_0, \ldots, a_{n+1}) + P_n(a_0, \ldots, a_n)}{\alpha_{n+2} Q_{n+1}(a_0, \ldots, a_{n+1}) + Q_n(a_0, \ldots, a_n)}.$$

右辺で多項式を評価しているところの a_i は全て整数なので，これは

$$\alpha = \frac{\alpha_{n+2} p_{n+1} + p_n}{\alpha_{n+2} q_{n+1} + q_n}$$

とも書ける．したがって，

$$\begin{aligned}
\alpha - \frac{p_n}{q_n} &= \frac{\alpha_{n+2} p_{n+1} + p_n}{\alpha_{n+2} q_{n+1} + q_n} - \frac{p_n}{q_n} \\
&= \frac{(\alpha_{n+2} p_{n+1} + p_n) \cdot q_n - p_n \cdot (\alpha_{n+2} q_{n+1} + q_n)}{(\alpha_{n+2} q_{n+1} + q_n) \cdot q_n} \\
&= \frac{\alpha_{n+2} \cdot (p_{n+1} q_n - p_n q_{n+1})}{(\alpha_{n+2} q_{n+1} + q_n) \cdot q_n} \\
&= \frac{(-1)^n}{(q_{n+1} + \frac{q_n}{\alpha_{n+2}}) \cdot q_n} \quad (\because \text{命題 } 5.5.1\,\text{(iii)}) \quad (5.5.6)
\end{aligned}$$

命題 5.5.2 より，q_n はどんどん増加していくので，この値はどんどん 0 に近づいていく．これにより $\frac{p_n}{q_n} \longrightarrow \alpha$ が分かる．

次に連分数展開がどこかで止まるとする．$\alpha_n = a_n$ で止まるとすると，

$$\alpha = [a_0, a_1, \ldots, a_n] = \frac{P_n(a_0, \ldots, a_n)}{Q_n(a_0, \ldots, a_n)}$$

なので，分母も分子も整数係数の多項式を整数で評価していることから，α は有理数となる．そこで，$\alpha = \frac{b}{a}$ と書くことにして，もう一度連分数展開 ((5.5.5) 式) の作業をみてみると，

$$\frac{b}{a} = a_0 + \underbrace{\frac{r_1}{a}}_{1/\alpha_1} \ (0 \leq r_1 < a) \iff b = a_0 a + r_1$$

$$\underbrace{\frac{a}{r_1}}_{\alpha_1} = a_1 + \underbrace{\frac{r_2}{r_1}}_{1/\alpha_2} \ (0 \leq r_2 < r_1) \iff a = a_1 r_1 + r_2$$

$$\underbrace{\frac{r_1}{r_2}}_{\alpha_2} = a_2 + \underbrace{\frac{r_3}{r_2}}_{1/\alpha_3} \ (0 \leq r_3 < r_2) \iff r_1 = a_2 r_2 + r_3$$

$$\vdots$$

となり，(1.1.1) 式と比較すると，b と a に対してユークリッドの互除法の計算をすることとまったく同じであることが分かる（ユークリッドの互除法の式での q_{i+1} の役割をここでは a_i がしている）．このプロセスが a_n のときに終わるとすると，最後の 2 行は

$$\underbrace{\frac{r_{n-2}}{r_{n-1}}}_{\alpha_{n-1}} = a_{n-1} + \underbrace{\frac{r_n}{r_{n-1}}}_{1/\alpha_n} (0 \leq r_n < r_{n-1}) \iff r_{n-2} = a_{n-1} r_{n-1} + r_n$$

$$\underbrace{\frac{r_{n-1}}{r_n}}_{\alpha_n} = a_n + 0 \iff r_{n-1} = a_n r_n$$

である． □

この命題のおかげで，実数の連分数展開をすると，その実数に収束するような有理数の数列を作れることが分かった．ここで，もう少し計算例をあげると，

$$\sqrt{2} = 1.414213562\cdots = [1, 2, 2, 2, 2, 2, \cdots] \tag{5.5.7}$$
$$\sqrt{3} = 1.732050808\cdots = [1, 1, 2, 1, 2, 1, 2, \cdots]$$
$$\sqrt[3]{2} = 1.259921050\cdots = [1, 3, 1, 5, 1, 1, 4, 1, 1, 8, 1, 14, 1, 10, 2, 1, 4, 12, 2, 3, \cdots]$$
$$e = 2.718281828\cdots = [2, 1, 2, 1, 1, 4, 1, 1, 6, 1, 1, 8, 1, 1, 10, 1, 1, 12\cdots]$$

などがある．

さて，いよいよ本章ですでに予告した連分数の性質を紹介しよう．まずはディリクレの定理（定理 5.1.1）が主張する「無限個の近似分数」を効率よくピンポイントに構築する方法である．

> **命題 5.5.4.** α を無理数とする．このとき，α の連分数展開を $[a_0, a_1, a_2, \cdots]$ として $\frac{p_n}{q_n} = [a_0, \ldots, a_n]$ とすると，どの n に対しても
> $$\left|\alpha - \frac{p_n}{q_n}\right| < \frac{1}{q_n^2}$$
> を満たす．

つまり連分数展開を途中で止めてできる分数は，必ずディリクレの近似定理の条件を満たす．ディリクレの定理の証明方法も構築的ではあるが，「この範囲に近似分数が見つかる」というだけで，うまくいく分数を確実に教えてくれるわけではない．連分数を使った方が，必ず条件を満たすので，非常に効率よく近似分数を構築できる．

証明． 実はもうこれは証明している．命題 5.5.3 の証明の中の (5.5.6) 式から，

$$\left|\alpha - \frac{p_n}{q_n}\right| = \left|\frac{(-1)^n}{\left(q_{n+1} + \frac{q_n}{\alpha_{n+2}}\right) \cdot q_n}\right|$$
$$= \frac{1}{\left(q_{n+1} + \frac{q_n}{\alpha_{n+2}}\right) \cdot q_n}$$

また，命題 5.5.2 より $q_{n+1} > q_n$ なので，この分母は q_n^2 よりも大きい．これでこの命題の証明が終わる[注1]． □

実は，これよりも強いことが証明でき，α の連分数展開を途中で止める分数が，その分母までで一番 α をよく近似する．次がその主張である．

命題 5.5.5 (最良近似)．α の連分数展開を $[a_0, a_1, \ldots]$ とし，途中で止めたものを $\frac{p_n}{q_n}$ とする $(n \geq 2)$．このとき，既約分数 $\frac{p}{q} \neq \frac{p_n}{q_n}$ が $q < q_{n+1}$ を満たすならば，
$$|q_n \alpha - p_n| < |q\alpha - p|.$$
特に，$q \leq q_n$ ならば，
$$\left|\alpha - \frac{p_n}{q_n}\right| < \left|\alpha - \frac{p}{q}\right|.$$

この命題の最後の式は $|q_n \alpha - p_n| < |q\alpha - p|$ を $q_n \geq q$ で割れば得られる．この最後の主張の部分が，連分数の**最良近似**性である．π のときの計算に戻ると，$\frac{103993}{33102}$ が分母 33102 以下で，一番 π をよく近似する，ということである．

証明． まず $q \neq q_n$ の場合を考える．$A = (-1)^n(p_{n+1}q - q_{n+1}p)$，$B = (-1)^n(-p_n q + q_n p)$ とおくと，これらは整数で，命題 5.5.1 (iii) より，
$$\begin{cases} p_n A + p_{n+1} B = (-1)^n \big(p_n(p_{n+1}q - q_{n+1}p) + p_{n+1}(-p_n q + q_n p)\big) \\ \qquad = (-1)^n(-p_n q_{n+1} p + p_{n+1} q_n p) = p \\ q_n A + q_{n+1} B = (-1)^n \big(q_n(p_{n+1}q - q_{n+1}p) + q_{n+1}(-p_n q + q_n p)\big) \\ \qquad = (-1)^n(p_{n+1} q_n q - p_n q_{n+1} q) = q \end{cases}$$
(5.5.8)

を満たす[注2]．もし $A = 0$ ならば，(5.5.8) 式より，q は q_{n+1} の倍数となるの

[注1] 少し別の証明方法としては，$[a_0, a_1, \ldots]$ が α に収束することが命題 5.5.3 により分かっており，命題 5.5.2 より，交代級数でもある．図 5.3 からも明らかなように，交代級数の場合，n 番目の項までの和と極限との差は，$n+1$ 番目の項の絶対値以下なので，
$$\left|\alpha - \frac{p_n}{q_n}\right| \leq \frac{1}{q_n q_{n+1}} < \frac{1}{q_n^2}.$$

[注2] この A と B の式はたまたま見つけたわけではなく，(5.5.8) 式の連立方程式の係数行列の行列式が，$p_n q_{n+1} - p_{n+1} q_n = -(-1)^n$ であることを利用して，連立方程式の解を求めただけである．

で, 不適. もし $B = 0$ ならば, q は q_n の倍数となり, $\gcd(p,q) \geq A$ より, $A = 1$ となるが, すると $q = q_n$ となり, 不適. よって, A も B も 0 ではない.

また, A と B が両方負の場合 q が負となり不適だし, もし両方正ならば,

$$q = q_n A + q_{n+1} B > q_{n+1}$$

となり矛盾する. よって A と B は符号が異なる整数だということが分かる. 一方, (5.5.8) 式から,

$$\begin{aligned}
q\alpha - p &= (q_n A + q_{n+1} B)\alpha - (p_n A + p_{n+1} B) \\
&= (q_n\alpha - p_n)A + (q_{n+1}\alpha - p_{n+1})B. \quad (5.5.9)
\end{aligned}$$

(5.5.6) 式から, $\alpha - \frac{p_n}{q_n}$ と $\alpha - \frac{p_{n+1}}{q_{n+1}}$ の片方が正で片方が負である ($\frac{p_n}{q_n}$ が交代級数の部分和 (命題 5.5.2, 図 5.3 を参照) であることからも分かる). q_n と q_{n+1} は正なので, つまり,

$$q_n\alpha - p_n \text{ と } q_{n+1}\alpha - p_{n+1} \text{ は符号が異なる.}$$

したがって, (5.5.9) 式の右辺の 2 項は同じ符号となる. 結論として,

$$\begin{aligned}
|q\alpha - p| &= |(q_n\alpha - p_n)A + (q_{n+1}\alpha - p_{n+1})B| \\
&= |(q_n\alpha - p_n)A| + |(q_{n+1}\alpha - p_{n+1})B| \\
&> |(q_n\alpha - p_n)A| \geq |q_n\alpha - p_n| \quad (\because |A| \geq 1)
\end{aligned}$$

これで $q \neq q_n$ の場合の証明が終わった.

$q = q_n$ のときは, 三角不等式 (系 A.1.2) より

$$\begin{aligned}
\left|\alpha - \frac{p}{q}\right| &= \left|\left(\frac{p_n}{q_n} - \frac{p}{q}\right) - \left(\frac{p_n}{q_n} - \alpha\right)\right| \\
&\geq \left|\frac{p_n}{q_n} - \frac{p}{q}\right| - \left|\alpha - \frac{p_n}{q_n}\right| \\
&\geq \frac{1}{q} - \left|\alpha - \frac{p_n}{q_n}\right| \quad \left(\because \begin{array}{l}\text{同じ分母 } q \text{ で異なる分数} \\ \text{の差は} \geq \frac{1}{q}\end{array}\right) \\
&> \frac{1}{q} - \frac{1}{q^2} = \frac{q-1}{q^2}. \quad (\because \text{命題 5.5.4})
\end{aligned}$$

命題 5.5.2 より, $n \geq 2$ のとき $q_n \geq 2$ となるので, 再び命題 5.5.4 を使うと,

$$\left|\alpha - \frac{p}{q}\right| > \frac{q-1}{q^2} \geq \frac{1}{q^2} > \left|\alpha - \frac{p_n}{q_n}\right|.$$

両辺を $q_n = q$ で掛けると題意となる. □

連分数と近似の話題はまだまだあり，例えば，「$\frac{p_n}{q_n}, \frac{p_{n+1}}{q_{n+1}}, \frac{p_{n+2}}{q_{n+2}}$ のうちのどれか1つは

$$\left|\alpha - \frac{p}{q}\right| < \frac{1}{\sqrt{5}q^2}$$

を満たす」などという事実も知られている[注3]．つまり，ディリクレの定理の $\frac{1}{\sqrt{5}}$ 倍に精度を強めても，まだ近似分数が無限個見つかる．また，「badly approximable」と呼ばれる，有理数であまりよく近似できない無理数に関しては，連分数展開に登場する整数たちが有限個であることが知られており[注4]，現在でも盛んに研究されている．

さて，本節最後に，連分数のペル方程式への応用について詳しく述べる．その準備として，まずラグランジュによる大変美しい定理を紹介する．(5.5.7) 式の $\sqrt{2}$ と $\sqrt{3}$ の連分数展開においては，あるところから，同じ数字列の繰り返しとなっている．このような連分数展開を**循環連分数**という．e の連分数展開にも規則性はある（a_3 からは，1が2回の後に偶数があり，その偶数が $4, 6, 8, \ldots$ と順に上がっていっている[注5]）が，同じ数字列の繰り返しではない．この観察の一般化が次の定理である．

[注3] これはボレルの定理で，例えば Schmidt「Diophantine Approximations」[9] の Chapter 1 Theorem 5B に証明がある．
[注4] 同上文献，Chapter 1，Theorem 5F．
[注5] この性質の証明は塩川「無理数と超越数」[8] の1章定理11にある．

定理 5.5.6（ラグランジュ）．α を無理数とする．α が循環連分数展開を持つならば，α は整数係数 2 次多項式の根であり，逆に α が整数係数 2 次多項式の根ならば，α は循環連分数展開を持つ．

証明． まず前半を示す．α の連分数展開が

$$[a_0, a_1, \ldots, a_{n-1}, \underbrace{b_1, \ldots, b_m}, \underbrace{b_1, \ldots, b_m}, \underbrace{b_1, \ldots, b_m}, \ldots] \tag{5.5.10}$$

のような形だとする．このとき，

$$\alpha_n = [\underbrace{b_1, \ldots, b_m}, \underbrace{b_1, \ldots, b_m}, \underbrace{b_1, \ldots, b_m}, \ldots]$$

とすると，

$$\alpha_n = [b_1, \ldots, b_m, \alpha_n] = \frac{P_m(b_1, \ldots, b_m, \alpha_n)}{Q_m(b_1, \ldots, b_m, \alpha_n)}$$

だから，命題 5.5.1 (i)(ii) より，

$$\alpha_n = \frac{\alpha_n \cdot \overbrace{P_{m-1}(b_1, \ldots, b_m)}^{r_{m-1}} + \overbrace{P_{m-2}(b_1, \ldots, b_{m-1})}^{r_{m-2}}}{\alpha_n \cdot \underbrace{Q_{m-1}(b_1, \ldots, b_m)}_{s_{m-1}} + \underbrace{Q_{m-2}(b_1, \ldots, b_{m-1})}_{s_{m-2}}}.$$

通分して整理をすると，

$$s_{m-1}\alpha_n^2 + (s_{m-2} - r_{m-1})\alpha_n - r_{m-2} = 0. \tag{5.5.11}$$

これは整数係数 2 次多項式である．同様に，

$$\alpha = [a_0, \ldots, a_{n-1}, \alpha_n] = \frac{\alpha_n \cdot \overbrace{P_{n-1}(a_0, \ldots, a_{n-1})}^{p_{n-1}} + \overbrace{P_{n-2}(a_0, \ldots, a_{n-2})}^{p_{n-2}}}{\alpha_n \cdot \underbrace{Q_{n-1}(a_0, \ldots, a_{n-1})}_{q_{n-1}} + \underbrace{Q_{n-2}(a_0, \ldots, a_{n-2})}_{q_{n-2}}}$$

なので，α_n を α で書き表すと，

$$\alpha_n = \frac{-\alpha q_{n-2} + p_{n-2}}{\alpha q_{n-1} - p_{n-1}}.$$

(5.5.11) 式に代入すると，

$$s_{m-1}\left(\frac{-\alpha q_{n-2} + p_{n-2}}{\alpha q_{n-1} - p_{n-1}}\right)^2 + (s_{m-2} - r_{m-1})\left(\frac{-\alpha q_{n-2} + p_{n-2}}{\alpha q_{n-1} - p_{n-1}}\right) - r_{m-2} = 0$$

$$\iff s_{m-1}(-\alpha q_{n-2} + p_{n-2})^2$$
$$+ (s_{m-2} - r_{m-1})(-\alpha q_{n-2} + p_{n-2})(\alpha q_{n-1} - p_{n-1})$$
$$- r_{m-2}(\alpha q_{n-1} - p_{n-1})^2 = 0$$

となるので，展開して整理すれば α も整数係数 2 次多項式を満たすことが分かる．

次に後半部分を示す．α が整数係数多項式

$$A\alpha^2 + B\alpha + C = 0 \tag{5.5.12}$$

を満たすとしよう．α の連分数展開を $[a_0, a_1, \ldots]$ として，いつも通り，

$$\alpha = [a_0, \ldots, a_{n-1}, \alpha_n]$$

とすると，命題 5.5.1 (i)(ii) より，

$$\alpha = \frac{\alpha_n \overbrace{P_{n-1}(a_0, \ldots, a_{n-1})}^{p_{n-1}} + \overbrace{P_{n-2}(a_0, \ldots, a_{n-2})}^{p_{n-2}}}{\alpha_n \underbrace{Q_{n-1}(a_0, \ldots, a_{n-1})}_{q_{n-1}} + \underbrace{Q_{n-2}(a_0, \ldots, a_{n-2})}_{q_{n-2}}}.$$

これを (5.5.12) 式に代入すると，

$$A\left(\frac{\alpha_n p_{n-1} + p_{n-2}}{\alpha_n q_{n-1} + q_{n-2}}\right)^2 + B\left(\frac{\alpha_n p_{n-1} + p_{n-2}}{\alpha_n q_{n-1} + q_{n-2}}\right) + C = 0$$
$$\iff A(\alpha_n p_{n-1} + p_{n-2})^2 + B(\alpha_n p_{n-1} + p_{n-2})(\alpha_n q_{n-1} + q_{n-2})$$
$$+ C(\alpha_n q_{n-1} + q_{n-2})^2$$
$$= \left(Ap_{n-1}^2 + Bp_{n-1}q_{n-1} + Cq_{n-1}^2\right)\alpha_n^2$$
$$+ \left(2Ap_{n-1}p_{n-2} + B(p_{n-1}q_{n-2} + p_{n-2}q_{n-1}) + 2Cq_{n-1}q_{n-2}\right)\alpha_n$$
$$+ \left(Ap_{n-2}^2 + Bp_{n-2}q_{n-2} + Cq_{n-2}^2\right) = 0. \tag{5.5.13}$$

この方程式の係数は全て整数なので，もしこの係数たちが n によらず有界であると示せたら（係数の絶対値がある数以下だと示せたら），1 つ 1 つの 2 次方程式には 2 個ずつしか解がないので，無限個ある α_n たちのうちで重なりが生じる（巣を方程式の根，鳩を α_n として鳩の巣論法を使えばよい）．したがって，ある $n \geq 0$ と $m \geq 1$ が存在して，$\alpha_n = \alpha_{n+m}$ を満たす．すると，(5.5.5) 式の式から，$a_n = a_{n+m}$，$\alpha_{n+1} = \alpha_{n+m+1}$，$a_{n+1} = a_{n+m+1}$，と続いていく．つまり，$i \geq n$ ならば，$a_i = a_{i+m}$ となるので，$a_n, \ldots, a_{n+m-1}$ の部分が繰り返される．

したがって，後は (5.5.13) 式の係数が有界であることを示せばよい．これ

には，命題 5.5.4 より少し強い，(5.5.6) 式を使う．(5.5.6) 式より，
$$\left|\alpha - \frac{p_i}{q_i}\right| < \frac{1}{q_i q_{i+1}} \iff |q_i \alpha - p_i| < \frac{1}{q_{i+1}}$$
なので，
$$p_i = q_i \alpha + \theta_i, \qquad -\frac{1}{q_{i+1}} < \theta_i < \frac{1}{q_{i+1}} \qquad (5.5.14)$$
と書くことができる．$|q_{i-1}\theta_i| < |q_i \theta_i| < |q_{i+1}\theta_i| < 1$ に注意しよう．
(5.5.14) 式を (5.5.13) 式に代入すると，α_n^2 の係数は

$$|Ap_{n-1}^2 + Bp_{n-1}q_{n-1} + Cq_{n-1}^2|$$
$$= |A(q_{n-1}\alpha + \theta_{n-1})^2 + B(q_{n-1}\alpha + \theta_{n-1})q_{n-1} + Cq_{n-1}^2|$$
$$= |\underbrace{(A\alpha^2 + B\alpha + C)}_{=0}q_{n-1}^2 + (2A\alpha + B)q_{n-1}\theta_{n-1} + A\theta_{n-1}^2|$$
$$< 2|A\alpha| + |B| + |A|$$

より n によらず有界である（α は (5.5.12) 式を満たすことが大事である）．
(5.5.13) 式の定数項は，α_n^2 の係数とまったく同じ形（添え字が $n-1$ でなく
$n-2$ だけ）なので，同様に有界である．最後に (5.5.13) 式における α_n の
係数であるが，

$$|2Ap_{n-1}p_{n-2} + B(p_{n-1}q_{n-2} + p_{n-2}q_{n-1}) + 2Cq_{n-1}q_{n-2}|$$
$$= \Big|2A(q_{n-1}\alpha + \theta_{n-1})(q_{n-2}\alpha + \theta_{n-2})$$
$$\qquad + B\big((q_{n-1}\alpha + \theta_{n-1})q_{n-2} + (q_{n-2}\alpha + \theta_{n-2})q_{n-1}\big) + 2Cq_{n-1}q_{n-2}\Big|$$
$$= \Big|2\underbrace{(A\alpha^2 + B\alpha + C)}_{=0}q_{n-1}q_{n-2} + 2A\alpha(q_{n-1}\theta_{n-2} + q_{n-2}\theta_{n-1})$$
$$\qquad\qquad + B(q_{n-2}\theta_{n-1} + q_{n-1}\theta_{n-2}) + 2A\theta_{n-1}\theta_{n-2}\Big|$$
$$< 2|A\alpha|(1+1) + |B|(1+1) + 2|A|.$$

これで (5.5.13) 式の係数の絶対値が n によらない定数以下だと示せたので，
証明も終わる． □

ラグランジュの定理のおかげで，2次の整数多項式を満たすものの連分数展開については，登場する a_i たちは有限個だということが分かった．それでは，3次以上の整数係数多項式の根となっている α を連分数展開すると，登場する a_i は有限個なのだろうか？これは連分数に関する未解決問題の1つで，「有限個でないだろう」と信じられているものの，「有限個でない」と証明できた例がまだ1つもない！

　ペル方程式の解の構築への次の準備として，**純循環連分数**となる条件についてのガロアの定理を述べる．純循環連分数とは，循環連分数であってしかも循環しない部分を持たないもののことで，(5.5.10) 式において $a_0, \ldots, a_{n-1}$ がない状態，つまり，

$$[\underbrace{b_1, \ldots, b_m}, \underbrace{b_1, \ldots, b_m}, \underbrace{b_1, \ldots, b_m}, \ldots]$$

の形のことを言う．ガロアの定理を述べる前に少し準備をする．

　有理数 d が，有理数の平方でないとき，

$$\mathbb{Q}(\sqrt{d}) = \{r + s\sqrt{d} : r, s \text{ は有理数}\}$$

という集合を考える．もし $r_1 + s_1\sqrt{d} = r_2 + s_2\sqrt{d}$ ならば，$r_1 - r_2 = (s_2 - s_1)\sqrt{d}$．もし $s_2 \neq s_1$ ならば $\sqrt{d} = \frac{r_1 - r_2}{s_2 - s_1}$ と有理数になるので，矛盾する．したがって，$s_2 = s_1$ となり，$r_1 = r_2$ ともなる．このことから，$\mathbb{Q}(\sqrt{d})$ の元 x が与えられたら，$x = r + s\sqrt{d}$（r, s は有理数）と書く方法は1通りである．

　また，$\mathbb{Q}(\sqrt{d})$ の元から有理数を引いても $\mathbb{Q}(\sqrt{d})$ の元だし，$\mathbb{Q}(\sqrt{d})$ の元 $r + s\sqrt{d}$ の逆数も（0 でない限り）

$$\frac{1}{r + s\sqrt{d}} = \frac{r - s\sqrt{d}}{(r + s\sqrt{d})(r - s\sqrt{d})} = \frac{r}{r^2 - s^2 d} - \frac{s}{r^2 - s^2 d} \cdot \sqrt{d} \quad (5.5.15)$$

より $\mathbb{Q}(\sqrt{d})$ の元となる[注6]．

　これを踏まえて，連分数展開 (5.5.5) 式をもう一度みると，$\alpha \in \mathbb{Q}(\sqrt{d})$ ならば，整数 a_0 に対して，$\alpha - a_0 \in \mathbb{Q}(\sqrt{d})$．したがって，$\alpha_1 = \frac{1}{\alpha - a_0}$ も $\mathbb{Q}(\sqrt{d})$ の元となる．続いて，自然数 a_1 を引くと，$\alpha_1 - a_1 \in \mathbb{Q}(\sqrt{d})$，よって $\alpha_2 = \frac{1}{\alpha_1 - a_1}$ も $\mathbb{Q}(\sqrt{d})$．結局，任意の n に対して，$\alpha_n \in \mathbb{Q}(\sqrt{d})$ となることが分かる．

　最後の準備として，$\sigma : \mathbb{Q}(\sqrt{d}) \longrightarrow \mathbb{Q}(\sqrt{d})$ を

$$\sigma(r + s\sqrt{d}) = r - s\sqrt{d}$$

[注6] 実際には，$\beta_1, \beta_2 \in \mathbb{Q}(\sqrt{d})$ ならば，$\beta_1 + \beta_2$，$\beta_1 - \beta_2$，$\beta_1 \beta_2$，$\frac{\beta_1}{\beta_2}$（$\beta_2 \neq 0$ のとき）全てが $\mathbb{Q}(\sqrt{d})$ の元となり，$\mathbb{Q}(\sqrt{d})$ 上で四則演算ができるので，代数学では**体**と呼ばれる．

で定義しよう．$\mathbb{Q}(\sqrt{d})$ の元から r と s は 1 通りに定まるので，これはきちんと定義でき，また (5.5.15) 式から，

$$\sigma\left(\frac{1}{r+s\sqrt{d}}\right) = \sigma\left(\frac{r}{r^2-s^2d} - \frac{s}{r^2-s^2d}\cdot\sqrt{d}\right)$$
$$= \frac{r}{r^2-s^2d} + \frac{s}{r^2-s^2d}\cdot\sqrt{d}$$

$$\frac{1}{\sigma(r+s\sqrt{d})} = \frac{1}{r-s\sqrt{d}} = \frac{r+s\sqrt{d}}{(r-s\sqrt{d})(r+s\sqrt{d})}$$
$$= \frac{r}{r^2-s^2d} + \frac{s}{r^2-s^2d}\cdot\sqrt{d}$$

より，

$$\sigma\left(\frac{1}{x}\right) = \frac{1}{\sigma(x)} \qquad (x \text{ は } 0 \text{ でない } \mathbb{Q}(\sqrt{d}) \text{ の元}) \tag{5.5.16}$$

が成り立つ．さらに，本書では必要ないが，同様の計算により，任意の $\beta_1, \beta_2 \in \mathbb{Q}(\sqrt{d})$ に対して，

$$\sigma(\beta_1+\beta_2) = \sigma(\beta_1)+\sigma(\beta_2), \qquad \sigma(\beta_1-\beta_2) = \sigma(\beta_1)-\sigma(\beta_2)$$

$$\sigma(\beta_1\beta_2) = \sigma(\beta_1)\cdot\sigma(\beta_2), \qquad \sigma\left(\frac{\beta_1}{\beta_2}\right) = \frac{\sigma(\beta_1)}{\sigma(\beta_2)} \qquad (\beta_2 \neq 0 \text{ のとき}) \tag{5.5.17}$$

を満たすことが分かる．このことから，σ は $\mathbb{Q}(\sqrt{d})$ 上の**体準同型**と呼ばれるもので，ガロア理論の主役である．σ が満たす (5.5.17) 式は，複素数の共役（虚部だけ符号を逆転したもの）と同じ性質であることから，x と $\sigma(x)$ のことを**ガロア共役**とも呼ぶ．

ここまでの準備で，ガロアの定理を紹介できる．

> **定理 5.5.7**（ガロア）．α を整数係数 2 次多項式を満たす無理数とする．このとき，$\alpha > 1$ かつ $-1 < \sigma(\alpha) < 0$ を満たすならば，α の連分数展開は純循環である．

実際にはこの逆も成り立ち，純循環な連分数展開を持つような無理数 α は，$\alpha > 1$ かつ $-1 < \sigma(\alpha) < 0$ を満たすことも知られている[注7]．

注7　証明は，例えば芹沢「数論入門」[10] 4-15 にある．

証明. 連分数展開 (5.5.5) 式より, $\alpha_1 = \frac{1}{\alpha - a_0}$. a_0 の定義より, $0 < \alpha - a_0 < 1$ だから, $\alpha_1 > 1$ となる. また, (5.5.16) 式より,

$$\sigma(\alpha_1) = \sigma\left(\frac{1}{\alpha - a_0}\right) = \frac{1}{\sigma(\alpha - a_0)} = \frac{1}{\sigma(\alpha) - a_0}. \tag{5.5.18}$$

$\alpha > 1$ より $a_0 \geq 1$ なので, α の仮定から

$$-1 - a_0 < \sigma(\alpha) - a_0 < -a_0 \leq -1.$$

よって, (5.5.18) 式と合わせると, $-1 < \sigma(\alpha_1) < 0$. つまり, α_1 も α と同じ条件を満たす. 次に, α_1 から同じ議論を行えば, α_2 も同じ条件を満たすことが分かるので, このように続けていくと, 全ての α_n が, $\alpha_n > 1$ かつ $-1 < \sigma(\alpha_n) < 0$ を満たすことが分かる. 特に, $0 < -\sigma(\alpha_n) < 1$ である.

そこで, (5.5.5) 式の式 $\alpha_n = a_n + \frac{1}{\alpha_{n+1}}$ を σ に代入し, (5.5.16) 式を使うと,

$$\sigma(\alpha_n) = \sigma\left(a_n + \frac{1}{\alpha_{n+1}}\right) = a_n + \sigma\left(\frac{1}{\alpha_{n+1}}\right) = a_n + \frac{1}{\sigma(\alpha_{n+1})}.$$

移項すると,

$$-\frac{1}{\sigma(\alpha_{n+1})} = a_n + \underbrace{(-\sigma(\alpha_n))}_{0 \text{ と } 1 \text{ の間}}. \tag{5.5.19}$$

つまり, $-\frac{1}{\sigma(\alpha_{n+1})}$ の整数部分を取り出すとちょうど a_n, 小数部分を取り出すと $-\sigma(\alpha_n)$ になることが分かる. 添え字が 1 つ戻ることが大事である.

α は 2 次の整数係数多項式を満たすので, ラグランジュの定理 (定理 5.5.6) より, α の連分数展開 $[a_0, a_1, \ldots]$ は

$$[a_0, \ldots, a_n, \underbrace{b_1, \ldots, b_m}, \underbrace{b_1, \ldots, b_m}, \ldots]$$

の形となっており, $i > n$ ならば $a_i = a_{i+m}$ となっている. また, この連分数は, $[a_0, \ldots, a_n, \alpha_{n+1}]$ とも $[a_0, \ldots, a_n, b_1, \ldots, b_m, \alpha_{n+m+1}]$ とも等しいので,

$$\alpha_{n+1} = \alpha_{n+m+1} \tag{5.5.20}$$

が成り立つ. したがって, $-\frac{1}{\sigma(\alpha_{n+1})}$ と $-\frac{1}{\sigma(\alpha_{n+m+1})}$ も当然等しいわけで, それぞれの整数部分, 小数部分を取り出すと, (5.5.19) 式より,

$$a_n = a_{n+m}$$
$$-\sigma(\alpha_n) = -\sigma(\alpha_{n+m}) \iff \alpha_n = \alpha_{n+m}.$$

この 2 行目を (5.5.20) 式と比較すると，両辺の添え字が 1 つずつ下がった．そこで，また同じ議論を行うと，

$$a_{n-1} = a_{n+m-1}, \qquad \alpha_{n-1} = \alpha_{n+m-1}$$

となり，このように添え字を 1 つずつ減らしていくと，最後は $a_0 = a_m$ までたどりつく．つまり，m ずらすと必ず同じ数字になることが分かったので，最初から循環する連分数であることが示せた．　□

ここまで準備すれば，ペル方程式への応用の鍵となる次の事実を簡単に示せる．

命題 5.5.8. 自然数 d が平方数ではないとき，$\sqrt{d}$ の連分数展開 $[a_0, a_1, \ldots,]$ は

$$[a_0, \underbrace{b_1, \ldots, b_m}, \underbrace{b_1, \ldots, b_m}, \ldots,]$$

の形である．

証明． $\sqrt{d}$ は $x^2 - d = 0$ という 2 次整数係数多項式を満たす．よってラグランジュの定理（定理 5.5.6）より，連分数展開は循環する．また，$\sqrt{d}$ の整数部分を a_0 とおくと，$0 < \sqrt{d} - a_0 < 1$ より，

$$\alpha_1 = \frac{1}{\sqrt{d} - a_0}$$

は 1 より大きく，$a_0 \geq 1$ のため，

$$\sigma(\alpha_1) = \frac{1}{\sigma(\sqrt{d} - a_0)} = \frac{1}{-\sqrt{d} - a_0}$$

は -1 と 0 の間となる．したがって，ガロアの定理（定理 5.5.7）より，α_1 の連分数展開は純循環

$$[\underbrace{b_1, \ldots, b_m}, \underbrace{b_1, \ldots, b_m}, \ldots,]$$

となる．したがって，α の連分数展開は

$$[a_0, \alpha_1] = [a_0, \underbrace{b_1, \ldots, b_m}, \underbrace{b_1, \ldots, b_m}, \ldots,]$$

である．　□

実際には，ガロアの定理の証明をもう少し丁寧に分析すると，循環部分の最後の b_m は $2a_0$ になることや，$b_1, \ldots, b_{m-1}$ の部分が回文性，つまり左右対称の数字列となることも分かる[注8]．ここでは，目標であるペル方程式との関連を述べて本節を終わりにしよう．

定理 5.5.9. d を平方数ではない自然数とする．命題 5.5.8 のように，$\sqrt{d}$ の連分数展開を

$$[a_0, \underbrace{b_1, \ldots, b_m}, \underbrace{b_1, \ldots, b_m}, \ldots,]$$

としたとき，

$$x = \underbrace{P_{m-1}(a_0, b_1, \ldots, b_{m-1})}_{p_{m-1}}, \quad y = \underbrace{Q_{m-1}(a_0, b_1, \ldots, b_{m-1})}_{q_{m-1}}$$

とすると，$x^2 - dy^2 = (-1)^m$ を満たす．

つまり，m が偶数のときは，$\sqrt{d}$ の連分数展開を計算していき，循環する部分の最後から 2 番目で止めると分子と分母がペル方程式の解となっている．ペル方程式の定理（定理 5.2.1）の直後にも述べたように，1 つの解が見つかると，$x + y\sqrt{d}$ のべき乗をしたときの 1 の係数と $\sqrt{d}$ の係数をみれば，無限個の解を作成できる．

m が奇数のときも同じような考え方から，$(p_{m-1} + q_{m-1}\sqrt{d})^2$ の 1 の係数を $\tilde{x}$，$\sqrt{d}$ の係数を $\tilde{y}$ とすれば，

$$\begin{aligned} N(\tilde{x} + \tilde{y}\sqrt{d}) &= N((p_{m-1} + q_{m-1}\sqrt{d})^2) \\ &= N(p_{m-1} + q_{m-1}\sqrt{d})^2 \\ &= ((-1)^m)^2 = 1 \end{aligned}$$

となるので，ペル方程式の解となる．したがって，m が偶数でも奇数でも，ペル方程式の「最初の 1 つ」の解を連分数から作成することができ，それをもとに，定理 5.2.1 の証明方針のようにべき乗していくことで，ペル方程式の無限個の解を効率よく構築していくことができる．実は，ここで求めた「最初の 1 つ」の解が最小解であることや，このような構築法でペル方程式の全ての解を網羅できる

注8 証明は Davenport「The Higher Arithmetic」[11)] p.104 にある．$b_m = 2a_0$ を示すには，$a_0 + \sqrt{d}$ がガロアの定理の条件を満たすことを確認し，この連分数展開 $[2a_0, \underbrace{b_1, \ldots, b_m}, \underbrace{b_1, \ldots, b_m}, \ldots]$ が最初から循環することを使えばよい．

ことも知られている[注9]．

証明． いつものように，$\alpha_1 = \dfrac{1}{\sqrt{d} - a_0}$ とおくと，循環性から
$$\sqrt{d} = [a_0, \alpha_1] = [a_0, b_1, b_2, \ldots, b_{m-1}, b_m, \alpha_1]$$
が成り立つ．よって，命題 5.5.1 (i)(ii) より，
$$\sqrt{d} = \frac{\alpha_1 \overbrace{P_m(a_0, b_1, b_2, \ldots, b_{m-1}, b_m)}^{p_m} + \overbrace{P_{m-1}(a_0, b_1, b_2, \ldots, b_{m-1})}^{p_{m-1}}}{\alpha_1 \underbrace{Q_m(a_0, b_1, b_2, \ldots, b_{m-1}, b_m)}_{q_m} + \underbrace{Q_{m-1}(a_0, b_1, b_2, \ldots, b_{m-1})}_{q_{m-1}}}.$$
この式に $\alpha_1 = \dfrac{1}{\sqrt{d} - a_0}$ を代入し，分母・分子ともに $(\sqrt{d} - a_0)$ 倍すると，
$$\sqrt{d} = \frac{p_m + (\sqrt{d} - a_0) p_{m-1}}{q_m + (\sqrt{d} - a_0) q_{m-1}}.$$
分母を払うと，
$$dq_{m-1} + (q_m - a_0 q_{m-1})\sqrt{d} = (p_m - a_0 p_{m-1}) + p_{m-1}\sqrt{d}$$
$\sqrt{d}$ は無理数だから，両辺の $\sqrt{d}$ の係数部分同士，整数部分同士が等しくなるので，
$$p_{m-1} = q_m - a_0 q_{m-1} \tag{5.5.21}$$
$$dq_{m-1} = p_m - a_0 p_{m-1} \tag{5.5.22}$$
そこで，(5.5.21) 式 $\times p_{m-1}$ −(5.5.22) 式 $\times q_{m-1}$ を計算すると，
$$p_{m-1}^2 - d q_{m-1}^2 = (q_m - a_0 q_{m-1}) p_{m-1} - (p_m - a_0 p_{m-1}) q_{m-1}$$
$$= p_{m-1} q_m - p_m q_{m-1}$$
なので，これは命題 5.5.1 (iii) より $-(-1)^{m-1} = (-1)^m$ である． □

注9 証明は，例えば芹沢「数論入門」[10] 6-13, 6-14 を参照のこと．

第6章 座標が有理数である平面曲線上の点
―ディオファントス幾何のはじまり

第 5 章では，ディオファントス近似を通して**ディオファントス問題**，つまり方程式の整数解や有理数解を求めることを考えたが，本章では，**ディオファントス幾何**の考え方を紹介する．この分野では，何らかの幾何学的な性質を調べることでディオファントス問題の解決を試みる．

まずは，自然数を辺と持つような直角三角形を全て求める公式を，幾何学的に導き出すことから入り，次に楕円曲線の紹介をする．大変奥の深い分野であるが，本章では，1 次元の場合，つまり曲線に限定して，述べる．

6.1 ピタゴラス数を全て求めよう ― $x^2 + y^2 = 1$ の場合

まずは,フェルマーの最終定理の式を,$n = 2$ で考えてみる.つまり,

$$x^2 + y^2 = z^2$$

の整数解を考えたい.この式は見覚えがあるはずである.なぜなら,**ピタゴラスの定理**に登場するからで,直角三角形の 3 辺の長さ a, b, c は $a^2 + b^2 = c^2$ を満たすという主張であった.ここで,a と b は直角の角度を挟む 2 辺で,c は直角の角度と接しない,**斜辺**と呼ばれる辺である.図 6.1 にいくつか例を挙げた.

特に,3 辺の長さに分数や根号が現れない,つまり 3 辺とも自然数であるような直角三角形は古代から人々を魅了してきていて,このような a, b, c を**ピタゴラス数**と呼ぶ.別の言い方をすると,ピタゴラス数は,$x^2 + y^2 = z^2$ の自然数解である.実際には 3 つの数の組のことを指すので,ピタゴラス「数」というのはやや変な訳で,ピタゴラス「組」とでも呼ぶ方が適切な気もするが,「ピタゴラス数」という言葉が(日本語では)定着しているので[注1],本書でもピタゴラス数と呼ぶ.

ここで,素数のときも考えたように,「ピタゴラス数は無限個あるのか」とい

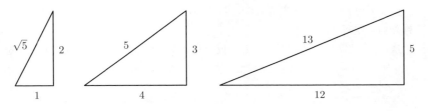

図 6.1　直角三角形

注1　英語では "Pythagorean triple" と,3 つの数の組であることが示唆される.

う疑問が湧く．ただ，これに対しては，いわば「抜け道」があって，1つのピタゴラス数，例えば $(3, 4, 5)$ から始めて，全てを n 倍すると，これもまた，ピタゴラス数になる：
$$(3n)^2 + (4n)^2 = (3^2 + 4^2)n^2 = (5n)^2.$$
よって，n に $1, 2, \ldots$ と自然数を次々に代入するだけで，無限個のピタゴラス数が作れてしまう．

しかし，これでは本質的に無限個作ったとは誰も思わないだろう．これは「自然数」が無限個ある，ということを言い換えているに過ぎず，「名実ともに」異なるピタゴラス数を無限個作ったとはとても言えない．そこで，

- a, b, c は自然数
- $a^2 + b^2 = c^2$
- a も b も c も割り切るような自然数は 1 のみ

の3条件を満たすとき，(a, b, c) を **既約ピタゴラス数**，あるいは **原始ピタゴラス数** と呼ぶことにして，「既約ピタゴラス数は無限個あるのか」という問題を考えてみる．先ほどの安直なピタゴラス数の作り方だと，n が an, bn, cn の共通の約数となるので，$n = 1$ のとき以外は既約ピタゴラス数ではない．したがって，この問題に変えると，本質的に違うピタゴラス数を構築する必要性がある．

既約ピタゴラス数についての主定理を証明する前に次の観察をする．

命題 6.1.1. (a, b, c) が既約ピタゴラス数のとき，a と b のうち片方が偶数で，片方が奇数である．

証明. a と b が両方偶数ならば，a^2 も b^2 も偶数なので，足し算をした結果である c^2 も偶数．すると，c が奇数であることがありえなくなるので，$\gcd(a, b, c)$ が最低でも 2 以上となり，既約でなくなる．したがって，a と b が両方偶数はありえない．

次に，a と b が両方奇数であると仮定しよう．つまり，ある自然数 k と ℓ を用いて，$a = 2k - 1$，$b = 2\ell - 1$ と書くことができる．すると
$$\begin{aligned} a^2 + b^2 &= (2k-1)^2 + (2\ell-1)^2 = 4k^2 - 4k + 1 + 4\ell^2 - 4\ell + 1 \\ &= 4(k^2 - k + \ell^2 - \ell) + 2 \end{aligned} \quad (6.1.1)$$
なので，c^2 を 4 で割ったときの余りは 2 である．しかし，c が奇数のときは，

c^2 も奇数となるので不適．また，c が偶数のときは，c^2 は 4 の倍数となってしまうので，4 で割ったときの余りは 0 であり，2 にはならない．いずれの場合も矛盾してしまうので，a と b が両方奇数というのもないことが示せた．□

命題 6.1.1 により，a と b の片方が偶数で片方が奇数だが，既約ピタゴラス数において a と b の役割は交換できるので，a が奇数，b が偶数であると仮定してよい．この設定のもと，本節の主定理を証明する．

定理 6.1.2. 既約ピタゴラス数は無限個存在する．より正確には，既約ピタゴラスを生成する公式がある：$s > t \geq 1$ を互いに素な自然数とし，s と t の片方が偶数でもう片方が奇数とすると，

$$(a, b, c) = (s^2 - t^2, 2st, s^2 + t^2) \tag{6.1.2}$$

は既約ピタゴラス数である．逆に，a が奇数で b が偶数となっている任意の既約ピタゴラス数は，ある自然数 s, t に対して (6.1.2) 式の形となり，このとき $\gcd(s, t) = 1$ かつ $s \not\equiv t \pmod{2}$ を満たす．

実際にこの公式を使ってみよう．s が奇数のときは s 未満の偶数で s と互いに素なものを t とし，s が偶数のときは s 未満の奇数で s と互いに素なものを t とすればよい．s が 6 以下の場合が表 6.1 である．

表 6.1 既約ピタゴラス数

s	t	a	b	c
2	1	3	4	5
3	2	5	12	13
4	1	15	8	17
4	3	7	24	25
5	2	21	20	29
5	4	9	40	41
6	1	35	12	37
6	5	11	60	61

この部分だけをみても分かる通り，$a < b$ の場合もあれば $a > b$ の場合もある．また，s の順番に並べても c（直角三角形の斜辺の長さ）が小さい順になるわけではないことも分かる．

本節では，ディオファントス幾何の例としてピタゴラス数をみていきたいので，幾何学的に定理 6.1.2 を証明する．素因数分解を使った代数的な証明は，余談 6.1.5 で後に紹介する．また，既約ピタゴラス数の別の公式については余談 6.1.4 で述べる．

定理 6.1.2 の証明. まず，(6.1.2) 式が既約ピタゴラス数であることを示す．ピタゴラス数であることは，

$$(s^2 - t^2)^2 + (2st)^2 = (s^4 - 2s^2t^2 + t^4) + 4s^2t^2 = (s^2 + t^2)^2$$

より明らかである．また，s と t の偶奇が異なるので，$s^2 - t^2$ は奇数であり 2 では割り切れない．次に，(6.1.2) 式の 3 つの数が全て奇数の素数 p で割り切れるとする．すると，$2st$ が p で割り切れることから，命題 1.2.1 より，s か t のどちらかが p で割り切れることになる．しかし，$s^2 + t^2$ も p で割り切れるので，もう片方も p の倍数となる．これは s と t が互いに素であることに矛盾する．したがって，(6.1.2) 式の 3 数全てを割り切る素数は存在しないので，既約ピタゴラス数であることが分かった．

逆に，既約ピタゴラス数が (6.1.2) 式の形で書けることを示すには，次の 2 段階を踏む：(1) 既約ピタゴラス数から，単位円上の有理数座標点を作れること，そして (2) 単位円上の有理数座標点を全て記述する方法があること，である．

まず (1) を示そう．$a^2 + b^2 = c^2$ の両辺を c^2 で割ると，

$$\left(\frac{a}{c}\right)^2 + \left(\frac{b}{c}\right)^2 = 1$$

となることから，$(\frac{a}{c}, \frac{b}{c})$ は単位円 $x^2 + y^2 = 1$ の上にある．しかも，この点は**第一象限**（xy 平面上のうち，x 座標も y 座標も正の部分）にある．これで，既約ピタゴラス数から，（第一象限内の）単位円上の有理数座標点を構築できた．

次に (2)「単位円上の第一象限有理数座標の点と有理数の対応」を示す．より正確に，次の補題を示す．これが定理 6.1.2 の証明の根幹である．

補題 6.1.3. 有理数 λ に対して，
$$\left(\frac{1-\lambda^2}{\lambda^2+1}, \frac{2\lambda}{\lambda^2+1}\right) \tag{6.1.3}$$
は単位円上の有理数座標の点となり，逆に単位円上の $(-1,0)$ 以外の有理数座標の点は，ちょうど 1 つの有理数 λ に対して (6.1.3) 式の形で書ける．また，第一象限内の点に対応するのは，このうち $0 < \lambda < 1$ の条件を満たす有理数である．

補題 6.1.3 の証明． まず，(6.1.3) 式が単位円の式，$x^2 + y^2 = 1$ を満たすことを示す：
$$\left(\frac{1-\lambda^2}{\lambda^2+1}\right)^2 + \left(\frac{2\lambda}{\lambda^2+1}\right)^2 = \frac{(1-\lambda^2)^2 + (2\lambda)^2}{(1+\lambda^2)^2}$$
$$= \frac{1 - 2\lambda^2 + \lambda^4 + 4\lambda^2}{(1+\lambda^2)^2} = \frac{1 + 2\lambda^2 + \lambda^4}{(1+\lambda^2)^2} = 1$$
より確認できた．

また，(6.1.3) 式の点が第一象限にあるためには
$$\frac{1-\lambda^2}{\lambda^2+1} > 0 \quad \text{かつ} \quad \frac{2\lambda}{\lambda^2+1} > 0$$
を満たす必要があるが，双方の分母 $\lambda^2 + 1 \geq 1 > 0$ なので，これは
$$1 - \lambda^2 > 0 \quad \text{かつ} \quad 2\lambda > 0$$
ということとなる．つまり，$0 < \lambda < 1$ が条件となる．

最後に，$(-1, 0)$ 以外の単位円上の有理点 (x_0, y_0) が，ある有理数 λ を用いて，(6.1.3) 式の形で書けることを示す．

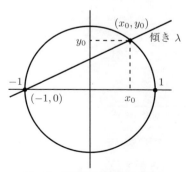

図 6.2 単位円上の有理数座標点

(x_0, y_0) と $(-1, 0)$ を結ぶ直線を書くと（ここで，$(x_0, y_0) \neq (-1, 0)$ という条件を使う），傾きは

$$\lambda = \frac{x_0 - (-1)}{y_0 - 0} = \frac{x_0 + 1}{y_0}$$

である．x_0 と y_0 が有理数である限り，自動的に λ も有理数となる．また，$(-1, 0)$ を通るという事実を使うと（つまり，$x = -1$ を代入したときに y の値が 0 でないといけない），この直線の方程式は

$$y = \lambda(x + 1)$$

であると分かる．さて，$(-1, 0)$ も (x_0, y_0) も，この直線上，および単位円上にもあるので，この両点は次の連立方程式を満たす：

$$y = \lambda(x + 1) \tag{6.1.4}$$
$$x^2 + y^2 = 1 \tag{6.1.5}$$

(6.1.4) 式を (6.1.5) 式の y に代入すると，

$$x^2 + (\lambda(x + 1))^2 = 1.$$

展開すると，

$$x^2 + \lambda^2(x^2 + 2x + 1) = 1 \implies (\lambda^2 + 1)x^2 + 2\lambda^2 x + (\lambda^2 - 1) = 0 \tag{6.1.6}$$

$(-1, 0)$ と (x_0, y_0) が，(6.1.4) 式と (6.1.5) 式を満たすということから，これらの点の x 座標である -1 と x_0 は (6.1.6) 式を満たす．2 次方程式の解と係数の関係より[注2]，

$$(-1) + x_0 = -\frac{2\lambda^2}{\lambda^2 + 1}.$$

これを解くと，

注2　$px^2 + qx + r = 0$ の方程式の解が α と β ならば，$px^2 + qx + r = p(x - \alpha)(x - \beta) = px^2 - p(\alpha + \beta)x + p\alpha\beta$ なので，$\alpha + \beta = -\frac{q}{p}$ となる．あるいは，(6.1.6) 式に根 $x = -1$ があることから，この式は $x + 1$ で割り切れることを利用して因数分解

$$(\lambda^2 + 1)x^2 + 2\lambda^2 x + (\lambda^2 - 1) = (\lambda^2 + 1) \cdot (x + 1)\left(x + \frac{\lambda^2 - 1}{\lambda^2 + 1}\right)$$

する方法や，2 次方程式の解の公式を使う方法もある．

$$x_0 = -\frac{2\lambda^2}{\lambda^2+1} + 1 = \frac{-2\lambda^2+\lambda^2+1}{\lambda^2+1} = \frac{1-\lambda^2}{\lambda^2+1}.$$

(x_0, y_0) は (6.1.4) 式の直線上にあるので,

$$y_0 = \lambda\left(\frac{1-\lambda^2}{\lambda^2+1}+1\right) = \lambda\left(\frac{1-\lambda^2+\lambda^2+1}{\lambda^2+1}\right) = \frac{2\lambda}{\lambda^2+1}.$$

これで $(-1,0)$ と結んだ直線の傾き λ を使って, (6.1.3) 式の (x_0, y_0) の式を得られた. 図 6.2 からも分かるように, $(-1,0)$ に近い下側の半円の点をとれば, λ の値は $-\infty$ に近づき, 下側の半円上を反時計まわりに動かしていくと, λ は大きくなり, 点 $(1,0)$ を通るときに傾きが 0 となる. そこから, 上側の半円上を反時計まわりに動かしていくと, λ の値は増加し, 点 $(-1,0)$ に近づくにつれて ∞ に近づいていく. このことから, λ の値は任意の有理数をとりうることが分かるので, 補題 6.1.3 の題意を全て示すことができた. □

さて, ここまでくれば定理 6.1.2 の証明はほぼ終了である. (1) より, 既約ピタゴラス数 (a,b,c) に点 $(\frac{a}{c}, \frac{b}{c})$ を対応させると, 単位円上の有理座標点となる. また, (2) より, 単位円上の有理座標点は (6.1.3) 式

$$\left(\frac{1-\lambda^2}{\lambda^2+1}, \frac{2\lambda}{\lambda^2+1}\right)$$

と書ける (λ は有理数). そこで, $\lambda = \frac{t}{s}$ を既約分数表示とし, この式に代入すると,

$$\begin{aligned}\frac{a}{c} &= \frac{1-(t/s)^2}{(t/s)^2+1} = \frac{s^2-t^2}{s^2+t^2} \\ \frac{b}{c} &= \frac{2(t/s)}{(t/s)^2+1} = \frac{2st}{s^2+t^2}\end{aligned} \qquad (6.1.7)$$

となる. ここで, s と t の片方が偶数, もう一方が奇数であることを示す. 両方偶数だとすると, $\gcd(s,t)=1$ に矛盾する. 両方奇数だとすると, $\frac{2st}{s^2+t^2}$ の分母も分子も 2 で割れるので, この既約分数表示である $\frac{b}{c}$ の分子 b は st の約数となる. しかし, st は奇数なので, b が偶数であることに矛盾する.

最後に,

$$\gcd(s^2-t^2, s^2+t^2) = \gcd(2st, s^2+t^2) = 1 \qquad (6.1.8)$$

を示す. s と t の片方が偶数で片方が奇数なので, s^2+t^2 は奇数であり, どちらの最大公約数も 2 では割り切れない. もし, s^2-t^2 と s^2+t^2 がどち

らも 3 以上の素数 p で割り切れたとすると，これらの足し算と引き算である $2s^2$ と $2t^2$ も p の倍数となる．すると，命題 1.2.1 より s と t も p で割り切れることになり，$\lambda = \frac{t}{s}$ が既約分数表示であることに矛盾する．これにより，$\gcd(s^2 - t^2, s^2 + t^2) = 1$ となる．また，$2st$ が 3 以上の素数 p で割り切れたとすると，s か t のどちらかが p で割り切れることになるが，さらに $s^2 + t^2$ も p の倍数だとすると，もう片方も p の倍数となってしまい $\gcd(s, t) = 1$ に矛盾する．よって，$\gcd(2st, s^2 + t^2) = 1$ も従い，(6.1.8) 式が示せた．つまり，(6.1.7) 式各行の両端が既約分数表示だと分かったので，

$$a = s^2 - t^2, \quad b = 2st, \quad c = s^2 + t^2$$

となり，定理 6.1.2 の主張を全て示せた． □

本節最後に，既約ピタゴラス数に関して，3 つの余談を述べる．

余談 6.1.4.
　a と b の役割は対称的なので，a を偶数，b を奇数として既約ピタゴラス数の公式を求めることもできる．しかしこの場合，(6.1.7) 式以降の議論が変わり，ピタゴラス数を生成する式もそれに応じて変わる．より具体的には，(6.1.8) 式の代わりが，

$$\gcd(s^2 - t^2, s^2 + t^2) = \gcd(2st, s^2 + t^2) = 2 \quad (6.1.9)$$

となり，s も t も互いに素な奇数で，

$$a = \frac{s^2 - t^2}{2}, \quad b = st, \quad c = \frac{s^2 + t^2}{2} \quad (6.1.10)$$

となる．(6.1.9) 式において，3 以上の公約数が登場しない理由は以前と同じであるが，今度は，s と t の偶奇が異なると仮定すると，$\frac{2st}{s^2 + t^2}$ の分母が奇数であることから，この分数を既約分数にしたものの分子は確実に偶数となる．これは b が奇数であることに矛盾するので，s も t も奇数となる．すると，(6.1.1) 式と同じ計算で，$s^2 + t^2$ は法 4 で 2 と合同となるので，4 では割り切れず (6.1.9) 式が得られる．よって，(6.1.7) 式の右端を既約分数表示した $\frac{a}{c}$，$\frac{b}{c}$ は (6.1.10) 式となることが分かる．

余談 6.1.5.
　本節では，幾何学的に既約ピタゴラス数の式を導いたが，素因数分解を利用して，代数的に導く方法もある．(a, b, c) を a を奇数，b を偶数とした既約ピタゴラス数とする．すると，$a^2 + b^2 = c^2$ を変形すると，
$$b^2 = c^2 - a^2 = (c-a)(c+a). \tag{6.1.11}$$
ここで，c も a も奇数なので，$c-a$ も $c+a$ も偶数である．このとき，
$$\gcd\left(\frac{c-a}{2}, \frac{c+a}{2}\right) = 1$$
である．なぜならば，もし素数 p（ここでは 2 も含める）でどちらも割り切れたとすると，2 項の足し算することで c が，2 項の引き算をすることで a が，p の倍数となってしまい，結果的に b も p の倍数となるので，矛盾するからである．そこで，(6.1.11) 式の両辺を 4 で割ると，
$$\left(\frac{b}{2}\right)^2 = \frac{c-a}{2} \cdot \frac{c+a}{2}$$
となる．左辺は平方数なので，素因数分解に登場する各素数が偶数べきだが，右辺の 2 項の間に共通の約数がないので，この偶数べき全体が右辺のどちらか一方の素因数分解に完全に含まれる．したがって，右辺のどちらの項も平方数となる．そこで，$\frac{c-a}{2} = t^2$, $\frac{c+a}{2} = s^2$ とおくと，$a = s^2 - t^2$, $b = 2st$, $c = s^2 + t^2$ となり，(6.1.2) 式と一致する．

余談 6.1.6.

さて,それでは 2 次方程式には必ず本質的に異なる無限個の整数解があるのだろうか? $a^2 + b^2 = 3c^2$ を考えてみる.(a, b, c) が $\gcd(a, b, c) = 1$ を満たす整数解だとする.もし,a も b も 3 の倍数ならば,$a^2 + b^2$ は 9 の倍数となり,したがって,$3c^2$ が 9 の倍数であることから,c^2 が 3 の倍数となる.つまり,c が 3 の倍数となり,$\gcd(a, b, c)$ は少なくとも 3 となってしまい矛盾する.しかし,a か b のいずれかが 3 の倍数でないとすると,

$$0^2 = 0, \quad 1^2 = 1, \quad 2^2 = 4 \equiv 1 \pmod{3}$$

であることより,$a^2 + b^2$ は法 3 で $0 + 1 = 1$ か $1 + 1 = 2$ に合同となってしまい,右辺の $3c^2$ と整合性がとれない.この議論より,$a^2 + b^2 = 3c^2$ には整数解がないことが分かる(もし,$a^2 + b^2 = 3c^2$,かつ $\gcd(a, b, c) = d$ ならば,

$$\left(\frac{a}{d}\right)^2 + \left(\frac{b}{d}\right)^2 = 3\left(\frac{c}{d}\right)^2$$

となり,$\gcd(\frac{a}{d}, \frac{b}{d}, \frac{c}{d}) = 1$ なので,互いに素な解も作れることになる).

この式の場合,対応する平面曲線は,半径 $\sqrt{3}$ の円 $x^2 + y^2 = 3$ である.一般の円や楕円でも,定理 6.1.2 の証明方法,つまり,「1 つの固定された点から有理数の傾きの直線を書いて,その直線がもう一度円や楕円とぶつかる点の座標を計算することで,円や楕円の有理数座標点を書き表す」という手法はうまくいきそうなものだが,$x^2 + y^2 = 3$ の場合,何がうまくいかないのだろうか?

答えは,「そもそも最初の『固定した 1 つの点』がとれない」ということである.$x^2 + y^2 = 3z^2$ に整数解がないので,半径 $\sqrt{3}$ の円上には,有理数座標の点が 1 つもない.よって,定理 6.1.2 で使った $(-1, 0)$ のような点がない.この点を有理数座標にとらない限り,もう 1 つの有理数座標点と結ぶ直線の傾きは有理数にならないので,「最初の有理数座標点があるか」が肝心である.

逆に言えば,有理数座標を持つ「最初の 1 点」さえあれば,そこから有理数の傾きの直線を引いていくという定理 6.1.2 の証明方法は,一般の円や楕円(同じく 2 次なので,放物線や双曲線でもよい)でも使え,有理数座標点は,有理数の数だけ(つまり無限個)あることになる.つまり,3 変数で全ての項の次数がちょうど 2 次であるような方程式の整数解は,「1 つもない」か「無限個ある」のどちらかになる.無限個ある場合は,1 つの点さえ具体的に書ければ,その点から有理数の傾きの直線を引いて,もう一度曲線とぶつかる点を,解と係数の関係,あるいは 2 次方程式の因数分解や解の公式を使って求めることで,(6.1.2) 式のような解の公式が書ける.

6.2
曲線がなめらかでないと
─平面3次曲線が特異点を持つとき

前節では,単位円 $x^2+y^2=1$ という平面上の2次曲線上の有理数座標点について分析した.それでは,次数を1つ上げて,平面3次曲線はどうなのだろうか? 一般的には,これはずっと難しい問題となる.この節では,特殊な状態の2つの具体例を命題として扱う.これらは,幾何学的に「特異点」という特別な点を持っている.たいていの平面3次曲線は特異点を持たず,この場合は楕円曲線と呼ばれ,次節で詳しく調べる.まずは,次の例である.

> **命題 6.2.1.** 有理数 λ に対して,
>
> $$(\lambda^2 - 1, \lambda^3 - \lambda) \tag{6.2.1}$$
>
> は平面曲線 $y^2 = x^3 + x^2$ 上の有理数座標点となり,逆に,この曲線上の $(0,0)$ 以外の有理数座標点は,ちょうど1つの有理数 λ に対して (6.2.1) 式の形で書ける.特に,この曲線上には,無限個の有理数座標点がある.

この曲線を描くと図 6.3 のようになる.このグラフのイメージをつかむには次のように考えればよい.まず,3次関数 $f(x) = x^3 + x^2 = x^2(x+1)$ のグラフを考える.x が 0 と -1 のときにこの関数の値は 0 である.また,x^2 は常に 0 以上なので,$x+1$ が正か負かによって,$f(x)$ の符号も決まる.つまり,$x \leq -1$ のとき $f(x) \leq 0$ であり,$x \geq -1$ のとき $f(x) \geq 0$ である.したがって,$y^2 = x^3 + x^2$ のグラフは,$x \geq -1$ の部分だけであり,x 軸を軸として上下対称となる.また,$x = 0$ で一度 $y = 0$ をとった後は,x を大きくするとどんどん $f(x)$ の値は大きくなるので,y 座標が正の部分と負の部分の2枝がどんどん離れていく.このような分析から,図 6.3 が得られる.

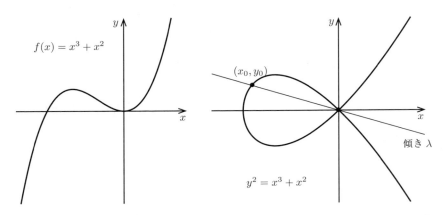

図 6.3　$y^2 = x^3 + x^2$：結節点を持つ場合

証明. まず，(6.2.1) 式の点が曲線 $y^2 = x^3 + x^2$ 上にあることは，

$$(\lambda^3 - \lambda)^2 = \lambda^2(\lambda^2 - 1)^2$$
$$(\lambda^2 - 1)^3 + (\lambda^2 - 1)^2 = (\lambda^2 - 1)^2((\lambda^2 - 1) + 1) = \lambda^2(\lambda^2 - 1)^2$$

より確認できる．

逆に，この曲線上の有理数座標点が全て (6.2.1) 式の形で書けることを示すには，定理 6.1.2 の証明方法，より正確には補題 6.1.3 の証明方法を模倣する．この曲線上の $(0,0)$ 以外の有理数座標点を (x_0, y_0) とおく．$x_0 = 0$ とすると，$y_0^2 = x_0^3 + x_0^2$ より $y_0 = 0$ となり，$(x_0, y_0) \neq (0, 0)$ という仮定に矛盾するので，$x_0 \neq 0$ である．そこで，$(0,0)$ と (x_0, y_0) を結ぶ直線を，図 6.3 のように描くと，この傾き λ は $\frac{y_0}{x_0}$ なので，有理数となる．$(0,0)$ を通るので，この直線の方程式は $y = \lambda x$ であり，この直線と曲線 $y^2 = x^3 + x^2$ の交点の x 座標を求めるには，$y = \lambda x$ の式を曲線の方程式に代入すればよいので，

$$(\lambda x)^2 = x^3 + x^2 \implies x^3 + (1-\lambda^2)x^2 = x^2(x + (1-\lambda^2)) = 0.$$

補題 6.1.3 の単位円の場合と違って，方程式が 3 次となっているが，$x = 0$ が二重解となっているので，$x = 0$ 以外の解は $x = \lambda^2 - 1$ の 1 つだけである．したがって，$x_0 = \lambda^2 - 1$，そしてこれを直線の式 $y = \lambda x$ に代入して，$y_0 = \lambda(\lambda^2 - 1) = \lambda^3 - \lambda$ となる．これで，(6.2.1) 式を得られた．$(x_0, y_0) \neq (0, 0)$ なので，結果として $\lambda \neq \pm 1$ となる．

異なる λ に対して，(6.2.1) 式が違う点になることは，実はこの証明ですで

に示している．なぜならば，λ は曲線上の有理数座標点と原点を結ぶ直線の傾きであり，2 つの点を結ぶ直線はただ 1 つに決まるので，同じ点が異なる λ に対応することはありえないからである．ただ，式からも示すことができる：(6.2.1) 式の x 座標が等しいときは，$\lambda_1^2 - 1 = \lambda_2^2 - 1$ となるので，$\lambda_1 = \pm\lambda_2$ となるが，さらに y 座標も等しいとなると，y 座標はそれぞれ x 座標の λ_1 倍，λ_2 倍なので，x 座標が非零である限り，符号も一致するからである． □

同じような議論が使えるもう 1 つの例が，次の命題である．

命題 6.2.2. 有理数 λ に対して，

$$(\lambda^2, \lambda^3) \tag{6.2.2}$$

は平面曲線 $y^2 = x^3$ 上の有理数座標点となり，逆に，この曲線上の有理数座標点は，ちょうど 1 つの有理数 λ に対して (6.2.2) 式の形で書ける．特に，この曲線上には，無限個の有理数座標点がある．

この曲線を描くと図 6.4 のようになる．このグラフのイメージをつかむには，次のように考える．$f(x) = x^3$ は，$x \leq 0$ で 0 以下，$x \geq 0$ で 0 以上となる単調増加関数なので，$y^2 = x^3$ は $x \geq 0$ の部分にのみある．図 6.4 の左側をみると，$f(x) = x^3$ のグラフ上で右から原点へ向かっていくと，突き出た形となっているので，このグラフの平方根をとってもこの突き出している状態は変わらず，し

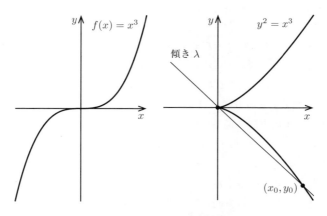

図 6.4　$y^2 = x^3$：尖点を持つ場合

たがって，x 軸を軸に上下対称になるようにして，$y^2 = x^3$ のグラフを描くと，図 6.4 の右側のようにとがったグラフができ上がる．

証明． (6.2.2) 式の点が曲線 $y^2 = x^3$ 上にあることは，
$$(\lambda^3)^2 = (\lambda^2)^3$$
より確認できる．逆に，(x_0, y_0) が，$(0,0)$ 以外の $y^2 = x^3$ 上の有理数座標点としよう．$x_0 = 0$ だとすると，$y_0^2 = x_0^3$ より，$y_0 = 0$ となり，$(x_0, y_0) = (0,0)$ となるので矛盾する．$x_0 \neq 0$ とすると，原点と (x_0, y_0) を結ぶ直線の傾き $\lambda = \frac{y_0}{x_0}$ は有理数となり，この直線の方程式は $y = \lambda x$ と書ける．$x_0 \neq 0$ のときは，$y_0 \neq 0$ でもあるので，$\lambda \neq 0$ である．この直線の方程式を曲線の方程式 $y^2 = x^3$ に代入すると，
$$(\lambda x)^2 = x^3 \implies x^3 - \lambda^2 x^2 = x^2(x - \lambda^2) = 0.$$
したがって，直線と曲線の交点の x 座標は 0 か λ^2 となる．元々，$x_0 \neq 0$ であったため，$x_0 = \lambda^2$ が導ける．すると，もう一度直線の方程式に代入すると，$y_0 = \lambda x_0 = \lambda^3$ となり，(6.2.2) 式が導けた．ここまでの議論は，$\lambda \neq 0$ であったが，(6.2.2) 式の式に $\lambda = 0$ を代入すると，ちょうど原点となるので，λ を全ての有理数として (6.2.2) 式が実は使える．

命題 6.2.1 のときと同様，λ は曲線上の有理数座標の点と原点を結んだ直線の傾きなので，異なる λ において (6.2.2) 式が同じ点を表すことはない．ただ，もっと直接的な議論もできて，(6.2.2) 式の y 座標に着目すると，実数 λ_1, λ_2 に対して $\lambda_1^3 = \lambda_2^3$ ならば，$\lambda_1 = \lambda_2$ となることからも分かる． □

さて，図 6.3 と図 6.4 をあらためてみてみると，どちらにおいても，原点が他の点と見た目が違う．図 6.3 においては，原点でだけ，曲線が自己交叉している．つまり，曲線上を例えば右上から，方向を極端に変えることなくたどっていくと，原点を通ってまず左下の方向へいき，その後 y 軸の左側を時計回りにまわって，今度は原点を右下の方向へ通っていくことになり，原点だけ 2 回通る．図 6.4 においては，原点でだけ曲線がとがっている．曲線上を右上からたどっていくと，原点につくまでは方向はなめらかに変わっていく．しかし，原点の手前では左向き（x 軸の負の方向）に水平だったのにもかかわらず，原点を少しでも過ぎると突然，右向き（x 軸の正の方向）に水平となってしまい，原点のまわりでは，方向を徐々に変えながら曲線をたどっていく方法がない．

図 6.4 について，もう 1 つの考え方も述べておこう．$y^2 = x^3 + cx^2$ のグラフを書くと，$c > 0$ である限り，c がどんなに小さくても図 6.3 の形となる．x 軸とぶつかるのが $x = 0, -c$ なので，c を正で保ちながらどんどん小さくしていくと，y 軸の左側にある輪の形がどんどん小さくなっていく．そしてついに $c = 0$ とすると，この輪が完全になくなってしまい，それを図 6.4 と捉えることもできる．この考え方だと，図 6.4 は，「図 6.3 をさらに悪化させた特別な状況」ともみることができる．

このように，自己交叉している点，または，ゆるやかな方向の変化をしながら曲線上をたどることができない点のことを，**特異点**という．そして，特異点を持たない曲線のことを**非特異曲線**，あるいは**なめらかな曲線**という．平面 3 次曲線の場合，特異点は最大でも 1 点だけであり，また，特異点の種類も図 6.3 のように 2 方向に曲線上をたどれるような点（**結節点**という）があるか，図 6.4 のようなとがっているような点（**尖点**という）があるか，のどちらかであることが知られている．したがって，特異点を持つ平面 3 次曲線の場合は，命題 6.2.1 や命題 6.2.2 のように，有理数座標点を全て記述する公式を求めることができる．この場合，特異点を通るような直線を考えると，特異点が直線の式と曲線の式の重根となるので，残りの解はあと 1 つに定まり，前節の 2 次曲線の場合と同じような議論が必ずうまくいくのである．ただ，これらの事実を逐一証明するには，代数幾何学と呼ばれる分野が必要となるので，本書ではこの記述だけにとめておこう．

6.3 平面3次曲線がなめらかだと——楕円曲線

$f(x) = x^3 + ax^2 + bx + c$ を3次関数とする.複素数上では,**代数学の基本定理**という定理[注1]が知られているので,ある複素数 α, β, γ に対して,$f(x) = (x-\alpha)(x-\beta)(x-\gamma)$ と書くことができる.この α, β, γ が全て異なるとき,つまり,$f(x) = 0$ の根が複素数上で3個あるとき,平面上の曲線 $y^2 = f(x)$ のことを**楕円曲線**という.また,方程式 $y^2 = f(x)$ のことを**ワイエルシュトラス式**という.前節と同じように,まず $f(x)$ のグラフを書いてから,それが正の値を持つところに限定して,x 軸を軸に上下対称になるように描くと,楕円曲線のグラフが描ける.

$f(x) = 0$ に実数解が3個ある場合(図6.5)は,小さい順に根を α, β, γ とすると,α と β の間および x が γ より大きいとき $f(x)$ の値は正となるので,この正負の平方根をとることで楕円曲線が現れる.つまり,2つの部分に楕円曲線が分かれる.

これに対し,$f(x) = 0$ に実数解が1個の場合(図6.6)は,その解より大きい x でのみ $f(x)$ の値が正なので,そこにだけ楕円曲線が存在する.よって1つのつながった曲線として楕円曲線が見える[注2].

6.2 節で扱った式 $y^2 = x^3 + x^2$ の場合は右辺の方程式 $x^3 + x^2 = 0$ の根が0(重根)と -1,また $y^2 = x^3$ の場合は $x^3 = 0$ の根が0のみ(三重根)となっているので,これらは3次式で定義された平面曲線ではあるものの,楕円曲線ではない.実は 6.2 節の場合の方が特殊で,ランダムに3次式を選んだら,普通は重根を持たないので,楕円曲線となる.

241ページの余談 6.3.9 で述べるように,$f(x) = 0$ に(複素数上で)異なる

[注1] n 次の複素多項式には,重複度も含めると n 個の複素数根がある,と主張する.
[注2] この2種類の差は,実数上でグラフを書くから起きる差であり,複素数上でみるとこのような差異はない.$x^3 - 6x^2 + 10x = x(x-(3+i))(x-(3-i))$ である.

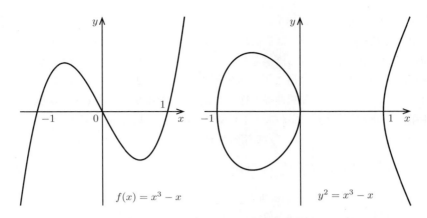

図 6.5　$f(x)$ に実数根が 3 個ある場合の楕円曲線

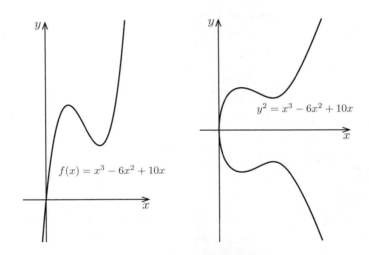

図 6.6　$f(x)$ に実数根が 1 個ある場合の楕円曲線

3 個の解があるとき，$y^2 = f(x)$ のグラフは非特異曲線，つまりなめらかな曲線となる．したがって，前節で行ったように，特異点を通るような直線を書いて，有理数座標点の座標を求めることはできない．楕円曲線には，有理数座標点の公式もなく，有理数座標点がまったくない楕円曲線もあれば，少しだけ（有限個）あるもの，無限個あるもの，と様々なことが起こりうる．

このように書くと楕円曲線の有理数座標点に関しては何のパターンや構造もないように思えるかもしれない．実際はそうではなく，楕円曲線は見事な構造を

持っており，それが本節のテーマである．

2次曲線や特異点を持つ3次曲線の場合は，1つの点（特異点をもつ3次曲線の場合は，特異点）を通る直線を考えて，その直線がもう1か所だけ曲線とぶつかる点を考えた．つまり，このような直線が，曲線と2か所で交わることを利用している．同じことを楕円曲線で行うとどうなるだろうか？ 図 6.7 をみると，楕円曲線と直線は，3点で交わるか1点で交わるように思える．具体例として，例えば，2つの部分に分かれている楕円曲線 $y^2 = x^3 - 10x$ を考えよう．代入

$$0^2 = 0^3 - 10 \cdot 0, \quad (-3)^2 = (-1)^3 - 10 \cdot (-1), \quad 30^2 = 900 = 10^3 - 10 \cdot 10$$

より，$(0,0)$, $(-1,-3)$, $(10,30)$ がこの曲線の上にあることが確認できる．また，これら3点は，直線 $y = 3x$ 上でもある．つまり，曲線と直線の交点が3点ある．これに対し，直線 $y = 2x + 10$ を描くと，$(10, 30)$ は曲線上にも直線上にもあるものの，他には曲線とこの直線に交点がないように見える．しかし，これは実数部分しかグラフに描けないことに由来するものであり，点 $(-3 \pm i, 4 \pm 2i)$ を考えてみると（複合同順），

$$\underbrace{4 \pm 2i}_{y} = 2\underbrace{(-3 \pm i)}_{x} + 10$$

$$(\underbrace{4 \pm 2i}_{y})^2 = (16 - 4) \pm 16i$$

$$\underbrace{(-3 \pm i)}_{x}^3 - 10\underbrace{(-3 \pm i)}_{x} = (-27 - 3(-3)) \pm 27i \mp i + (30 \mp 10i) = 12 \pm 16i$$

という計算で，この2点が直線上にも楕円曲線上にもあることが分かる．つまり，この場合も，複素数まで広げれば交点が3点ある．一般の楕円曲線と直線の場合でもこれが言え，次の命題が成り立つ．

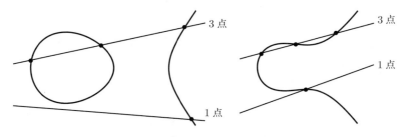

図 6.7 直線と楕円曲線は，3点か1点で交わる

命題 6.3.1. $f(x) = x^3 + ax^2 + bx + c$, $y^2 = f(x)$ を楕円曲線 E とし，直線 $y = \lambda x + \mu$ を考える．このとき，複素数座標まで考えれば，E と直線の交点は，ほとんどの場合で 3 個ある．特殊な位置の直線の場合，2 個以下となることもあるが，このときは，直線が 1 つの交点での E の接線となっている．

この命題より，接線という特殊な位置に直線がない限り，直線と楕円曲線の交点が（複素数上で）3 個あることになったので，2 次曲線や特異 3 次曲線のときのようなやり方では有理数座標点を求めることができないことが分かる．まずはこの命題を証明し，その後で，楕円曲線の有理数座標点をどう分析するか考えていこう．

証明． 楕円曲線と直線の交点は，$y^2 = f(x)$ と $y = \lambda x + \mu$ の両方の式を満たすから，直線の式を楕円曲線の式に代入して，

$$(\lambda x + \mu)^2 = f(x) \iff \lambda^2 x^2 + 2\lambda\mu x + \mu^2 = f(x),$$

つまり
$$x^3 + (a - \lambda^2)x^2 + (b - 2\lambda\mu)x + (c - \mu^2) = 0 \qquad (6.3.1)$$

を満たすはずである．逆に，この方程式を満たす x_0 に対して，$y_0 = \lambda x_0 + \mu$ とおけば，自動的に直線の方程式も楕円曲線の方程式も満たすことになるので，交点となる．代数学の基本定理（222 ページ）より，複素数上では，3 次方程式には 3 個の解があることから，交点の数は基本的に 3 個だと分かった．

ただし，方程式が重解を持つことがありうる．このときは，解の個数は 3 個ではなく，2 個以下となる．重解というのは，本来 2 個以上に分かれていた解がどんどん近づいていって最終的に重なることである．つまり，重解を持つような状況から λ や μ を少し動かすと重解ではなくなる．これをグラフでみると，重解を持つ状況から少し直線をずらすと交点が 2 つに分かれるということだから，逆に言えば，重解の状態は，図 6.8（次のページ）のように，直線と曲線の 2 か所の交点がどんどん近づいていって重なる状態のこととなる．これがまさに，接線の定義である：点 P での曲線への接線とは，P と P の近くの曲線上の点 Q を結ぶ直線を書いていき，Q を P にどんどん近づけたときに得られる直線のことである．

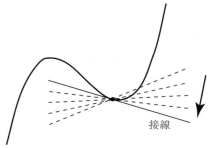

図 6.8 曲線の接線とは

これで，一般には楕円曲線と直線の交点の個数が（複素座標まで許せば）3 であること，また，交点の数がこれより少ないときは，直線が 1 つの交点での接線であることを幾何学的に示せた． □

重根のときは接線となっている事実を，グラフに訴えて示したが，もし複素数上においてこのような議論をすることに抵抗があるようだったら，代数的に式で示していく方法もある．後の余談 6.3.9 でも似たような議論を使うので，以下，この別証明を 229 ページまで紹介する．まず，より一般的に次の 2 つの補題を証明しよう．

補題 6.3.2. 方程式 $g(x) = c_n x^n + \cdots + c_1 x + c_0 = 0$ に重根 α があるのであれば，$g(\alpha) = g'(\alpha) = 0$ を満たす．逆に，$g(\alpha) = g'(\alpha) = 0$ を満たすような α は，方程式 $g(x) = 0$ の重根である．

証明. 代数学の基本定理（222 ページ）より，複素数上では方程式の根が次数分あるので，もし α が $g(x) = 0$ の重根ならば，ある複素数 $\alpha_3, \ldots, \alpha_n$ を用いて

$$g(x) = c_n (x - \alpha)(x - \alpha)(x - \alpha_3) \cdots (x - \alpha_n)$$
$$= c_n \underbrace{(x - \alpha)^2} \underbrace{(x - \alpha_3) \cdots (x - \alpha_n)}$$

と書くことができる（α が三重根以上のときは，α_3 から α_n の中にも α と等しいものがあることになる）．すると，積の微分の法則から，

$$g'(x) = c_n \cdot 2(x - \alpha) \cdot (x - \alpha_3) \cdots (x - \alpha_n)$$
$$+ c_n (x - \alpha)^2 \cdot \frac{d}{dx}\Big((x - \alpha_3) \cdots (x - \alpha_n)\Big)$$

となるので，どちらの項にも $x - \alpha$ があることに着目すると，$g'(\alpha) = 0$ が分かる（後半の項の微分は具体的に計算する必要がない）．これで，$g(\alpha) = g'(\alpha) = 0$ が示せた．

逆向きは背理法で示す．つまり，$g(\alpha) = g'(\alpha) = 0$ を満たす α が，$g(x) = 0$ の重根ではないと仮定しよう．$g(\alpha) = 0$ なので，$g(x)$ は $x - \alpha$ で割り切れるが，重根ではないと仮定しているので，α とは異なる $\alpha_2, \ldots, \alpha_n$ が存在して，

$$g(x) = c_n (x - \alpha) \underbrace{(x - \alpha_2) \cdots (x - \alpha_n)}_{h(x)}$$

と書ける．すると，

$$g'(x) = c_n h(x) + c_n (x - \alpha) h'(x)$$

となるので，$g'(\alpha) = c_n h(\alpha)$．しかし，$\alpha_2, \ldots, \alpha_n$ は α と異なるので，

$$h(\alpha) = (\alpha - \alpha_2) \cdots (\alpha - \alpha_n) \neq 0.$$

よって，$g'(\alpha) \neq 0$ となり，仮定に矛盾する．したがって，α は $g(x) = 0$ の重根である． □

補題 6.3.3. 曲線 $y^2 = g(x)$ 上に点 (α, β) があるとし，$\beta \neq 0$ とする．このとき，(α, β) におけるこの曲線の接線は

$$y = \frac{g'(\alpha)}{2\beta}(x - \alpha) + \beta \tag{6.3.2}$$

である．

関係式が $y^2 = g(x)$ でなく，「$y = $」$g(x)$ であったら，高校の数学で学ぶように，接線の傾きは微分 $g'(x)$ で与えられる．今の場合は，「$y^2 = $」なので厳密には，$y$ は x の関数ではない．x を1つ決めると，y の値として正と負と両方出てきてしまうからである．これを乗り切る方法は，2つある．関数ではないが y は x の**陰関数**，つまりその点のまわりでは x による何らかの関数になっている，と捉える方法と，正真正銘の関数になるように，$y = \pm\sqrt{g(x)}$ としてみる方法．双方の証明を述べる．

証明． まずは「陰関数の微分」を使う方法である．y を (α, β) のまわりでだけ定義できる x の関数とし，$y^2 = g(x)$ という関係式を満たしているとする．すると，接線の傾きは微分 $\frac{dy}{dx}$ を点 (α, β) で評価したものになる．そこで，関係式 $y^2 = g(x)$ の両辺を x で微分してみる．y が x の関数なので，y^2 を x

で微分する際には合成関数の微分法を使う必要があることを思い出すと，
$$2y\frac{dy}{dx} = g'(x).$$
よって，$\beta \neq 0$ の仮定を使うと，点 (α, β) における $\frac{dy}{dx}$ の値は $\frac{g'(\alpha)}{2\beta}$ となる．接線の方程式に $x = \alpha$ を代入すると値が β になるので，(6.3.2) 式となる．

次に，陰関数の微分を使わない方法である．$\beta > 0$ ならば点 (α, β) のまわりで曲線の式は $y = \sqrt{g(x)}$，$\beta < 0$ ならば点 (α, β) のまわりで曲線の式は $y = -\sqrt{g(x)}$ であることを使う（仮定により $\beta = 0$ ではないことに注意）．このようなグラフの接線の傾きは，右辺の微分で求めることができるので，

- $\beta > 0$，つまり $\beta = \sqrt{g(\alpha)}$ での傾き：
$$\left.\frac{d}{dx}\sqrt{g(x)}\right|_{x=\alpha} = \left.\frac{g'(x)}{2\sqrt{g(x)}}\right|_{x=\alpha} = \frac{g'(\alpha)}{2\sqrt{g(\alpha)}} = \frac{g'(\alpha)}{2\beta}$$

- $\beta < 0$，つまり $\beta = -\sqrt{g(\alpha)}$ での傾き：
$$\left.-\frac{d}{dx}\sqrt{g(x)}\right|_{x=\alpha} = \left.\frac{-g'(x)}{2\sqrt{g(x)}}\right|_{x=\alpha} = \frac{g'(\alpha)}{-2\sqrt{g(\alpha)}} = \frac{g'(\alpha)}{2\beta}$$

となり，どちらの場合も傾きは $\frac{g'(\alpha)}{2\beta}$ となることが分かる．後は前段落と同じである． □

命題 6.3.1 の後半部分の代数的証明． (6.3.1) 式に重根があると，直線が曲線 $y^2 = f(x)$ の接線となることを代数的に示す．(6.3.1) 式
$$x^3 + (a - \lambda^2)x^2 + (b - 2\lambda\mu)x + (c - \mu^2) = 0$$
は，元々
$$(\lambda x + \mu)^2 = f(x) \tag{6.3.3}$$
からくるもので，これに重根 α があるということは，補題 6.3.2 より，
$$(\lambda x + \mu)^2 = f(x) \quad \text{かつ} \quad \frac{d}{dx}\big((\lambda x + \mu)^2\big) = f'(x) \tag{6.3.4}$$
に共通の根 $x = \alpha$ があるということである．つまり，
$$(\lambda\alpha + \mu)^2 = f(\alpha) \quad \text{かつ} \quad 2\lambda(\lambda\alpha + \mu) = f'(\alpha). \tag{6.3.5}$$
そこで，$\lambda\alpha + \mu$ を β とおく．もし，$\beta = 0$ ならば，(6.3.3) 式，および (6.3.5) 式の 2 番目の式より，$f(\alpha) = f'(\alpha) = 0$ となる．すると，補題 6.3.2 より，$f(x) = 0$ に重根 α があることになるので，$y^2 = f(x)$ が楕円曲線であるという仮定に矛盾する．

したがって，$\beta \neq 0$ である．直線 $y = \lambda x + \mu$ は点 (α, β) を通り，(6.3.5) 式

の 2 番目の式を 2β で割ると，
$$\lambda = \frac{f'(\alpha)}{2(\lambda\alpha + \mu)} = \frac{f'(\alpha)}{2\beta}$$
となるので，補題 6.3.3 より，$y = \lambda x + \mu$ が，(α, β) における楕円曲線の接線だと分かる． □

命題 6.3.1 により，楕円曲線と直線 $y = \lambda x + \mu$ は，複素数座標まで考えると重複度を含めて 3 点で交わり，相異なる点の個数が 2 以下の場合は，必ず接線となっていることが示せた．しかし，$y = \lambda x + \mu$ の形で書けない直線が実は平面上にある：y の係数として 1 をとってしまっているので，$x = \mu$ 型の縦の直線が扱えていない（$\lambda = 0$ を選ぶことはできるので，$y = \mu$ 型の水平な直線は扱えている）．

それでは，$x = \mu$ 型の直線と楕円曲線の交点はどのようになっているのだろうか？$y^2 = f(x)$ と $x = \mu$ の交点なので，代入すると，$y^2 = f(\mu)$ を満たすような y 座標を持つ点が，$x = \mu$ と楕円曲線の交点となる．つまり，交点は複素数上では基本的に 2 個で，$f(\mu) = 0$ のときだけ，正と負の平方根が一致してしまうので，1 個となる．$f(\mu) = 0$ のときは交点の y 座標は 0 となり，補題 6.3.3 の公式から，接線の傾きは ∞ となるので，まさに $x = \mu$ がこの点での曲線の接線となる．

つまり，$x = \mu$ 型のときは，直線との交点の数が普通は 2 点，接線のときは 1 点と，$y = \lambda x + \mu$ 型の直線のときと比べてそれぞれ 1 点ずつ少ない．これはなぜなのだろうか？実は，楕円曲線には本来，$y^2 = f(x)$ 上の点のほかに，もう 1 点，**無限遠点**と呼ばれる点が含まれる．この点のイメージは図 6.9（次のページ）のように，xy 平面の上の方の点で，この楕円曲線や，また，どの縦型の直線も必ず通ると想像すればよい．遠近法で絵を描くと遠くが 1 点に集約されるが，そういう印象である．より精密な無限遠点の描写は余談 6.3.7 で述べる．

無限遠点も含めて考えると，縦型の直線 $x = \mu$ の上にこの無限遠点があるので，楕円曲線との第 3 番目の交点（接線の場合は第 2 番目の交点）として，この無限遠点があることになる．このようにすれば，全ての直線を統一的に扱うことができ，必ず交点が 3 個（2 個以下のときは接線）となる．

さて，そもそも直線との交点を考察した理由は，定理 6.1.2・命題 6.2.1・命題 6.2.2 のときのように，有理数座標点の公式を楕円曲線の場合にも求めたかったからであった．しかし，必ず 3 個の交点を持つことが分かってしまったので，以前のように，1 つの点を固定してその点を通る直線を引くと，もう 2 つ交点が出てきてしまう．その 2 つの新しい交点が有理数座標になる保証もない．

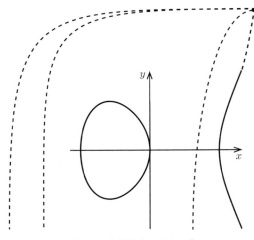

図 6.9　無限遠点のイメージ

　実際，224ページの例では，楕円曲線 $y^2 = x^3 - 10x$ 上の有理数座標点 $(10, 30)$ を通る直線 $y = 2x + 10$ を考えると，この直線と楕円曲線との残り 2 つの交点は複素数座標であった．

　では，楕円曲線の有理数座標点を調べる方法はないのだろうか？ 実は，「直線との交点が必ず 3 個」というのを上手に使う方法がある．以前の単位円のときや特異点を持つ 3 次曲線のときは，直線との交点の数が 2 個だったため，「1 つの点」を固定すると，残りの交点が 1 つになったのだから，交点が 3 点ある楕円曲線の場合は，直線との交点を「2 点」あらかじめ与えれば，残りの交点が 1 つに定まる．つまり，楕円曲線上の 2 つの点を指定すれば，その 2 点を通る直線と楕円曲線があともう 1 回どこかで交わるはずなので，始めに与えられた 2 点の関数として，3 点目の楕円曲線の点が作れることになる．

　2 個の入力（楕円曲線上の点）から，1 つの出力（再び楕円曲線上の点）が出る，という仕組みはある種の「**演算**」である．図 6.10（次のページ）にあるように，演算とは，例えば足し算，掛け算のように，2 個の入力から 1 個の出力を出す，いわば機械みたいなものである．

　したがって，直線と楕円曲線の交点が 3 個であることを利用して，楕円曲線上の演算を作れることが分かる．

　実際には，この演算でなく，少し変えたものを楕円曲線上の演算とする．楕円曲線の 2 点が与えられたとき，その 2 点を通る直線と楕円曲線の 3 点目の交点を考えるのだが，これを演算の結果とするのではなく，これの y 座標の符号を反転

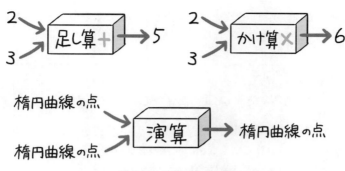

図 6.10　演算のイメージ

したものを演算の結果とする．楕円曲線の式は，$y^2 = f(x)$ の形なので，x 座標が同じ点には y 座標が正のものと負のものがあるので，「3 点目の交点に関してこの交換をする」ということである．あえてこのような形で演算を定義する理由は，演算が「群」と呼ばれる構造をもつようにしたいからであるが，これについては余談 6.3.8 で述べる．まとめとして，ここで紹介した楕円曲線上の演算をきちんと定義し，次の命題で，この演算が満たす性質を紹介する．

定義 6.3.4. $P_1 = (\alpha_1, \beta_1)$ と $P_2 = (\alpha_2, \beta_2)$ を，$y^2 = f(x) = ax^3 + bx^2 + cx + d$ で定義される楕円曲線 E 上の点とする．このとき，P_1 と P_2 の**演算（楕円曲線の加法）**の結果を，次のように定義される E 上の点とする．

(i) P_1 と P_2 の x 座標が違うときは（つまり $\alpha_1 \neq \alpha_2$），P_1 と P_2 を結ぶ直線と E が交わる第 3 点目を (α_3, β_3) とし，P_1 と P_2 の演算の結果を $(\alpha_3, -\beta_3)$ と定義する．

(ii) $P_1 \neq P_2$ ではあるが，P_1 と P_2 の x 座標が同じときは（つまり，$\alpha_2 = \alpha_1, \beta_2 = -\beta_1$），$P_1$ と P_2 の演算の結果を無限遠点とする．

(iii) $P_1 = P_2$ のときは，P_1 での楕円曲線の接線を引き，その直線と楕円曲線とのもう 1 つの交点を (α_3, β_3) とし，P_1 と P_2 の演算の結果を $(\alpha_3, -\beta_3)$ とする．接線が縦線，つまり $x = \alpha_1$ となるときは，演算の結果を無限遠点とする．

(iv) P_1 と無限遠点の演算は $(\alpha_1, -\beta_1)$ とし，無限遠点と無限遠点の演算の結果は無限遠点とする．

楕円曲線の有理数座標点全てと無限遠点を合わせた集合のことを，楕円曲線の**有理点**といい，$E(\mathbb{Q})$ で表す．

命題 6.3.5. $y^2 = f(x) = x^3 + ax^2 + bx + c$ を楕円曲線とし，a, b, c を有理数とする．このとき，定義 6.3.4 の演算の定義は次を満たす．

(i) P_1 と P_2 が有理数座標のとき（つまり $\alpha_1, \alpha_2, \beta_1, \beta_2$ が全て有理数），P_1 と P_2 の演算の結果も楕円曲線の有理点となる．

(ii) P_1 と P_2 の演算の結果は，P_2 と P_1 の演算の結果と同じである．

(iii) $P_1 = (\alpha_1, \beta_1)$，$P_2 = (\alpha_1, -\beta_1)$ とすると，P_1 と P_2 の演算の結果は無限遠点となる．

(iv) より具体的に演算を表記すると，P_1 と P_2 の x 座標が異なるとき，P_1 と P_2 の演算の結果は

$$\left(\left(\frac{\beta_2 - \beta_1}{\alpha_2 - \alpha_1}\right)^2 - a - \alpha_1 - \alpha_2,\right.$$
$$\left. -\frac{\beta_2 - \beta_1}{\alpha_2 - \alpha_1} \cdot \left(\left(\frac{\beta_2 - \beta_1}{\alpha_2 - \alpha_1}\right)^2 - a - 2\alpha_1 - \alpha_2\right) - \beta_1\right), \quad (6.3.6)$$

$P_1 = P_2$ かつ $\beta_1 \neq 0$ のときは，P_1 と P_2 の演算の結果は

$$\left(\left(\frac{3\alpha_1^2 + 2a\alpha_1 + b}{2\beta_1}\right)^2 - a - 2\alpha_1,\right.$$
$$\left. -\frac{3\alpha_1^2 + 2a\alpha_1 + b}{2\beta_1} \cdot \left(\left(\frac{3\alpha_1^2 + 2a\alpha_1 + b}{2\beta_1}\right)^2 - a - 3\alpha_1\right) - \beta_1\right).$$
$$(6.3.7)$$

証明． まず (ii) から示す．$P_1 = P_2$ のときはもちろん成り立つ．$P_1 \neq P_2$ のときは，P_1 と P_2 を結ぶ直線と，P_2 と P_1 を結ぶ直線は同じであるから，楕円曲線との第 3 の交点も同じとなり，したがって，その y 座標の符号を逆にしたものも同じとなる．これで (ii) が成り立つ．(iii) の場合，P_1 と P_2 を結ぶ直線は $x = \alpha_1$，つまり縦線になるので，定義 6.3.4 (ii) より，演算の結果は無限遠点となる．また，(iv) が示せれば，(i) は示される．なぜならば，(iv) の公式をみると，どちらも $\alpha_1, \alpha_2, \beta_1, \beta_2, a, b$ の加減乗除で書けており，有理

数の加減乗除の結果は再び有理数であるから，演算の結果が有理数座標だと分かるからである[注3]．

よって，後は (iv) を示せばよい．演算の構成方法は定義 6.3.4 で述べてあるので，これを具体的に計算していく．楕円曲線 $y^2 = f(x)$ と直線 $y = \lambda x + \mu$ の交点を求めるには，2 番目の式を 1 番目に代入し整理することで得られる次の式（(6.3.1) 式）を考えればよいことはすでにみた：

$$x^3 + (a - \lambda^2)x^2 + (b - 2\lambda\mu)x + (c - \mu^2) = 0.$$

第 3 番目の交点を (α_3, β_3) とすると，3 点の x 座標がこの式を満たす，つまり $\alpha_1, \alpha_2, \alpha_3$ がこの式の根であることから，

$$x^3 + (a - \lambda^2)x^2 + (b - 2\lambda\mu)x + (c - \mu^2) = (x - \alpha_1)(x - \alpha_2)(x - \alpha_3)$$

と分かる（一般に根が同じである多項式 2 つは，定数倍ずれることも可能であるが，最高次の係数が両辺ともに 1 なので，定数倍のずれもない）．ここで右辺を展開すると

$$x^3 - (\alpha_1 + \alpha_2 + \alpha_3)x^2 + (\alpha_1\alpha_2 + \alpha_1\alpha_3 + \alpha_2\alpha_3)x - \alpha_1\alpha_2\alpha_3.$$

したがって，x^2 の係数を比較すると，

$$a - \lambda^2 = -(\alpha_1 + \alpha_2 + \alpha_3),$$

つまり

$$\alpha_3 = \lambda^2 - a - \alpha_1 - \alpha_2 \tag{6.3.8}$$

が分かる．ここで，P_1 と P_2 の x 座標が違うときは，2 点を結ぶ直線の傾きは

$$\lambda = \frac{\beta_2 - \beta_1}{\alpha_2 - \alpha_1} \tag{6.3.9}$$

であり，$P_1 = P_2$ のときは，接線の傾きは補題 6.3.3 より

$$\lambda = \frac{f'(\alpha_1)}{2\beta_1} = \frac{3\alpha_1^2 + 2a\alpha_1 + b}{2\beta_1} \tag{6.3.10}$$

であることを (6.3.8) 式に代入すると，第 3 番目の交点の x 座標が分かる．楕円曲線の演算では，最後に y 座標の符号を反転させるが，x 座標は変わらないので，これが演算の x 座標である．次に，y 座標を計算する．$P_1 = (\alpha_1, \beta_1)$

[注3] 余談だが，$\alpha_2 - \alpha_1$ や $2\beta_1$ による割り算は必要なので，たとえ $\alpha_1, \alpha_2, \beta_1, \beta_2, a, b$ が全て整数であったとしても，P_1 と P_2 の演算結果が整数座標になる保証はない．

を通る直線で，傾きが λ であるものの方程式は

$$y = \lambda(x - \alpha_1) + \beta_1$$

なので，P_1 と P_2 を通る直線（$P_1 = P_2$ のときは，P_1 での楕円曲線の接線）と楕円曲線の第 3 番目の交点の y 座標は

$$\lambda(\alpha_3 - \alpha_1) + \beta_1$$

となる．P_1 と P_2 の演算の結果は，この y 座標の符号を反転したものなので，

$$-\lambda(\alpha_3 - \alpha_1) - \beta_1$$

となる．α_3 に (6.3.8) 式を，λ として (6.3.9) 式を（接線のときは (6.3.10) 式を）代入することで，$P_1 \neq P_2$ のときは，y 座標が

$$-\frac{\beta_2 - \beta_1}{\alpha_2 - \alpha_1} \cdot \left(\left(\frac{\beta_2 - \beta_1}{\alpha_2 - \alpha_1} \right)^2 - a - 2\alpha_1 - \alpha_2 \right) - \beta_1,$$

接線のときは，y 座標が

$$-\frac{3\alpha_1^2 + 2a\alpha_1 + b}{2\beta_1} \cdot \left(\left(\frac{3\alpha_1^2 + 2a\alpha_1 + b}{2\beta_1} \right)^2 - a - 3\alpha_1 \right) - \beta_1$$

となる．これで命題の主張 (iv) が示せた． □

この命題 6.3.5 (i) と定義 6.3.4 の (iv) を合わせると，楕円曲線 E 上の有理点の演算の結果が再び E 上の有理点になることが分かる．つまり，$E(\mathbb{Q})$ 上でも「演算」となっている．楕円曲線上の（複素数座標も含めた）全ての点でも演算だし，有理点 $E(\mathbb{Q})$ に制限しても演算である．

また，この演算は

- $P_1, P_2 \in E(\mathbb{Q})$ ならば，(P_1 と P_2 の演算) $=$ (P_2 と P_1 の演算)
  （∵ 命題 6.3.5 (ii)）
- $P_1 \in E(\mathbb{Q})$ ならば，P_1 と無限遠点の演算は P_1（∵ 定義 6.3.4 (iv)）

- $P_1 = (\alpha_1, \beta_1) \in E(\mathbb{Q})$ のとき,$Q_1 = (\alpha_1, -\beta_1)$ とおくと,P_1 と Q_1 の演算は無限遠点 ($\because$ 命題 6.3.5 (iii))

これらの事実と,この演算が**結合法則**,つまり任意の $P_1, P_2, P_3 \in E(\mathbb{Q})$ に対し

$$\big((P_1 \text{と} P_2 \text{の演算}) \text{と} P_3 \text{の演算}\big) = \big(P_1 \text{と} (P_2 \text{と} P_3 \text{との演算}) \text{の演算}\big) \quad (6.3.11)$$

を満たすことから[注4],$E(\mathbb{Q})$ 上のこの演算は**アーベル群**(あるいは,**加法群**)と呼ばれるものをなす.このアーベル群の**単位元**の役割を務めるのが無限遠点,$P_1 = (\alpha_1, \beta_1)$ の**逆元**の役割を務めるのが $Q_1 = (\alpha_1, -\beta_1)$ である.この背景から,P_1 と P_2 の演算のことを $P_1 + P_2$,無限遠点のことを $\mathcal{O}$,P_1 の逆元 Q_1 のことを $-P_1$ と通常書く.

また,便宜上

$$2P_1 = P_1 + P_1, \quad 3P_1 = 2P_1 + P_1, \quad 4P_1 = 3P_1 + P_1,$$

そして一般の自然数 n に対しては,帰納的に

$$nP_1 = (n-1)P_1 + P_1$$

と定義する.また,このとき,nP_1 の逆元 $-(nP_1)$ は,

$$-(nP_1) = \underbrace{-((n-1)P_1)}_{(n-1)P_1 \text{の逆元}} + (-P_1)$$

を満たす.なぜならば,

$$\begin{aligned}
& nP_1 + \big[-((n-1)P_1) + (-P_1)\big] \\
&= ((n-1)P_1 + P_1) + \big[-((n-1)P_1) + (-P_1)\big] && (\because nP_1 \text{ の定義}) \\
&= (n-1)P_1 + \big[P_1 + \big(-((n-1)P_1)\big)\big] + (-P_1) && (\because \text{結合法則}) \\
&= (n-1)P_1 + \big[-((n-1)P_1) + P_1\big] + (-P_1) && (\because \text{命題 6.3.5 (ii)}) \\
&= \big[(n-1)P_1 + \big(-((n-1)P_1)\big)\big] + \big(P_1 + (-P_1)\big) && (\because \text{結合法則}) \\
&= \mathcal{O} + \mathcal{O} = \mathcal{O} && (\because \text{定義})
\end{aligned}$$

注4 楕円曲線の演算が結合法則を満たすことを示すのは容易ではない.命題 6.3.5 (iv) の演算の公式を使って,直接示すことも不可能ではないが,コンピューターに頼らないと厳しいだろう.次に初等的な方法は,シルバーマンとテート「楕円曲線論入門」[13]にあり,ベズーの定理とケーリー–バカラックの定理という射影平面の代数幾何の結果を使う.一番本質的な方法は,楕円曲線を「(有理点を持つ) 種数 1 の代数曲線」と捉えて,演算を次数 0 の因子の計算として捉え直す方法である.ただ,この方法では,リーマン–ロッホの定理という,より高度な代数幾何の結果を活用することになる.

となることより，$\bigl[-((n-1)P_1)+(-P_1)\bigr]$ が nP_1 の逆元，つまり $-(nP_1)$ と等しいことが分かり，帰納法が進むからである．これにより，無限遠点 $\mathcal{O}=0\cdot P_1$ と捉えることで，任意の整数 n に対して，nP_1 を定義することができた．

本書では必要となることはないが，楕円曲線の有理点は，次の**モーデルの定理**と呼ばれる定理を満たすことが知られている．2 次曲線や，特異点を持つような 3 次曲線の場合と違い，有理点を全て求められる公式は存在しないが，この定理からおおまかな構造がつかめる．

> **定理 6.3.6**（モーデル）．$E(\mathbb{Q})$ に属する有限個の元 $P_1,\ldots,P_k$ が存在し，任意の $P\in E(\mathbb{Q})$ に対して（零や負も含めた）整数 $n_{P,1},\ldots,n_{P,k}$ を適切に選ぶと，
> $$P = n_{P,1}P_1 + n_{P,2}P_2 + \cdots + n_{P,k}P_k \tag{6.3.12}$$
> が成り立つ[注5]．

$P_1,-P_1,P_2,-P_2,\ldots,P_k,-P_k$ の演算を繰り返していけば，$E(\mathbb{Q})$ のどんな点，つまり楕円曲線 E 上の有理点全てに到達することができる，と主張している．特に，$P_1,\ldots,P_k$ を求めることができれば，「すでに作られた 2 点を結ぶ直線と E の第 3 の交点を求めてその y 座標の符号を反転する」という作業の繰り返しで，楕円曲線上の全ての有理数座標点を求めることができる．

この定理の証明には，2 倍点の特徴づけや，演算によって座標の分母・分子の桁数がどの位の速さで増加していくかの分析などの理論構築が必要である．シルバーマン–テート「楕円曲線論入門」[13] では，$f(x)=0$ の方程式に有理数解がある，という条件の下証明されている．有理数の一般化である**代数体**と呼ばれるところで，同様の定理が成り立つことが知られており，こちらは「**モーデル–ヴェイユの定理**」と言われ，シルバーマン「The Arithmetic of Elliptic Curves」[14] に証明がある．

素晴らしい定理ではあるが，2 次曲線のときや特異 3 次曲線のときと比べると，楕円曲線の有理点の座標は具体的には求められない．E が与えられたとき（つまり $f(x)$ が与えられたとき），k を見つけ，また，$P_1,\ldots,P_k$ を見つけるのも容易ではない．また，$E(\mathbb{Q})$ が無限集合となることもあれば，$E(\mathbb{Q})$ が有限個となることもある．極端な場合だと $\mathcal{O}$ だけしかないときもある．

注5　群の言葉でこの定理を書くと，「$E(\mathbb{Q})$ は有限生成なアーベル群である」となる．

例えば, $y^2 = x^3 + 9x$ を考える. 方程式 $x^3 + 9x = 0$ の根は $0, \pm 3i$ だから楕円曲線である. $x = \frac{9}{4}$ を右辺に代入すると,

$$\left(\frac{9}{4}\right)^3 + 9 \cdot \frac{9}{4} = \frac{9}{4}\left(\left(\frac{9}{4}\right)^2 + 9\right) = \frac{9}{4} \cdot \frac{81 + 16 \cdot 9}{16} = \frac{9}{4} \cdot \frac{225}{16} = \left(\frac{45}{8}\right)^2$$

となるので, 有理点 $P = (\frac{9}{4}, \frac{45}{8})$ が楕円曲線上にあることが確認できる. 整数係数の楕円曲線には, **ナゲル–ルッツの定理**と呼ばれるものがあり, ある自然数 n に対して $nP = \mathcal{O}$ ならば, P の x 座標も y 座標も整数となる (つまり分母がない) ことが知られている. 今の状況の場合, P の座標には分母 4 や 8 があるため, P は何倍しても $\mathcal{O}$ にはならない. したがって,

$$P, 2P, 3P, 4P, 5P, \ldots$$

という E の有理点は全て相異なることになる (もし $i < j$ で $iP = jP$ が成り立つならば, 移項して $(j-i)P = \mathcal{O}$ とならないといけないからである). よって, この 1 点 P の存在と楕円曲線の群構造のおかげで, $E(\mathbb{Q})$ が無限集合であることが分かる.

ちなみにこの楕円曲線 $y^2 = x^3 + 9x$ の上には $Q = (4, 10)$ という点もあることが確認できる ($10^2 = 4^3 + 9 \cdot 4$). この点の 2 倍点から 5 倍点まで計算すると,

$$\begin{aligned}
2Q &= \left(\frac{49}{400}, \frac{8407}{8000}\right) \\
3Q &= \left(\frac{2896804}{2405601}, -\frac{13235577470}{3731087151}\right) \\
4Q &= \left(\frac{2066690884801}{113084238400}, -\frac{3010836047591512799}{38027967689152000}\right) \\
5Q &= \left(\frac{18140018860958450404}{1083362791744816801}, \frac{78490599009390723760053037550}{112761507528699886337783951}\right).
\end{aligned} \quad (6.3.13)$$

一気に座標が複雑になることが分かる. $2Q$ だけは, 計算過程を明示すると, $\alpha_1 = 4, \beta_1 = 10, a = 0, b = 9$ を (6.3.7) 式に代入して

$$\left(\frac{3 \cdot 4^2 + 2 \cdot 0 \cdot 4 + 9}{2 \cdot 10}\right)^2 - 0 - 2 \cdot 4 = \left(\frac{57}{20}\right)^2 - 8 = \frac{49}{400},$$

$$-\frac{3 \cdot 4^2 + 2 \cdot 0 \cdot 4 + 9}{2 \cdot 10} \cdot \left(\left(\frac{3 \cdot 4^2 + 2 \cdot 0 \cdot 4 + 9}{2 \cdot 10}\right)^2 - 0 - 3 \cdot 4\right) - 10$$

$$= -\frac{57}{20} \cdot \left(\left(\frac{57}{20}\right)^2 - 12\right) - 10 = \frac{8407}{8000}$$

であるが，すでに暗算では難しい．$3Q$ は $Q+2Q$ と捉えて (6.3.6) 式に代入すればよいのだが，もはや電卓でも大変かもしれない[注6]．

別の例として，$y^2 = x^3 + x$ を考える．右辺の方程式 $x^3 + x = 0$ の根は $0, \pm i$ だから，楕円曲線である．この楕円曲線には，実は，$(0,0)$ と $\mathcal{O}$ 以外には有理点がない．この事実は，モーデルの定理の証明途中で導入されるものを使うと示すことができるのだが，直接示すのはそう簡単ではない．詳しくは，シルバーマン–テート「楕円曲線論入門」[13] 3.6 節を参考のこと．

楕円曲線の有名な未解決問題の 1 つとして，$f(x)$ の係数を有理数内で動かしたとき，定理 6.3.6 の k としてどんどん大きいものが必要なのか，というものがある．つまり，$k = 100$ や $k = 10000$ としたとき，k 個以上の点から開始しないと，全ての有理点を (6.3.12) 式で書き表せないような，有理数係数の楕円曲線があるのか，ということである．エルキーズにより，少なくとも 28 個の点から開始しないといけないような楕円曲線が知られており，2016 年現在これが k の最高記録である．本節での楕円曲線の紹介はこの位にして，残りのより細かい話は次の 3 つの余談で述べる．

余談 6.3.7.

この余談では，無限遠点について補足する．xy 平面の曲線の**無限遠点**とは，その曲線上を原点から離れる方向，つまり xy 平面のはじの方向へ向かっていったときに近づいていく方向ベクトルのことである．曲線が，原点から離れていったときに，どんな傾きの直線に近づいていくか，ということを捉える．より正確には，曲線の方程式の最高次数の部分だけ取り出して複素数上で因数分解したときに，因子の x と y の比をみればよい．原点から離れている，つまり x や y の絶対値が大きければ，低い次数の項の貢献は誤差となるので，最後まで残るのは最高次数の項たちのみである．したがって，最高次数部分の因子が，遠くの方での曲線の方向を表す[注7]．

いくつか例を考えよう．$y = \lambda x + \mu$ という直線を考えると，この曲線上では，常に指している方向は同じであり，この直線上で原点から離れていっても，傾きは λ である．これを方向ベクトルで表すと，$(1, \lambda)$ となる（「傾き」とは，x 方向に 1 動くときに，どれだけ y 方向に動くかを計る）．代数的な考え方で

注6　https://www.wolframalpha.com/ では，簡易版 Mathematica が使え，このような計算や簡単なプログラムを無料で実行できる．

注7　「方向ベクトル」の方が直観的だが，実数係数の式を持つ曲線が，複素ベクトルの無限遠点を持つこともありうるので，一般的には代数的に考えたほうがよい．例えば，$x^2 + y^2 + x = 0$ の無限遠点は $(1, \pm i)$ である．

は，この直線の式は $y - \lambda x - \mu = 0$ と書けるので，最高次数部分は $y - \lambda x = 0$，つまり $(x, y) = (1, \lambda)$ となる．原点から離れていったときの「方向」だけを捉えるので，μ の値にはまったくよらないことに注意しよう．特に，水平直線 $y = \mu$ の無限遠点は，μ によらず，$(1, 0)$ となる．

同様に，$x = \mu$ の形の直線の場合，x 方向へは動かないので，方向ベクトルは常に $(0, 1)$ となる．代数的な考え方では，$x - \mu = 0$ の最高次数部分は $x = 0$ なので，方向ベクトルが $(0, 1)$ となる．

次に，曲線 $y^2 = x^2 + 2x$ を考えよう．ここからは代数的な考え方をした方が楽である．式 $y^2 - x^2 - 2x = 0$ の最高次数部分は $y^2 - x^2 = (y-x)(y+x) = 0$ なので，$y = \pm x$，つまりこの曲線の無限遠点は $(1, \pm 1)$ の 2 点となる．図 6.11 からも，$y = \pm(x+1)$ がこの曲線の漸近線になっていることが分かり，無限遠点は漸近線の方向ベクトルとなっている．

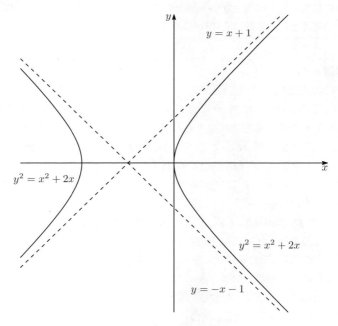

図 6.11　$y^2 = x^2 + 2x$ の無限遠点

最後に楕円曲線の場合を再考しよう．特異点を持っても実は同じ結論となるので，一般の 3 次式 $f(x) = x^3 + ax^2 + bx^2 + c$ に対して，$y^2 = f(x)$ の無限遠点を考える．式 $f(x) - y^2 = 0$ の最高次数は 3，最高次数部分は $x^3 = 0$ なので，$x = 0$，つまり無限での方向ベクトルは $(0, 1)$ のみとなる．これが楕円曲線

の無限遠点である．

ここで，縦方向の直線 $x = \mu$ の無限遠点と，楕円曲線の無限遠点が，どちらも $(0, 1)$ であることに注意しよう．つまり，縦線と楕円曲線は，必ず無限遠点 $(0, 1)$ で交わる．よって，この点を考慮すれば，229 ページで述べたように，楕円曲線と直線の交点の数はどんなときでも 3 個（重複度を含む）となることが分かる．

xy 平面に，全ての曲線の無限遠点を足した集合のことを，**射影平面**という．射影平面全体で考えれば，楕円曲線と直線は（重複度を含めると）必ず 3 個の交点で交わることになり，統一性が生まれる．実は，**ベズーの定理**と呼ばれる，「d 次曲線と e 次曲線は，射影平面内で（重複度も含めると）必ず de 個の交点で交わる」という定理がある．この定理を踏まえれば，その特別な例として，3 次曲線である楕円曲線と 1 次曲線である直線は，$3 \cdot 1 = 3$ 個の交点を持つことになる．縦線の場合からも分かるように，無限遠点も含めた「射影平面」の中で考えることは避けて通れない．

余談 6.3.8.

この余談では，なぜ，P_1 と P_2 の演算を，P_1 と P_2 を結ぶ直線を引いたときの 3 番目の交点とせず，その点の y 座標の符号を反転させたものとするかについて触れる．ただ単純に 3 番目の交点としても，$E(\mathbb{Q})$ 上の演算にはなる．ただ，この演算が「群」と呼べるものになるためには，**単位元**が必要となる．つまり，ある 1 つの $E(\mathbb{Q})$ 上の点 $\mathcal{O}$ があって，どんな点 P に対しても，P と $\mathcal{O}$ の演算の結果が P にならないといけない．$\mathcal{O}$ は P によって変わってはいけないことに注意しよう．

P_1 と P_2 の演算を，「P_1 と P_2 を結ぶ直線を引いたときの 3 番目の交点」と定義してみる．P_1 と $\mathcal{O}$ の演算の結果が P_1 になるならば，P_1 と $\mathcal{O}$ を結ぶ直線が P_1 で二重に交わることになるので，命題 6.3.1 より，この直線が P_1 において楕円曲線の接線となる．逆に言えば，$\mathcal{O}$ は，P_1 での接線と楕円曲線がもう一度交わる所となる．しかし，図 6.12 からも分かるように，この場合 $\mathcal{O}$ の位置は P_1 により変わってしまう．したがって，この演算の定義だと，単位元と呼べるような固定された元が存在しない．

これに対して，P_1 と無限遠点を結ぶ直線は縦の線となるので，第三番目の交点は P_1 の y 座標を反転させた $-P_1$ であり，この y 座標の符号を反転させればちゃんと P_1 となる．したがって，正しい楕円曲線上の演算の定義では，$\mathcal{O}$ を無限遠点とすると，全ての P_1 に対して $P_1 + \mathcal{O} = P_1$ が成り立ち，無限遠点 $\mathcal{O}$ が演算の単位元となる．これが，y 座標の符号を反転させる理由である．

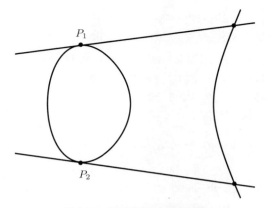

図 6.12 楕円曲線の 2 本の接線

余談 6.3.9.

この余談では，$f(x) = x^3 + ax^2 + bx + c = 0$ に 3 つの異なる根があることと，$y^2 = f(x)$ で定義される楕円曲線 E に特異点がないことが同値の条件であることについて述べる．補題 6.3.2 により，$f(x) = 0$ に異なる根がある（つまり重根がない）ことと，$f(x)$ と $f'(x)$ に共通の根がないことが同値である．

α が $f(x) = 0$ と $f'(x) = 0$ の共通の根だとする．$f(x)$ を $x = \alpha$ のまわりでテイラー展開（付録 A.3 節）すると，3 次式なので 4 階以上の微分は全て 0 になることに注意して，

$$f(x) = f(\alpha) + f'(\alpha)(x-\alpha) + \frac{f''(\alpha)}{2}(x-\alpha)^2 + \frac{f'''(\alpha)}{6}(x-\alpha)^3. \quad (6.3.14)$$

仮定より，$f(\alpha) = f'(\alpha) = 0$ なので，

$$f(x) = \frac{f''(\alpha)}{2}(x-\alpha)^2 + \frac{f'''(\alpha)}{6}(x-\alpha)^3.$$

右辺の第 1 項には x^3 がなく，左辺 $f(x)$ には $1 \cdot x^3$ があるので，$\frac{f'''(\alpha)}{6} = 1$ となる（あるいは，$f'(x) = 3x^2 + 2ax + b, f''(x) = 6x + 2a, f'''(x) = 6$ からも分かる）．したがって，$x - \alpha$ を新たに x_1 とおき，$d = \frac{f''(\alpha)}{2}$ とすれば，

$$y^2 = x_1^3 + dx_1^2$$

となる．したがって，$d \neq 0$ のときは命題 6.2.1 の状況となり，$d = 0$ のときは命題 6.2.2 の状態となるので，どちらも特異点を持つことが分かる．

逆に，$f(x) = 0$ と $f'(x) = 0$ に共通の根がないとする．また，点 (α, β) が楕円曲線 $y^2 = f(x)$ 上の点とする．もし $\beta \neq 0$ ならば，点 (α, β) のまわりで，

$y = \pm\sqrt{f(x)}$ のどちらかの曲線上にある ($\beta > 0$ ならばプラスの方, $\beta < 0$ ならばマイナスの方). しかも, この関数の微分は $\pm\dfrac{f'(x)}{2\sqrt{f(x)}}$ なので, $0 \neq \beta^2 = f(\alpha)$ より, $x = \alpha$ で微分が計算できる. よって接線が 1 つにきちんと定まるので, 特異点とはならない. 次に, $\beta = 0$ の場合を考える. このとき, $f(\alpha) = 0$ となので, 仮定より, $f'(\alpha) \neq 0$ である. したがって, $x = \alpha$ のまわりのテイラー展開 ((6.3.14) 式) は,

$$f(x) = \underbrace{f'(\alpha)}_{\neq 0}(x-\alpha) + \frac{f''(\alpha)}{2}(x-\alpha)^2 + \frac{f'''(\alpha)}{6}(x-\alpha)^3$$

となる. よって, 楕円曲線 E 上の点 $(\alpha + x_1, y)$ が $(\alpha, 0)$ に近づいていくと (つまり, $x_1 \to 0$),

$$\lim_{\substack{(\alpha+x_1,y)\to(\alpha,0)\\(\alpha+x_1,y)\in E}} \frac{\Delta x_1}{\Delta y} = \lim_{x_1 \to 0} \frac{x_1}{\pm\sqrt{f'(\alpha)x_1 + \dfrac{f''(\alpha)}{2}x_1^2 + \dfrac{f'''(\alpha)}{6}x_1^3}}$$

$$= \lim_{x_1 \to 0} \frac{x_1}{\pm\sqrt{f'(\alpha)x_1\left(1 + \dfrac{f''(\alpha)}{2f'(\alpha)}x_1 + \dfrac{f'''(\alpha)}{6f'(\alpha)}x_1^2\right)}}$$

$$= \lim_{x_1 \to 0} \frac{x_1}{\pm\sqrt{f'(\alpha)x_1}} = 0$$

となるので, $(\alpha, 0)$ に近づくにつれて, $(0, 1)$ という方向ベクトルに近づくことが分かる. よってこの点でも接線が存在する.

本当は, 楕円曲線には無限遠点も含まれるので, この点でなめらかであることも確認しないといけない. ただ, すでに余談 6.3.7 で計算しているように, この点のまわりでは方向ベクトルが $(0, 1)$ になるので, f の根が異なるかどうかとは関係なく, 無限遠点で接線を持つ.

6.4 次数をさらに上げると
―ファルティングスの定理

今まで 6.1 節で 2 次式の場合，6.2 節で 3 次式で特異点を持つ場合，6.3 節で 3 次式で特異点を持たない場合を扱った．4 次式以上だとどうなるのだろう？ 今までの流れをみても分かるように，次数を上げると複雑化する．最初の 2 節で扱ったものに対しては有理点を表示する公式を求めることができたが，3 次式で特異点を持たない場合（つまり一般的な 3 次式の場合），有理点の間に群構造を導入することはできるものの，有理点を求める公式は書けず，無限個有理点がある楕円曲線もあれば，1 点しか有理点を持たない楕円曲線もあった．

4 次以上の式となると，より複雑になる．まず，起こりうる特異点が複雑化する．3 次式の場合は，特異点の数は最大でも 1 個であったが，4 次以上では，複数個持つこともありうる．また，特異点そのものも悪化していく．特異点の「悪

図 6.13　悪い特異点の図

さ」を計る方法も実はいろいろあるのだが，本節では図 6.13 の見た目が，6.2 節の図 6.3 や図 6.4 と比較して，明らかに複雑化していると観察するだけにしよう．

3 次式でも特異点があれば，2 次式と同じように有理点の公式が求められたように，一般に，次数が上がっても，それに見合うだけの特異点の個数，あるいは特異点の「悪さ」があると，低い次数の方程式と同じような状態になる．つまり，特異点がたくさんあるか，あるいは非常に悪い特異点があれば，6.1 節の 2 次式のときのように有理数座標の点を求める公式を作ることができ，特異点の量や質がそこまでではないもののそれなりにあるときには，6.3 節の楕円曲線のときのように，公式こそ求まらないものの有理数座標の点に演算を導入することができて，群として有限生成と呼ばれる状態になる．

それでは，特異点がまったくなかったり，あるいは少しはあるもののそんなに「悪くない」特異点であるような，高次の曲線の場合はどうなるのだろうか？ 次の定理は，元々モーデル予想として長く未解決だった問題で，1983 年にファルティングスが証明した（この功績で 1986 年のフィールズ賞を受賞）．まずは大ざっぱに述べる．

定理 6.4.1（ファルティングスの定理の大ざっぱ版）．$f(x,y)$ を 2 変数の有理数係数多項式として，次数が 4 以上とする．このとき，特異点の個数が少なく，また特異点がそれほど悪くないときは，

$$\{(a,b) : a, b \text{ は有理数}, f(a,b) = 0\}$$

は有限集合である．

この定理はとてつもなく偉大な定理であることを強調したい．どんな有理数係数の多項式を準備しても，次数が 4 以上で特異点がそんなに悪くないのであれば，その多項式を満たす有理数解は有限個しかない，と言っている．特定の多項式に限定するのではなく，幅広く主張できるところが強力さの所以である．また，「特異点の質と量」という幾何学的な情報によって，「有理数座標点が存在するか（つまり 2 変数方程式を満たす有理数解があるかどうか）」という整数論についての性質が決定されている．ディオファントス幾何の金字塔の定理といっても過言ではない．

この「幾何が整数論を制御している」という考え方をより鮮明にするためにも，もう少し正確な形でファルティングスの定理を述べておこう．調べたいの

は，2 変数方程式 $f(x,y) = 0$ の有理数解であるが，まず最初にこの方程式の複素数解を考える．これには 2 つ理由がある．第 1 に，有理数の集合はつながっていない．

$$1.4 = \frac{14}{10}, \qquad 1.41 = \frac{141}{100}, \qquad 1.414 = \frac{1414}{1000}, \qquad \cdots$$

とどんどん細かい範囲まで有理数は存在するもの，だからといって，$\sqrt{2} = 1.41421\cdots$ そのものを含むわけではない．有理数は実数の中に密に入ってはいるものの，多くの穴がある状態になっている．こんな穴がある状態では，幾何学，つまりつながった空間の理論を使えることが望めない．

ただ，この性質だけを求めるのであれば，実数でも十分である．実数の数直線には穴がなく，前出の $\sqrt{2}$ なども含めて埋まっている．

そこで複素数を考える第 2 の理由（実数でも不十分な理由）として，多項式を扱う以上，1 変数多項式の根が全て含まれている方が統一的な理論を期待できる点がある．実数の集合を考えることで，$x^2 - 2 = 0$ の根である $\sqrt{2}$ は含まれることになるが，$x^2 + 1 = 0$ の根である i は含まれない．したがって，1 変数方程式の根を全て含む，という条件を求めるとすると，どうしても複素数を考える必要がある．逆に，いったん複素数まで世界を広げてしまえば，222 ページで述べた**代数学の基本定理**があるので，複素数の係数の 1 変数方程式でも，必ず全ての根が複素数の中にあることが知られている．複素数で考えることで，どんな 1 変数方程式でも根があることになり，2 変数以上でも統一性のある理論が期待できる．

さて，複素数で考えることで，統一的かつ幾何学的な理論が望める態勢となった．ただ，幾何学的な物として捉えるためには，実数上でしか我々は想像できない．「複素数全体を想像してください」と言われたら，普通，図 6.14 のように，実部と虚部に分けて，「複素平面」として考える．このように，複素数 1 つが，実部方向と虚部方向を持つ次元 2 の空間に相当する．

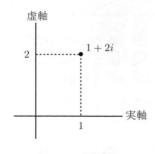

図 6.14　複素平面

6.4　次数をさらに上げると

元々の問題に戻ろう．2変数多項式 $f(x,y) = 0$ の複素数解を考えたい．この状況では，2個の変数が1つの式を満たすので，実質自由に動ける変数は1つ分となる．ただし，複素変数なので，先ほどの複素平面の場合と同じで，次元は2，つまり曲面となる[注1]．別の考え方もできる．複素数としては，$f(x,y) = 0$ だが，変数 x と y をそれぞれ実部と虚部に分けることにして，$x = x_1 + ix_2$，$y = y_1 + iy_2$ と書く．すると，実数4個の変数を持つことになるが，$f(x,y) = 0$ の式も実部と虚部に分けることになるので，式が2個となる．つまり，4変数が2個の条件を満たすことになるので，実際に動ける自由度は2次元分となることが分かる．例えば，$f(x,y) = y^2 + xy + x$ だったとすると，

$$f(x,y) = (y_1 + iy_2)^2 + (x_1 + ix_2)(y_1 + iy_2) + (x_1 + ix_2)$$
$$= (y_1^2 - y_2^2 + x_1y_1 - x_2y_2 + x_1) + i(2y_1y_2 + x_2y_1 + x_1y_2 + x_2) = 0$$

なので，

$$y_1^2 - y_2^2 + x_1y_1 - x_2y_2 + x_1 = 0$$
$$2y_1y_2 + x_2y_1 + x_1y_2 + x_2 = 0$$

の2式を満たす実数変数 x_1, x_2, y_1, y_2 を考えることになる．4次元空間において2個の条件を満たしているものとなり，曲面だと分かる．

ここまでの準備をすると，先ほどのファルティングスの定理（定理 6.4.1）の正式版を述べることができる．

定理 6.4.2（ファルティングス（1983年））．$f(x,y) = 0$ を満たす複素数解 (x,y) を $x = x_1 + ix_2$，$y = y_1 + iy_2$ と書くことで得られる，実4次元空間内の曲面を S とする．この S の穴の数が2個以上ならば，$f(a,b) = 0$ を満たす有理数の組 (a,b) が無限個あることはない．

ここでいう「穴」とは，正式な数学用語では**種数**と呼ばれるもので，図 6.15 のように，ドーナツの穴のようなものが何個あるかを指す．つまり，地球の表面には穴がないので種数は 0，ドーナツの表面や取っ手付きマグカップの表面の種数は 1 である．図 6.15 にもあるように，曲面の一部分がつぶれていても，それは穴とは数えず，本当に完全に空白部分があるときのみ穴として数える．

注1 それにもかかわらず「代数曲線」と呼ぶのは紛らわしいのだが，代数幾何としての次元は複素数上でも 1 なので「代数曲線」と呼ぶのが定着している．

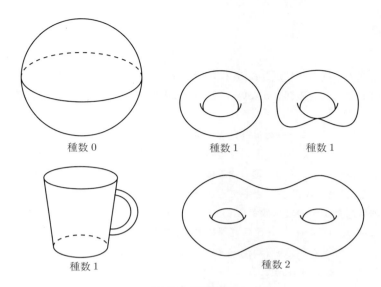

図 6.15 曲面の穴

　基本的に次数が上がるほど曲面の穴の数も増えるのだが，特異点の個数が多かったり，特異点が悪かったりするほど，種数が下がる（つまり複素数解がなす曲面の穴の個数が減る）．この事実より，ファルティングの定理の大ざっぱ版（定理 6.4.1）と整合性がとれている．

　このファルティングスの定理こそ，ディオファントス幾何の神髄である．方程式 $f(x,y)=0$ に有理数解があるか，というディオファントス問題，つまり整数論の問題が，$f(x,y)=0$ を満たす複素解が作り出す曲面の穴の個数という，幾何学的特徴で制御されている．ちなみに，穴が 1 つのときが楕円曲線の場合の類似となり，穴が 0 個のときが 2 次曲線の場合（および特異 3 次曲線の場合）の類似となるので，複素根がなす曲面の穴の個数によって，有理点が完全に特徴づけられることがよく分かる．

　ファルティングの定理の重要な例として，フェルマーの最終定理で扱う式 $X^n + Y^n = Z^n$ がある．両辺を Z^n で割った式

$$x^n + y^n = 1 \qquad \left(\text{ただし } x = \frac{X}{Z},\ y = \frac{Y}{Z}\right)$$

の複素数解が作り出す曲面は，n が 4 以上のときに穴が 2 個以上あることが知られているので，ファルティングスの定理より，$x^n + y^n = 1$ を満たす有理数解が高々有限個であることが分かる．よって，自然数 a, b, c が $a^n + b^n = c^n$ を満た

すならば，
$$\left(\frac{a}{c}, \frac{b}{c}\right)$$
は有限個の候補のどれかとなる（つまり，$\gcd(a,b,c) = 1$ を満たす解は，それぞれの n ごとに有限個しかない），ということがファルティングスの定理から分かる．

　もちろん，フェルマーの最終定理（定理 7.2.1）とは，$X^n + Y^n = Z^n$ を満たす整数が「まったくない」という主張なので，それに比べるとだいぶ弱い．ただし，ファルティングスの定理の強みは，フェルマーの式だけでなく，係数を入れて，例えば $x^n + \alpha y^n = \beta$ としても成り立つ点である．つまり，フェルマーの最終定理はただ 1 つの（係数が全て 1 の）式 $x^n + y^n = 1$ のみにしか適用できないのに対し，$x^n + \alpha y^n = \beta$ の有理数解も有限個しかない，とファルティングの定理からは分かる．必ず $(x,y) = (1,2)$ が解になるように α と β を選ぶこともできるので（例えば $\alpha = 2$, $\beta = 1 + 2^{n+1}$ とすればよい），「解がまったくないかどうか」という問題にはある種の偶然性が含まれる．だからこそフェルマーの最終定理が難しいともいえるし，また，このような偶然性によらず，確定的に解の有限性を多数の方程式に関して統一的に言えてしまうファルティングの定理が強力だ，とも言える．

　「幾何が整数論を制御する」という思想は，次の第 7 章で扱う abc 予想，およびその応用やさらなる発展でも大変重要となる．

第7章 | $a+b=c$ から始まる深い世界
—abc 予想, フェルマーの定理, ボエタ予想

1980年代に提唱された abc 予想は，2012年に京都大学数理解析研究所の望月新一教授が証明を発表したことで，一躍有名になった．しかし，ε や定数を含むような不等式なので，何を主張しているのかは，一見では分かりにくい．

そこで本章では，第5章で紹介したロスの定理を強めたものが abc 予想であることを解説し，ディオファントス方程式への数々の応用をみる．この応用部分は難しくなく，abc 予想の強力さがよく分かるはずである．

最後に，より専門的な話題として，abc 予想の数論的力学系への応用と，abc 予想のさらなる拡張について触れる．

7.1 ロスの定理の強力版—abc 予想の紹介

単数方程式の節（5.3 節）でも触れたように，abc 予想とは，「$a+b=c$ という関係式を満たすならば，a と b と c の 3 数全てが，比較的小さい素数だけからなる素因数分解を持つことはありえない」という主張で，足し算の性質と掛け算の性質の両立の難しさを言及する．本節では，このことについてより詳しく紹介し，abc 予想を正確に記述する．abc 予想をいきなり記述すると摩訶不思議な不等式にしか見えないと思うので，ロスの定理の極めて自然な強力化であることを示していきたい．

ロスの定理（定理 5.1.3）は，$\rho > 2$ で，α が整数係数多項式の根ならば，

$$\left| \frac{p}{q} - \alpha \right| < \frac{1}{q^\rho}$$

を満たす既約分数 $\frac{p}{q}$ が有限個しかない，という主張であった．また，5.3 節でも述べたように，これを p 進絶対値に拡張したものも知られている．p を素数としたときに，**p 進絶対値**とは，

$$\left| \pm p^k \cdot \frac{q}{r} \right|_p = p^{-k} \quad (\text{ただし } (q,p) = (r,p) = 1)$$

と定義されたものであった（0 の p 進絶対値は 0 と定義する）．p の高いべきで分子が割り切れるほど，p 進絶対値は小さく（つまり 0 に近い），p の高いべきで分母が割り切れるほど，p 進絶対値は大きい（つまり ∞ に近い）．また，本章では，便宜上通常の絶対値 $|x|$ を

$$|x|_\infty$$

とも書くことにし，$M = \{\text{素数}\} \cup \{\infty\}$ という記号も用意する．このようにすることで，通常の絶対値も p 進絶対値も，統一的に

$$|x|_p \quad (\text{ただし } p \in M \text{〔p は M の元〕})$$

と書けるようになる[注1]．$|x|_\infty$ とは不思議な記号だが，本節で，この記号の便利さは感じられると思う．

もう1つ，5.3節から定義のおさらいをすると，既約分数 $\frac{q}{r}$ の**高さ** H は，
$$H\left(\frac{q}{r}\right) = \max(|q|, |r|)$$
であった．実は，全ての絶対値の情報を合わせると，この高さになる．このことを次の命題でまず示そう．

命題 7.1.1. x を 0 ではない有理数とする．このとき，
$$\prod_{p \in M} \min(|x|_p, 1) = \frac{1}{H(x)}. \tag{7.1.1}$$

つまり，「1未満となる絶対値の掛け算をすると，ちょうど x の高さの逆数になる」という主張である．証明内で明らかになるように，1未満の絶対値となるような M の元 p は有限個なので（x によって，どの有限個となるかは変わる），左辺の積は，必ず有限個の積である．例えば，$x = \frac{5}{9}$ の場合，$|x|_\infty = \frac{5}{9}$，$|x|_3 = 9$，$|x|_5 = \frac{1}{5}$ で，残りの素数 p は分母や分子の素因数分解に登場しないので $|x|_p = 1$ となり，
$$\min(|x|_\infty, 1) \times \min(|x|_3, 1) \times \min(|x|_5, 1) = \frac{5}{9} \times 1 \times \frac{1}{5} = \frac{1}{9} = \frac{1}{H(x)}$$
である．逆に，$x = \frac{9}{5}$ の場合，1以外の絶対値となるものは同じであるが，$|x|_\infty = \frac{9}{5}$，$|x|_3 = \frac{1}{9}$，$|x|_5 = 5$ なので，
$$\min(|x|_\infty, 1) \times \min(|x|_3, 1) \times \min(|x|_5, 1) = 1 \times \frac{1}{9} \times 1 = \frac{1}{9} = \frac{1}{H(x)}$$
である．

証明． 上記の例と同じように考えればよい．$x = \frac{q}{r}$ を既約分数表示とする．$|q| \geq |r|$ のときは，$\left|\frac{q}{r}\right|_\infty \geq 1$ なので，通常の絶対値は (7.1.1) 式の左辺に貢献しない．1より小さい絶対値を持つような p 進絶対値は分子 q を割り切る場合で，q の素因数分解に p^k があるとき，$|x|_p = \frac{1}{p^k}$．よって，このような素数を全て考えると，1より小さい部分の積は $\frac{1}{|q|}$ となる．今の場合

[注1] オストロフスキーの定理により，有理数上の非自明な絶対値は，通常の絶対値か，ある素数に対する p 進絶対値と同値になることが知られている．

$\max(|q|, |r|) = |q|$ だから，これは $\frac{1}{H(x)}$ に等しい．

逆に $|q| < |r|$ のときは，$|x|_\infty = \left|\frac{q}{r}\right| < 1$ である．p 進部分に関しては，先ほどの場合と同じで，分子の素因数分解に p^k が登場するときに $\frac{1}{p^k}$ の絶対値を持つので，全ての絶対値の情報を集めると，

$$\frac{|q|}{|r|} \times \frac{1}{|q|} = \frac{1}{|r|} = \frac{1}{\max(|q|,|r|)} = \frac{1}{H(x)}.$$

□

ロスの定理や abc 予想の「正しい」活躍の場は，**射影直線**と呼ばれるもので，$\mathbb{P}^1$ と書く．これは集合としては，実数 $\mathbb{R}$ に 1 点「∞」を付け加えたもので，この ∞ は $+\infty$ と $-\infty$ の両方の役割を果たす 1 点である．

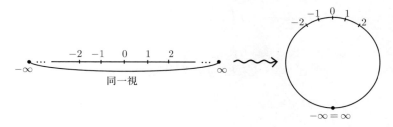

図 7.1　射影直線 $\mathbb{P}^1$ の図

$+\infty$ と $-\infty$ を同一視して 1 点とするので，図 7.1 のように，数直線の両端を「のりづけ」してしまえばよい．すると，円の形となることが分かる．円を下から，時計まわりに進むと，$-\infty$ からどんどん対応する座標が大きくなり，上の点で 0 となり，さらに進んでいくと ∞ にたどり着き，これが $-\infty$ と同じ点となって戻る．また，$\mathbb{P}^1(\mathbb{Q})$ とは，数直線上の有理数点に対応する $\mathbb{P}^1$ の点と ∞ を合わせたものとする．

高さ関数や絶対値も射影直線上で考えることができる．「x が ∞ に近い」というのを「$\frac{1}{x}$ が 0 に近い」と捉え直せばよい．つまり，$x = \frac{q}{r}$ とすると，

$$|x - \infty|_p = \left|\frac{1}{x} - 0\right|_p = \left|\frac{r}{q}\right|_p \quad (p \in M),$$
$$H(x - \infty) = H\left(\frac{1}{x}\right) = H\left(\frac{r}{q}\right)$$

と定義する．分母と分子の役割が入れ替わるだけでである．これを踏まえて，次の高さ関数の性質を確認する．

命題 7.1.2. $a \in \mathbb{P}^1(\mathbb{Q})$ とすると，a によって定まる定数 $C > 0$ が存在して，
$$H(x) \leq C \cdot H(x-a)$$
がどの有理数 x でも成立する．

つまり，a で動かしても高さはあまり変わらない，ということである．C が x によらない定数であることがポイントである．

証明． $a = \infty$ のときは，$x = \frac{q}{r}$ とすると，
$$H(x) = \max(|q|, |r|),$$
$$H(x-a) = H\left(\frac{1}{x}\right) = H\left(\frac{r}{q}\right) = \max(|r|, |q|)$$
なので，どの x に関しても $H(x) = H(x-a)$ となり，$C = 1$ ととればよい．そこで，$a = \frac{\alpha}{\beta}$ とする．すると，$y = \frac{q}{r}$ が既約分数表示ならば，
$$H(y+a) = H\left(\frac{q}{r} + \frac{\alpha}{\beta}\right) = H\left(\frac{q\beta + \alpha r}{r\beta}\right).$$
分子は，三角不等式（付録の A.1.1）より，
$$|q\beta + \alpha r| \leq |q\beta| + |\alpha r| \leq (|\alpha| + |\beta|) \cdot \max(|q|, |r|).$$
また，分母は $|r\beta| \leq |\beta| \cdot \max(|q|, |r|)$ を満たす．よって，$C = |\alpha| + |\beta|$ とおけば，
$$H(y+a) \leq C \cdot H(y)$$
がどの有理数 y でも満たされることが分かった．$\frac{q\beta + \alpha r}{r\beta}$ の分母と分子が約分されるときは，さらに左辺が小さくなるので，問題ないことにも注意しよう．最後に，$y = x - a$ を代入すれば，
$$H(x) \leq C \cdot H(x-a)$$
となるので，証明できた． □

単数方程式の 5.3 節でも述べたように，ロスの定理は，次のように，複数の絶対値に拡張できる．これは「リドゥーの定理」と呼ばれることもある．ロスの定理の主張から直接導くことは難しいものの，ロスの定理の証明方法をそのまま複

数の絶対値で行うことで得られる結果である．

> **定理 7.1.3**（ロスの定理の複数絶対値版（リドゥーの定理））．S を M の有限部分集合とし，$a_1, \ldots, a_n \in \mathbb{P}^1(\mathbb{Q})$ とする．このとき，$\rho > 2$ ならば，
> $$\prod_{i=1}^{n} \left(\prod_{p \in S} \min\left(|x - a_i|_p, 1\right) \right) < \frac{1}{H(x)^\rho} \qquad (7.1.2)$$
> を満たすような有理数 x は有限個しかない．

S は有限集合なので，左辺は有限個の積である．S の中に，通常の絶対値が入っていてもよいし，入っていなくてもよい．「絶対値が小さい」ということは「x が a_i に近い」ということなので，S に含まれる絶対値で何らかの a_i に x が十分近いならば，そのような x の候補は有限個しかない，というのがこの定理の主張である．1 つの a_i に 1 つの絶対値でものすごく近いことによって，(7.1.2) 式を満たすことも可能だし，あるいは，複数の a_i や複数の絶対値で「そこそこ」近いから全部をまとめると，(7.1.2) 式を満たすこともありうるが，どちらの場合でも，x の候補は有限個となる，と主張している．

さて，このリドゥーの定理を命題 7.1.1 や命題 7.1.2 を使って変形してみる．まず，各 a_i ごとに，命題 7.1.1 を $x - a_i$ に使うことで，

$$\prod_{p \in M} \min\left(|x - a_i|_p, 1\right) = \frac{1}{H(x - a_i)} \qquad (x \neq a_i)$$

が分かる．したがって，(7.1.2) 式の各 i ごとにこの式で割ると，リドゥーの定理を，「$x \neq a_1, \ldots, a_n$ で，

$$\prod_{i=1}^{n} \left(\prod_{p \in M \setminus S} \min\left(|x - a_i|_p, 1\right)^{-1} \right) < \frac{1}{H(x)^\rho} \cdot \prod_{i=1}^{n} H(x - a_i) \qquad (7.1.3)$$

を満たす有理数 x は有限個」という主張に変形できる．ここで，$M \setminus S$ とは M の元だが S には含まれないものの集まりのことである．次に，命題 7.1.2 を使うと，各 a_i ごとにある $C_i > 0$ が存在して，全ての x で

$$H(x) \leq C_i \cdot H(x - a_i) \quad \Longleftrightarrow \quad \frac{1}{C_i} H(x) \leq H(x - a_i)$$

が成り立つ．よって，

$$\prod_{i=1}^{n} \left(\frac{1}{C_i} H(x) \right) \leq \prod_{i=1}^{n} H(x - a_i)$$

となるので，(7.1.3) 式型のリドゥーの定理から，「$x \neq a_1, \ldots, a_n$ で，

$$\prod_{i=1}^{n} \left(\prod_{p \in M \setminus S} \min \left(|x - a_i|_p, \, 1 \right)^{-1} \right) < \frac{1}{H(x)^\rho} \cdot \prod_{i=1}^{n} \left(\frac{1}{C_i} H(x) \right) = \frac{H(x)^{n-\rho}}{C_1 \cdots C_n}$$

を満たす有理数 x は有限個である」ことも分かる．ここで，$a_1 = 0$，$a_2 = 1$，$a_3 = \infty$ の場合に特化する．このとき $\frac{1}{C_1 C_2 C_3}$ を C と書くことにすると，不等式は

$$\left(\prod_{p \in M \setminus S} \min \left(|x|_p, \, 1 \right)^{-1} \right) \times \left(\prod_{p \in M \setminus S} \min \left(|x - 1|_p, \, 1 \right)^{-1} \right)$$
$$\times \left(\prod_{p \in M \setminus S} \min \left(\left| \frac{1}{x} \right|_p, \, 1 \right)^{-1} \right) < C \cdot H(x)^{3-\rho} \qquad (7.1.4)$$

となる．

さて，ここで S に通常の絶対値を含めることにすると，$p \in M \setminus S$ は素数 p に対する絶対値となる．このとき，有理数 α に対して

$$\min \left(|\alpha|_p, \, 1 \right)^{-1} \qquad (7.1.5)$$

を考えると，α の分母や分子に p のべきがないときは 1，分母に p のべきがあるときは，$|\alpha|_p > 1$ となるのでやはり 1，そして α の分子の素因数分解に p^k があるときは，$\min(|\alpha|_p, 1) = \frac{1}{p^k}$ となるので，(7.1.5) 式は p^k となる．つまり，(7.1.5) 式は α の分子の p べき部分をちょうど抽出する．また，$\frac{1}{x}$ の分子とは，つまり x の分母のことなので，これらの観察を踏まえて，(7.1.4) 式を書き直すと，

$$\left(\prod_{p \in M \setminus S} (|x| \text{ の分子の } p \text{ べき部分}) \right) \times \left(\prod_{p \in M \setminus S} (|x - 1| \text{ の分子の } p \text{ べき部分}) \right)$$
$$\times \left(\prod_{p \in M \setminus S} (|x| \text{ の分母の } p \text{ べき部分}) \right) < C \cdot H(x)^{3-\rho} \qquad (7.1.6)$$

となる．

リドゥーの定理から，(7.1.6) 式を満たすような有理数 $x \neq 0, 1$ は有限個しかない，ということが分かっている．逆に言えば，

$$\left(\prod_{p \in M \setminus S} (|x| \text{ の分子の } p \text{ べき部分})\right) \times \left(\prod_{p \in M \setminus S} (|x-1| \text{ の分子の } p \text{ べき部分})\right)$$
$$\times \left(\prod_{p \in M \setminus S} (|x| \text{ の分母の } p \text{ べき部分})\right) \geq C \cdot H(x)^{3-\rho} \tag{7.1.7}$$

が有限個の例外を除いた有理数 x で必ず満たされる（例外に 0 や 1 も含めてしまえばよい）.

この主張は，ほとんどの x にとって「左辺がある程度大きい」という主張である．したがって，左辺の数を小さくしても「まだ左辺が右辺より大きい」と言えれば，それはより強い主張となる．そこで，分子の p べき全体を考えるのではなく，分子が p で割り切れるときは，何乗で割り切れるかにかかわらず p の 1 乗分しか考えないことにしてみよう．つまり，p^2 で割り切れたとしても p, p^{100} で割り切れたとしても p としか換算しないことにする．このようにすると，左辺はより小さくなるので，それでも左辺 $\geq$ 右辺ならば，（ずっと）強い主張となる．これを記述するために，**根基** rad_p を，0 でない整数 n に対して，

$$\mathrm{rad}_p(n) = \begin{cases} p & (n \text{ が } p \text{ で割り切れるとき}) \\ 1 & (n \text{ が } p \text{ で割り切れないとき}) \end{cases}$$

と定義しよう．これがまさに，p で割り切れるときには，何乗で割り切れるかにかかわらず p と換算することである．すると，リドゥーの定理をより強めた主張は，

$$\left(\prod_{p \in M \setminus S} \mathrm{rad}_p(|x| \text{ の分子})\right) \times \left(\prod_{p \in M \setminus S} \mathrm{rad}_p(|x-1| \text{ の分子})\right)$$
$$\times \left(\prod_{p \in M \setminus S} \mathrm{rad}_p(|x| \text{ の分母})\right) \geq C \cdot H(x)^{3-\rho} \tag{7.1.8}$$

が有限個の例外を除いた有理数 x で必ず満たされる，という主張となる．

この主張が **abc 予想** である．よく紹介される形に変形しよう．ρ はロス（リドゥー）の定理より 2 より大きい数だったので，ある正の数 ε を使って $\rho = 2 + \varepsilon$ と記述できる．また，x を $\frac{a}{c}$ と既約分数表示して，$b = c - a$ とおくと，a, b, c は共通の約数を持たない整数で，$a + b = c$ を満たす．また，

$$|x| \text{ の分子} = |a|, \quad |x-1| \text{ の分子} = \frac{|a-c|}{|c|} \text{ の分子} = |b|, \quad |x| \text{ の分母} = |c|$$

7.1 ロスの定理の強力版

である．$\gcd(a,b,c) = 1$ より，
$$\mathrm{rad}_p(a) \times \mathrm{rad}_p(b) \times \mathrm{rad}_p(c) = \mathrm{rad}_p(abc)$$
も成り立つ．さらに，三角不等式より，$|b| \leq |a| + |c| \leq 2\max(|a|,|c|) = 2H(x)$ なので，
$$H(x) \leq \max(|a|,|b|,|c|) \leq 2H(x)$$
が成り立つ．つまり，定数 C を調整すれば，(7.1.8) 式の右辺の $H(x)$ を $\max(|a|,|b|,|c|)$ で置き換えても主張は変わらない．最後に，(7.1.8) 式を満たさないような有限個の x に対しては，この式の左辺と右辺の比をとることで，どの定数 C' に変えたら成り立つかを計算し，その中で一番小さいものを新しい C としてとってしまえばよい．$x \neq 0, 1$ である限り左辺は 0 にはならず，定義より $H(x)$ が ∞ になることはないので，C' は必ず 0 より大きくなり，有限個のこのような C' の最小値もやはり 0 より大きい．このように，C をより小さくすることで，元々あった有限個の例外を（0，1 を除くと）なくすことができる[注2]．

これらの観察を使って (7.1.8) 式を書き直したものが，次の **abc 予想**[注3]である．

> **予想〈abc 予想〉**
>
> S を通常の絶対値を含むような M の有限部分集合とし，$\varepsilon > 0$ とする．このとき，ある定数 $C > 0$ が存在して，0 ではない整数 a, b, c が $a + b = c$ かつ $\gcd(a,b,c) = 1$ を満たすならば，
> $$\prod_{p \in M \setminus S} \mathrm{rad}_p(abc) \geq C \cdot \max(|a|,|b|,|c|)^{1-\varepsilon}$$
> が必ず成り立つ．

つまり，「$a + b = c$ という足し算の関係式を満たしている以上，左辺が大きい」ということなので，abc を割り切るような十分大きい素数が存在することになる．したがって，3 つの数どれもが小さい素数だけからなるような素因数分解を持つことが不可能となる．左辺が大きければよいので，1 つだけ大きい素数があってもよいし，そこそこの大きさの素数が十分な数あってもよい．

最も標準的な紹介では，S を通常の絶対値のみとする場合が多く，その場合，

[注2] $x = 0, 1$ のときは，それぞれ $a = 0$，$b = 0$ である．
[注3] 「ABC 予想」とする文献もあるが，$a + b = c$ からくるものなので，小文字表記の方がふさわしいと思われる．

$$\prod_{p \in M \setminus S} \mathrm{rad}_p(abc) = \prod_{p \text{ は素数}} \mathrm{rad}_p(abc)$$

は簡単に $\mathrm{rad}(abc)$ と書かれ，abc を割り切る素数の積と等しくなる．一般に，定数 C は ε には依存し，ε を小さくすると C も小さくしないといけない．また，$C' = C^{-1/(1-\varepsilon)}$, $1+\varepsilon' = \frac{1}{1-\varepsilon}$ とすることで，

$$C' \cdot \prod_{p \in M \setminus S} \mathrm{rad}_p(abc)^{1+\varepsilon'} \geq \max(|a|,|b|,|c|)$$

の形で不等式が書かれることも多い．

元々この予想は 1980 年代前半に（つまりまだ「フェルマーの最終定理」が未解決問題だった時期），フェルマーの最終定理を導くための道具の候補として，Masser と Oesterlé により提案されたものである．「p で割り切れるときには，何乗で割り切れるかにかかわらず p と換算」という発想は，やや過激に感じられるかもしれない．有理数や，整数係数多項式を満たす根を有理数に付け加えたような世界[注4]においては，複素数係数の 1 変数多項式の世界と類似の結果が成り立つことが多く，こちらの世界で abc 予想の類似を考えると，簡単な定理となっている．また，7.4 節でも紹介するが，ボエタによって，ロスの定理の世界と，複素関数の値分布理論である「ネヴァンリンナ理論」の世界に類似が成り立つことも詳しく調べられており，この世界で abc 予想の類似を考えると，ネヴァンリンナ理論の「第二主要定理」と呼ばれる，1920 年代に証明されたものになっている[注5]．このような類似から，そこまで過激ではないのかもしれない，との望みがあり，提案された予想である．

フェルマーの最終定理との関連があることもあり，提案当初から整数論者が必死に取り組んできた予想であったが，困難を極めた．過去に何度か，一流数学者が証明を発表したこともあったが，そのたびに（埋めようのない）欠陥が指摘されてきた．ところが，2012 年 8 月に京都大学数理解析研究所の望月新一教授により新しい証明が発表され，2016 年 11 月現在，専門家による検証作業が続いている．なお，望月氏の発表の前までは，abc 予想本来の右辺の対数的大きさよりは左辺が大きいことを保証する

$$\prod_{p \in M \setminus S} \mathrm{rad}_p(abc) \geq C \cdot \bigl(\log \max(|a|,|b|,|c|)\bigr)^{3-\varepsilon}$$

注4　このようなものを**代数体**といい，第 5 章の連分数のところで出てきた $\mathbb{Q}(\sqrt{d})$ などが例である．
注5　ネヴァンリンナ理論を理解するのには，大学学部レベルの解析学は最低限必要となってしまうが，野口「多変数ネヴァンリンナ理論とディオファントス近似」[15] に体系的に解説されている．

というストゥワート（Stewart, CL）とユー（Yu, K）の結果が最良であった[注6]．

単数方程式（定理5.3.1）の場合，$a+b=c$という足し算の条件と，「a も b も c も，素因数分解には事前に決めておいた有限個の素数しか登場しない」という掛け算の条件の両立の（有限個の例外を除く）不可能さを言ったものだったが，abc 予想の場合，掛け算に関する条件が非常に弱くなっており，

$$\mathrm{rad}(abc) < C \cdot \max(|a|, |b|, |c|)^{1-\varepsilon}$$

という条件との両立が不可能だ，と言っている．つまり，a や b や c の素因数分解に登場する素数の積が，それぞれ $\max(|a|, |b|, |c|)^{\frac{1}{3}-\varepsilon}$ 位までの大きさならば両立不可，ということになる．単数方程式における S を，a や b や c に応じてある程度動かしても両立不可，と言っているような感じのものが abc 予想であり，はじめに S を固定してしまう単数方程式の定理より，はるかに強力である．ただ，どちらも，足し算と掛け算の条件の両立の難しさに言及しており，これは整数論の重要なテーマの１つである[注7]．

2012年に望月氏が発表した論文「Inter-universal Teichmüller Theory I～IV」[注8]でも，この考え方が根底にある．1960年代に代数幾何に革命をもたらしたグロタンディークが，力を入れていた分野の１つに「遠アーベル幾何」と呼ばれるものがあり，元々これが望月氏の専門分野の１つであった．この分野では，代数幾何学的な対象（複数の多変数方程式の解の集まり）を，その幾何学の基本群という群論的構造から復元することが目標である．abc 予想が「足し算」と「掛け算」と２つの条件の両立についてである以上，「足し算」の方を「掛け算」からくる群構造から復元できれば，予想のような評価をすることができるのではないか，というのが望月氏の着想点である．

ただ，当然のことながら，この復元は容易ではない．そこで，２つの構造を持つと考えられるもう１つの例である「複素構造」に着目し，その整数論類似を，評価可能な誤差つきで成立させたのが，宇宙際タイヒミュラー理論である．複素数 z は通常 $x+iy$ と書くことが多いが，極座標 (r, θ)，つまり，原点からの距離 r と，正の x 軸方向から反時計回りに測った角度 θ を使って，$z = re^{i\theta}$ と書くこ

[注6] Stewart, CL, Yu, K: *Duke Math. J.*, **108(1)** (2001).
[注7] 整数の話で「足し算」と「掛け算」と書くと，『掛け算 $n \times m$ は n を m 回足したものだから，「足し算」で書けてしまうのではないか？』と思われてしまうが，少し世界を広げて，例えば，$(2+\sqrt{3})^5$ を考えると，これは $2 + \sqrt{3}$ を何回か足すことでできることではない．abc 予想やロスの定理は，有理数限定ではなく代数体で考える方が自然なので，このような広い世界では「掛け算」と「足し算」は明らかに異なる．実際，望月氏が証明を発表したのも，abc 予想の代数体版である．
[注8] 日本語にすると「宇宙際（うちゅうさい）タイヒミュラー理論」，望月新一＠数理研—公式サイト（日本語）：http://www.kurims.kyoto-u.ac.jp/~motizuki/（2016年10月現在）．

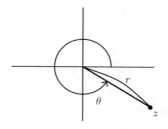

図 7.2　複素平面の極座標

ともできる（図 7.2 参照）．しかも
$$z_1 z_2 = r_1 e^{i\theta_1} \times r_2 e^{i\theta_2} = (r_1 r_2) e^{i(\theta_1 + \theta_2)}$$
なので，複素数の掛け算をすると，距離の方は「掛け算」，角度の方は「足し算」となる．このように考えると，複素数とは「掛け算」をする実数と「足し算」をする実数を兼ね合わせている世界と考えることもでき，abc 予想で扱いたい両立との類似と捉えられる．そこで，同じ幾何に対していくつもの複素構造があるときの変形理論である「タイヒミュラー理論」の数論類似物を構築することを望月氏は考え，壮大な理論を作り上げた．これが発表された論文の大部分を占める．実際には，群構造から「足し算」的なものを復元する際に，いわば「ずれ」が生じてしまうので，その評価を可能にするために，複数の視点（宇宙）があると考え，それらを結びつける役割であるリンクを通して，最終的に abc 予想の不等式を導出している．

　abc 予想には，いくつかの同値な予想が以前から知られている．そのうちの 1 つが楕円曲線の**スピロ予想**，と呼ばれるもので，実際に望月氏が証明したのもこちらの予想である．詳しくは述べないが，楕円曲線の定義式の係数と，**判別式**や**導手**と呼ばれる不変量との間に成り立つ不等式である．これらの不変量は，「楕円曲線 E を法 p で考えたときに，どの p で考えると楕円曲線にならないか」という問題や，楕円曲線に付随する L 関数が満たす式に登場する係数などに関連し，非常に奥深い．abc 予想とスピロ予想との関連は，次節の余談 7.2.8 で述べる．

　abc 予想を，そもそもロスの定理の強化版として紹介しているので，abc 予想から当然ロスの定理を導くことができる．そのほかの abc 予想の帰結として，次がよく知られている．

- ファルティングスの定理（定理 6.4.2）：エルキーズの結果で，Belyi 写像と呼ばれる写像を利用することで，一般の種数の代数曲線の性質を $\mathbb{P}^1$ の性質に帰着させて証明した．当時すでに，ファルティングスの結果は証明されていたが，このエルキーズの考え方は重要で，現在の研究でも活用されている．また，ε が与えられたときに C が計算可能な形で abc 予想が証明されると（余談 7.1.4 の実効性の部分を参照のこと），代数曲線の有理点をどこまでの範囲で探せばよいかが決まることになり，これはファルティングスの手法では得られない．
- $2^{p-1} \not\equiv 1 \pmod{p^2}$ を満たす素数 p の無限性：これはヴィーフェリッヒ素数でない素数が無限個あるということを示しており，シルバーマンの結果である．実際には，ヴィーフェリッヒ素数は，今のところ 1093 と 3511 しか知られていない．
- ジーゲル・ゼロが存在しないこと：$\chi_d(p)$ を法 p での $-d$ のルジャンドル記号で定義して（83 ページ），この指標に対するディリクレ L 関数（140 ページ）

$$L(s, \chi_d) = \prod_{p \text{ は素数}} \left(1 + \frac{\chi_d(p)}{p^s} + \frac{\chi_d(p)^2}{p^{2s}} + \frac{\chi_d(p)^3}{p^{3s}} + \cdots\right)$$

を考えると，d によらないある定数 c があり，$1 - \frac{c}{\log d} < s \leq 1$ を満たす実数 s においては，$L(s, \chi_d) \neq 0$ である，という事実である．これはグランヴィルとスタークにより，（一様的な代数体版 abc 予想が成り立つと仮定して）証明された．これはリーマン予想（132 ページ）の 2 次体における類似（一般リーマン予想の 2 次体版）の解決への第一歩であり，$\mathbb{Q}(\sqrt{-d})$ の形の代数体の類数の下界を示すことで証明された．

このように abc 予想の応用は，ディオファントス幾何，合同式に関する性質，素数分布など多岐に渡っている．本章では，この後，次節でディオファントス方程式，特に「フェルマーの最終定理」型の問題への応用を紹介し，7.3 節では，近年盛んに研究されている分野の 1 つである数論的力学系への応用を紹介する．

余談 7.1.4.
　一言で「abc 予想」といっても，複数種類ある．すでに述べたように，「代数体版」，つまり有理数だけでなく代数体上の元として a, b, c をとったときの abc 予想を，高さ関数の拡張を用いて書くことができる．また，代数体を 1 つ固定するのではなく，代数体を動かしたときにどのように定数 C が動いていくのかまで言及した「一様版」の代数体 abc 予想もある．望月氏が証明を発表しているのは，この一様版の代数体 abc 予想である．

　また，細かい話となるが，実効的（161 ページ）なのかどうかも大事なポイントである．つまり，ε を決めた際に，C をある数以上として計算することができるか，ということである．上で述べたエルキーズの議論でも登場するし，次節で詳しく述べるディオファントス方程式への応用でも，この C が計算可能かどうかによって，コンピューターに作業を任せられるのかが決まる．望月氏の論文でも実効性に関してコメントされているが，Dimitrov 氏が発表した論文[注9]で，「望月氏の理論が正しいならば実効的な abc 予想も従う」とより明確に言及されている．

注9　Dimitrov, V: https://arxiv.org/pdf/1601.03572v1 (2016).

7.2 フェルマー最終定理も導ける —ディオファントス方程式への応用

すでにいくつか abc 予想の帰結を紹介したが，本節では，ディオファントス方程式への応用を紹介する．元々，フェルマーの最終定理への道具の候補として考え出されたものだが，その他にも応用例はたくさんある．そのうちの代表的なものを紹介する．

abc 予想を仮定してしまうと，ディオファントス方程式の結果を簡単に得られてしまうことがよく分かるはずである．これは，これらのディオファントス方程式が簡単だからではなく，abc 予想が（利用するのがほとんど反則に思えてくる位）とてつもなく強力であるからである．$\mathrm{rad}(x^n) = x$ となるから，高いべきを持つような方程式で，しかも項の数が 3 項なものは，abc 予想を応用しやすい．

まずはフェルマーの最終定理である．有名なので記述するまでもないとは思うが，明記しよう．

> **定理 7.2.1**（フェルマー最終定理）．自然数 n が 3 以上ならば，
> $$x^n + y^n = z^n$$
> を満たす自然数の組 (x, y, z) は存在しない．

abc 予想を仮定すると，次の命題が導ける．

命題 7.2.2（大きい n のフェルマーの最終定理）**.** abc 予想を仮定すると，十分大きい指数 n に関して，フェルマーの最終定理が成り立つことを示せる．より具体的には，もしある $0 < \varepsilon < 1$ に関して，定数 C が存在して，自然数 a, b, c が $a + b = c$ かつ $\gcd(a, b, c) = 1$ を満たすとき

$$\mathrm{rad}(abc) \geq C \cdot \max(a, b, c)^{1-\varepsilon} \tag{7.2.1}$$

が成り立つのであれば，

$$n > \frac{\log_4\left(\dfrac{1}{C}\right) + 3}{1 - \varepsilon} \tag{7.2.2}$$

を満たす n に対してのフェルマーの最終定理が成り立つ．

「1 つの」ε に対して abc 不等式（(7.2.1) 式）がある定数 C に対して成り立っていれば，十分大きい n に対するフェルマーの最終定理が言えることになる．実際の abc 予想では「任意の」ε に対して (7.2.1) 式を満たす定数 C を見つけないといけないので，この命題で必要な主張は，abc 予想よりだいぶ弱い．どの範囲の n に関してフェルマーの最終定理を言えるかは，C の大きさ次第で，C が小さくしかとれないと，フェルマーの最終定理が言えるのは大きい n のみとなってしまう．

もちろん，フェルマーの最終定理はワイルズ（およびワイルズとテイラーの共著論文）により，1995 年にすでに解決されている．ただ，abc 予想が発表されたのはその前だったため，この命題のおかげで，abc 予想は発表直後から大注目された．例えば，100 未満の素数だけで素因数分解ができるような n に関しては，現代では「代数的整数論」と呼ばれる理論の原型を構築することで，クンマーがフェルマーの最終定理を証明していた．よって，(7.2.2) 式の右辺が 100 以下まで落ちるような形の ε と C で実効的に abc 不等式（(7.2.1) 式）が示せれば，フェルマーの最終定理の完全解決となるところであった．

命題 7.2.2 の証明. x と y と z に共通の約数があれば，それで割ったものも同じフェルマー方程式を満たすので，$\gcd(x, y, z) = 1$ と仮定してよい．x と y と z のうち 2 つの数が共通の素数で割り切れれば，必然的に最後の 1 個も同じ数で割り切れるので，どの 2 つをとっても互いに素である．

まず，$z \geq 4$ を示す．x と y が自然数なので，$z = 1$ は明らかに不適で，

$z = 2$ の場合も，$x = y = 1$ のみとなり不適．また，$(x, y, z) = (1, 1, 3)$ も不適なので，$z = 3$ のときは，$x = 1$ かつ $y = 2$ (かその逆) となる．しかしこの場合，

$$x^n = z^n - y^n = (z-y)(z^{n-1} + z^{n-2}y + \cdots + zy^{n-2} + y^{n-1})$$

の右辺の 2 項目は，正の数の足し算なので 1 になることはなく，左辺の 1 とは一致しない．これで，$z \geq 4$ が示せた．

そこで，$a = x^n$，$b = y^n$，$c = z^n$ として (7.2.1) 式を使うと，$\mathrm{rad}(abc) = \mathrm{rad}(xyz)$，$\mathrm{rad}(x) \leq x \leq z$，$\mathrm{rad}(y) \leq y \leq z$，$\mathrm{rad}(z) \leq z$ より，

$$z^3 \geq C \cdot (z^n)^{1-\varepsilon} = C \cdot z^{n(1-\varepsilon)}.$$

移項すると

$$\frac{1}{C} \geq z^{n(1-\varepsilon)-3} \geq 4^{n(1-\varepsilon)-3}.$$

よって，

$$n(1-\varepsilon) - 3 \leq \log_4\left(\frac{1}{C}\right) \quad \text{つまり} \quad n \leq \frac{\log_4\left(\frac{1}{C}\right) + 3}{1 - \varepsilon}$$

となる．これで n の範囲が決まったので，これより大きい n に関しては，$x^n + y^n = z^n$ を満たす自然数の組 (x, y, z) がないことが分かった． □

この命題の証明をみても分かる通り，abc 予想は強力である．他の (難しいと思われている) ディオファントス方程式に関しても，似たような簡単な議論で，abc 予想から強い主張が得られる．

定理 7.2.3 (ダーモン–グランヴィル). p, q, r を 0 ではない整数とし，k, m, n は自然数で

$$\frac{1}{k} + \frac{1}{m} + \frac{1}{n} < 1 \tag{7.2.3}$$

を満たすとする．このとき，

$$px^k + qy^m = rz^n \tag{7.2.4}$$

を満たし $\gcd(x, y, z) = 1$ であるような整数の組 (x, y, z) は有限個である．

フェルマー最終定理と違い，指数が異なることも許されており，また，前に係数も付いている．このことから，一般に，「解がない」とは言えない．どんな k, m, n に対しても，例えば $(x, y, z) = (2, 3, 5)$ が解となるように係数 p, q, r を調整することができてしまうからである．また，任意の自然数 d に対して，x を d^{mn} 倍，y を d^{kn} 倍，z を d^{km} 倍したものもまた解となってしまうため，$\gcd(x, y, z) = 1$ という条件も必要である．

この定理は，(abc 予想を仮定せずに) 1995 年に証明された．前節で紹介したエルキーズの議論と同様「分岐被覆」というものを使い，ファルティングスの定理（定理 6.4.2）から導出している．ただ，abc 予想を仮定してしまうと，次のようにすぐに結論を得られてしまう．

命題 7.2.4. abc 予想を仮定すると，ダーモン–グランヴィルの定理を得られる．

証明． p と q と r の公約数で割った方程式を考えても解は変わらないので，$\gcd(p, q, r) = 1$ と仮定してよい．また，有限個の係数の集合 T があり，(7.2.4) 式の解ごとに，T に属する係数 (p', q', r') に対する (7.2.4) 式の解 x', y', z' を対応させることができ，しかも $\gcd(p'(x')^k, q'(y')^m, r'(z')^n) = 1$ を満たす．この事実を示すことができて，$\gcd(px^k, qy^m, rz^n) = 1$ を満たす解の有限性が言えれば，T に属する係数ごとに有限性が言えるので，結局元々の p, q, r に対する全ての解の有限性が言えることになる．

T は以下のように作ればよい．例えば，$\gcd(px^k, qy^m, rz^n)$ が d で，p と r が d で割り切れ，y が d で割り切れるとしよう．このとき，(7.2.4) 式全体を d で割ると，
$$\frac{p}{d} \times x^k + (qd^{m-1}) \times \left(\frac{y}{d}\right)^m = \frac{r}{d} \times z^n$$
となり，この場合の項の最大公約数は 1 となる．したがって，係数 $(\frac{p}{d}, qd^{m-1}, \frac{r}{d})$ に対する解 $(x, \frac{y}{d}, z)$ が対応することになる．他の場合も同様で，pqr の約数を全て考えて，それらの $k-1$ 乗，$m-1$ 乗，$n-1$ 乗で元々の係数を掛けたものを全て考えれば，そのいずれかの係数に対する解で項の最大公約数が 1 のものと対応することが分かる．約数の個数は有限個しかないから，T が有限個だということも分かる．

そこで，$\gcd(px^k, qy^m, rz^n) = 1$ と仮定する．このとき，(7.2.4) 式に対して，

$$\underbrace{px^k}_{a} + \underbrace{qy^m}_{b} = \underbrace{rz^n}_{c}$$

とおいて，abc 予想を使うと，

$$\mathrm{rad}(px^k \cdot qy^m \cdot rz^n) \leq |pqr| \cdot \mathrm{rad}(xyz) \leq |pqr| \cdot |xyz|$$

なので，次を得る．

$$|pqr| \cdot |xyz| \geq C \cdot |px^k|^{1-\varepsilon} \iff \left(\frac{|pqr| \cdot |xyz|}{C|p|^{1-\varepsilon}}\right)^{\frac{1}{k}} \geq |x|^{1-\varepsilon}$$

$$|pqr| \cdot |xyz| \geq C \cdot |qy^m|^{1-\varepsilon} \iff \left(\frac{|pqr| \cdot |xyz|}{C|q|^{1-\varepsilon}}\right)^{\frac{1}{m}} \geq |y|^{1-\varepsilon} \quad (7.2.5)$$

$$|pqr| \cdot |xyz| \geq C \cdot |rz^n|^{1-\varepsilon} \iff \left(\frac{|pqr| \cdot |xyz|}{C|r|^{1-\varepsilon}}\right)^{\frac{1}{n}} \geq |z|^{1-\varepsilon}$$

(7.2.5) 式の $\iff$ の右側を掛け合わせると，

$$\underbrace{\left(\frac{|pqr|}{C}\right)^{\frac{1}{k}+\frac{1}{m}+\frac{1}{n}} \cdot \left(\frac{1}{|p|^{\frac{1}{k}}|q|^{\frac{1}{m}}|r|^{\frac{1}{n}}}\right)^{1-\varepsilon}}_{C'} \cdot |xyz|^{\frac{1}{k}+\frac{1}{m}+\frac{1}{n}} > |xyz|^{1-\varepsilon}. \quad (7.2.6)$$

(7.2.3) 式より，$\frac{1}{k} + \frac{1}{m} + \frac{1}{n} < 1 - \varepsilon$ を満たすような正の ε をとることができて，そのとき

$$C' > |xyz|^{1-\varepsilon-(\frac{1}{k}+\frac{1}{m}+\frac{1}{n})}.$$

$1 - \varepsilon - (\frac{1}{k} + \frac{1}{m} + \frac{1}{n})$ は正なので，$|xyz|$ は有界となる．したがって，整数 x, y, z の可能性も有限個となるので，(7.2.4) 式の解の有限性が示せた． □

証明から分かるように，$\frac{1}{k} + \frac{1}{m} + \frac{1}{n} < 1 - \varepsilon$ を満たすような 1 つの ε に対して abc 予想が証明できていれば，指数 k, m, n の場合のダーモン–グランヴィルの結果を得られることが分かる．

次に，まだ証明されていない結果で，abc 予想の帰結となるものをいくつか紹介する．ダーモン–グランヴィルの結果では，k, m, n を固定した状態で有限性を主張していたが，係数 p, q, r を全て 1 にした場合，k, m, n が自由に動いたとしても解の有限性が言えるだろう，という予想をまず紹介する（つまり，ほとんどの k, m, n には解が 1 つもないことになる）．

予想〈フェルマー–カタラン予想〉

自然数 x, y, z, k, m, n が

$$x^k + y^m = z^n, \quad \gcd(x, y, z) = 1, \quad \frac{1}{k} + \frac{1}{m} + \frac{1}{n} < 1 \qquad (7.2.7)$$

を満たすような，自然数の組 (x^k, y^m, z^n) は有限個しかない．

この予想の名前は，フェルマー最終定理（$k = m = n \geq 4$ の場合）とカタラン予想のどちらも一般化していることに由来する．**カタラン予想**とは，フェルマー–カタラン予想の $y = 1$ の場合に対応し，「$z^n - x^k = 1$ を満たす 2 以上の自然数の組は $(x, z, k, n) = (2, 3, 3, 2)$ のみ」と主張するものである．1844 年にカタランによって立てられたこの予想は，約 160 年後の 2002 年に，ミハイレスクにより解決された[注1]．自然数のべきの形が隣同士になることは $2^3 = 8$ と $3^2 = 9$ 以外ない，という主張である．

フェルマー–カタラン予想の方はまだ未解決であるが，今のところ知られている解は次のみである．

$$\begin{aligned}
&1^\ell + 2^3 = 3^2 \quad (\ell \text{ は十分大きい自然数}), \quad 2^5 + 7^2 = 3^4, \\
&13^2 + 7^3 = 2^9, \quad\quad\quad\quad\quad\quad\quad\quad\quad\quad\; 2^7 + 17^3 = 71^2, \\
&3^5 + 11^4 = 122^2, \quad\quad\quad\quad\quad\quad\quad\quad\quad\; 33^8 + 1549034^2 = 15613^3, \quad (7.2.8)\\
&1414^3 + 2213459^2 = 65^7, \quad\quad\quad\quad\quad\; 9262^3 + 15312283^2 = 113^7, \\
&17^7 + 76271^3 = 21063928^2, \quad\quad\quad\; 43^8 + 96222^3 = 30042907^2.
\end{aligned}$$

命題 7.2.4 の証明とほぼ同様の議論で，次が示せる．

> **命題 7.2.5.** abc 予想を仮定すると，フェルマー–カタラン予想を導くことができる．また，$\frac{1}{42}$ 未満のある 1 つの ε に対して，abc 不等式が成り立つ定数 C を求められたら，(7.2.7) 式の解となりうる x^k, y^m, z^n の上界を求めることができる．

後半の主張より，実効的 abc 予想が証明されれば，理論的にはコンピューターによるしらみつぶしで，解を全て求めることができるはずとなる．この命題の証明をする前に，関連するもう 1 つの予想を述べる．

[注1] 論文は Mihăilescu, P: *J. reine angew. Math.*, 572 (2004).

予想〈タイダマン–ザギエー予想〉

自然数 x, y, z, k, m, n で
$$x^k + y^m = z^n, \quad \gcd(x, y, z) = 1, \quad k, m, n \geq 3$$
を満たすものは存在しない.

$k = m = n = 3$ の場合はフェルマー最終定理の 3 の場合で（この場合はオイラーによる別証明がある），それ以外の場合は，$\frac{1}{k} + \frac{1}{m} + \frac{1}{n} \leq \frac{1}{3} + \frac{1}{3} + \frac{1}{4} = \frac{11}{12}$ なので，フェルマー–カタラン予想の条件を満たしている．つまり，タイダマン–ザギエー予想は，「フェルマー–カタラン方程式（(7.2.7) 式）の解があるならば，k, m, n のいずれかは 2 となる」と主張しており[注2]，(7.2.8) 式をみる限り，確かに成り立っている．

$\gcd(x, y, z) = 1$ の条件を取り除くことはできず，この条件がないと，
$$(a(a^n + b^n))^n + (b(a^n + b^n))^n = (a^n + b^n)^{n+1}$$
のような形で無限個の反例を作れてしまう．

タイダマン–ザギエー予想を解決すると（証明するか反例を見つけるか），Andrew Beal 氏から賞金（Beal 賞金：アメリカ数学会が管理しており，2016 年現在\$1,000,000）をもらえる．命題 7.2.5 の後半より，実効的 abc 予想を 1 つの十分に小さい ε に対して示せれば[注3]，（十分に速い）コンピューターによるしらみつぶしで解決できることになる．

命題 7.2.5 の証明． まず，$\frac{1}{k} + \frac{1}{m} + \frac{1}{n} \leq \frac{41}{42}$ を示す．$\frac{1}{2} + \frac{1}{2} = 1$ なので，k, m, n のうちの 2 つを 2 にすることはできない．$\frac{1}{2} + \frac{1}{3} + \frac{1}{6} = 1$ なので，2 と 3 をとったら 7 をとらないと，1 未満にはならず，このとき
$$\frac{1}{2} + \frac{1}{3} + \frac{1}{7} = \frac{21 + 14 + 6}{42} = \frac{41}{42}$$
となる．また，$\frac{1}{2} + \frac{1}{4} + \frac{1}{4} = 1$ なので，2 と 4 をとったときに 1 未満で 1 に一番近いのは，$\frac{1}{2} + \frac{1}{4} + \frac{1}{5} = \frac{19}{20}$．$2$ と残りが 5 以上ならば，$\frac{1}{2} + \frac{1}{5} + \frac{1}{5} = \frac{9}{10}$ 以下である．最後に 3 から始めると，$\frac{1}{3} + \frac{1}{3} + \frac{1}{3} = 1$ なので，$\frac{1}{3} + \frac{1}{3} + \frac{1}{4} = \frac{11}{12}$ 以下で，4 以降から始めたら，$\frac{1}{4} + \frac{1}{4} + \frac{1}{4} = \frac{3}{4}$ 以下である．以上をまとめる

注2 $\frac{1}{k} + \frac{1}{m} + \frac{1}{n} < 1$ なのでどれも 1 ではない．
注3 タイダマン–ザギエー予想の k, m, n の範囲の場合，$\frac{1}{k} + \frac{1}{m} + \frac{1}{n}$ は $\frac{1}{3} + \frac{1}{3} + \frac{1}{4} = \frac{11}{12}$ 以下なので，命題 7.2.5 の証明をなぞると，$\varepsilon < \frac{1}{12}$ で Beal 賞金には十分である．

と，$\frac{41}{42}$ が一番大きいことが分かる．

そこで，命題 7.2.4 の証明と同じ議論をすると，abc 予想より，今の場合 (7.2.6) 式の代わりに

$$\underbrace{\left(\frac{1}{C}\right)^{\frac{41}{42}}}_{C'} \cdot (xyz)^{\frac{1}{k}+\frac{1}{m}+\frac{1}{n}} \geq \left(\frac{1}{C}\right)^{\frac{1}{k}+\frac{1}{m}+\frac{1}{n}} \cdot (xyz)^{\frac{1}{k}+\frac{1}{m}+\frac{1}{n}} > (xyz)^{1-\varepsilon}$$

を得る．$\varepsilon < \frac{1}{42}$ ならば，$\frac{1}{k}+\frac{1}{m}+\frac{1}{n} \leq \frac{41}{42} < 1-\varepsilon$ より，

$$C' > (xyz)^{1-\varepsilon-(\frac{1}{k}+\frac{1}{m}+\frac{1}{n})} \geq (xyz)^{1-\varepsilon-\frac{41}{42}}.$$

もう一度 abc 予想の式に戻ると（命題 7.2.4 の証明内の (7.2.5) 式），

$$xyz \geq C \cdot (x^k)^{1-\varepsilon} \qquad (\text{同様に } C \cdot (y^m)^{1-\varepsilon},\ C \cdot (z^n)^{1-\varepsilon})$$

なので，x^k, y^m, z^n を探す範囲が定まる．具体的には

$$\left(\frac{1}{C} \cdot (C')^{\frac{1}{42-\varepsilon}}\right)^{\frac{1}{1-\varepsilon}}$$

以下を探せばよい． □

次に紹介するのがピライが 1931 年に立てた予想である．

予想〈ピライ予想〉

p, q, r を自然数とする．このとき，

$$px^m - qy^n = r, \quad m \geq 2, \quad n \geq 2, \quad (m, n) \neq (2, 2)$$

を満たす自然数の組 (x, y, m, n) は有限個である．

フェルマー–カタラン予想と基本的に似た形で，指数の部分も動いてよい．ただ，フェルマー–カタラン予想と違って，右辺はべきではない．カタラン予想において，右辺の 1 を一般の r にし，べき数の前に係数 p, q を用意したものがピライ予想である．$m = n = 2$ の場合は，例えば $p = 1$，$q = 2$，$r = 1$ とおくとペル方程式（定理 5.2.1）となるので，無限個の解 (x, y) が出てきてしまう．

命題 7.2.6. abc 予想を仮定すると，ピライ予想を導ける．

証明. $\gcd(px^m, qy^n) = d$ とする．d は r の約数なので，$d \leq r$ に注意しよう．
$$\mathrm{rad}\left(\frac{px^m}{d} \cdot \frac{qy^n}{d} \cdot \frac{r}{d}\right) \leq pqr \cdot xy$$
だから，これまでと同じように，abc 予想より，

$$pqr \cdot xy > C \cdot \left(\frac{px^m}{d}\right)^{1-\varepsilon} \iff \left(\frac{pqrd^{1-\varepsilon} \cdot xy}{Cp^{1-\varepsilon}}\right)^{\frac{1}{m}} \geq x^{1-\varepsilon}$$

$$pqr \cdot xy > C \cdot \left(\frac{qy^n}{d}\right)^{1-\varepsilon} \iff \left(\frac{pqrd^{1-\varepsilon} \cdot xy}{Cq^{1-\varepsilon}}\right)^{\frac{1}{n}} \geq y^{1-\varepsilon} \quad (7.2.9)$$

条件より，$\frac{1}{m} + \frac{1}{n} \leq \frac{1}{2} + \frac{1}{3} = \frac{5}{6}$ なので，上の 2 式を掛け合わせて xy の項を右辺にまとめると，$\varepsilon < \frac{1}{6}$ のとき，

$$\max\left(\frac{pqrd^{1-\varepsilon}}{Cp^{1-\varepsilon}}, \frac{pqrd^{1-\varepsilon}}{Cq^{1-\varepsilon}}\right)^{\frac{5}{6}} \geq \left(\frac{pqrd^{1-\varepsilon}}{Cp^{1-\varepsilon}}\right)^{\frac{1}{m}} \left(\frac{pqrd^{1-\varepsilon}}{Cq^{1-\varepsilon}}\right)^{\frac{1}{n}}$$
$$\geq (xy)^{1-\varepsilon-\frac{1}{m}-\frac{1}{n}}$$
$$\geq (xy)^{1-\varepsilon-\frac{5}{6}}.$$

$d \leq r$ なので，この左辺は abc 予想の定数 C と p, q, r だけから求まり，xy の上界が求まる．そこで，もう一度 (7.2.9) 式に戻ると，x^m や y^n の上界も求まるので，x, y, m, n の候補が有限個となる． □

ピライ予想は，「べき数の差が，ある固定された数になることはあまりないだろう」という予想であった．別の言い方をすれば，べき数の差は結構大きくならなければならない，ということになる．この形で書かれたものが次のホール–ラング–ヴァルトシュミット–スピロ予想で，これも abc 予想からすぐ導ける．

> **予想〈ホール–ラング–ヴァルトシュミット–スピロ予想〉**
>
> m, n を 2 以上の自然数とし，$\varepsilon > 0$ とする．このとき，ある定数 $C' > 0$ が存在して，x, y, z が自然数で $x^m - y^n = z \neq 0$ かつ $\gcd(x, y) = 1$ を満たすならば，
> $$x^{mn-m-n} < C' \cdot \mathrm{rad}(z)^{n+\varepsilon}$$
> $$y^{mn-m-n} < C' \cdot \mathrm{rad}(z)^{m+\varepsilon}$$
> が成り立つ．

$\mathrm{rad}(z) \leq z$ なので,特に,べき数の差は大きい,と主張している.右辺の $\mathrm{rad}(z)$ を z で置き換えて,主張を弱くしたもののことを,**ホール–ラング–ヴァルトシュミット予想**と呼ぶこともある.特に重要なのが,$m = 3$, $n = 2$ の場合で,この場合のホール–ラング–ヴァルトシュミット予想

$$x < C'z^{2+\varepsilon}, \quad y < C'z^{3+\varepsilon}$$

は**ホール予想**.この場合のホール–ラング–ヴァルトシュミット–スピロ予想

$$x < C'\mathrm{rad}(z)^{2+\varepsilon}, \quad y < C'\mathrm{rad}(z)^{3+\varepsilon}$$

(つまり,$\max(x^3, y^2) < C'' \cdot \mathrm{rad}(z)^{6+\varepsilon}$) は**強いホール予想**と呼ばれる.

命題 7.2.7. abc 予想を仮定すると,ホール–ラング–ヴァルトシュミット–スピロ予想を導ける.

証明. ε' の場合のホール–ラング–ヴァルトシュミット–スピロ予想を導くとする.m と n は固定されているので,

$$\min\left(\frac{n + \varepsilon'}{n}, \frac{m + \varepsilon'}{m}\right) > \frac{mn - m - n}{mn - m - n - \varepsilon mn} \tag{7.2.10}$$

を満たすように正の ε をとることができる.そこで,この ε の場合の abc 予想を使うと,$\mathrm{rad}(x^m \cdot y^n \cdot z) \leq xy \cdot \mathrm{rad}(z)$ であることから,

$$\mathrm{rad}(z) \cdot xy \geq C \max(x^m, y^n)^{1-\varepsilon}.$$

ここで,$x \leq \max(x^m, y^n)^{\frac{1}{m}}$, $y \leq \max(x^m, y^n)^{\frac{1}{n}}$ を使うと,

$$\mathrm{rad}(z) \geq C \cdot \frac{\max(x^m, y^n)^{1-\varepsilon}}{xy}$$
$$\geq C \cdot \max(x^m, y^n)^{1 - \frac{1}{m} - \frac{1}{n} - \varepsilon}. \tag{7.2.11}$$

したがって,

$$\mathrm{rad}(z)^n \geq C^n (x^{mn})^{1 - \frac{1}{m} - \frac{1}{n} - \varepsilon} = C^n x^{mn - m - n - \varepsilon mn}$$
$$\mathrm{rad}(z)^m \geq C^m (y^{mn})^{1 - \frac{1}{m} - \frac{1}{n} - \varepsilon} = C^m y^{mn - m - n - \varepsilon mn}$$

となる.上の式の左辺を (7.2.10) 式の左辺でべき乗し,上の式の右辺を (7.2.10) 式の右辺でべき乗することで,題意が示せた. □

強いホール予想を通して,abc 予想と前節で紹介したスピロ予想の関連が説明できるので,本節最後に余談として述べる.

余談 7.2.8.

楕円曲線 E の式を，6.3 節とは少し変えて[注4]，c_4, c_6 を整数として

$$y^2 = x^3 - 27c_4 x - 54c_6$$

と書いたとき，

$$1728\Delta = c_4^3 - c_6^2 \tag{7.2.12}$$

を満たす Δ のことを楕円曲線の**判別式** Δ という．複素数上で $x^3 - 27c_4 x - 54c_6 = 0$ に 3 個の根があったとしても，法 p で考えたとき，つまりこの方程式を合同式に変えたときには，解が重なってしまうことがありうる（例えば，右辺が $(x-9p)(x-18p)(x+27p)$ のとき，整数上で $9p, 18p, -27p$ は別々だが，法 p では $9p \equiv 18p \equiv -27p \pmod{p}$ となってしまう）．このように法 p で考えると E が楕円曲線とはならないようなとき，p は E の判別式を割り切ることが知られている．

次に，E の**導手** $\mathfrak{F}(E)$ とは，楕円曲線に付随する L 関数が満たす等式の係数として登場する重要な不変量で，素因数分解には判別式を割り切るような素数しか登場しない．また，$\mathfrak{F}(E)$ は $\mathrm{rad}(\Delta)$ を使って書き表せるので，強いホール予想を (7.2.12) 式に使うと，

$$\max(c_4^3, c_6^2) \le C'' \mathfrak{F}(E)^{6+\varepsilon} \tag{7.2.13}$$

を，全ての楕円曲線が満たすことが分かる[注5]．この主張が**スピロ予想**である．

逆に，スピロ予想から abc 予想を導くこともできる．これには，フェルマーの最終定理の証明にも使われる，**フライ曲線**と呼ばれる楕円曲線

$$y^2 = x(x-a)(x+b)$$

の導手の計算をすればよい．

注4 法 2 や法 3 で考えたときに同じ式で定義できるように，あえてこのように書く．
注5 導手は定義するのが面倒で，いくつか注意点がある．まず，正確には「極小」なワイエルシュトラス式で書く必要がある．すると，素数 $p \ge 5$ が c_4 と c_6 の両方を割ったとしても，$\gcd(c_4^3, c_6^2)$ は p^{12} では割り切れない．一方，このときは**加法的還元**と呼ばれ，$\mathfrak{F}(E)$ は p^2 で割り切れる．したがって，このような p に対しても (7.2.13) 式が成り立つことになる．このような p があると，c_4 と c_6 が互いに素でなくなるので，本当は強いホール予想を (7.2.12) 式には使えなくなるのだが，以上の議論で切り抜けられる．また，$\mathfrak{F}(E)$ が 2 や 3 で割り切れる回数は E によらず有界だと知られている．これらを全て考慮して (7.2.13) 式を得る．詳しくは，Bombieri–Gubler「Heights in Diophantine Geometry」[12]§12.5, Hindry–Silverman「Diophantine Geometry: An Introduction」[7]§F.3, Silverman「The Arithmetic of Elliptic Curves」[14] Appendix などを参照のこと．

7.3 漸化式で数列を作ると，毎項新しい素数が現れるの？
— 数論的力学系への応用

　長い歴史を持つ整数論だが，数論的力学系という分野は 1980 年代ごろからで[注1]，歴史が浅い．abc 予想は，この分野にも非常に大きな影響力があるので，数論的力学系という分野の宣伝も兼ねて，簡潔に紹介する．

　元々力学系とは，天体の動きなどの分析から始まった分野で，空間内で点 x にあった物体が時間 t の後には $\phi_t(x)$ に動いているような状況を考える．この t を離散時間にすると，「2 時間分の動きは，1 時間の動きにまた 1 時間の動きをしたもの」などと捉えることで，$\phi_2(x) = \phi_1(\phi_1(x)) = (\phi_1 \circ \phi_1)(x)$, $\phi_3(x) = \phi_1(\phi_1(\phi_1(x))) = (\phi_1 \circ \phi_1 \circ \phi_1)(x)$, などとなるので，$\phi_1$ さえよく分かれば分析が可能となる．このように，空間の自己写像 ϕ を 1 つ固定して，その n 回合成

$$\phi^{(n)} = \underbrace{\phi \circ \cdots \circ \phi}_{n \text{ 個}}$$

を考えるのが**力学系**である．力学系の重要な研究対象は**軌道** $\mathcal{O}_\phi(P)$ で，点 P を開始点として，ϕ の繰り返し合成により P がどこに連れていかれるかを記録したものである．つまり，

$$\mathcal{O}_\phi(P) = \{P, \phi(P), \phi(\phi(P)), \phi^{(3)}(P), \ldots, \}$$

である．

　元々は物理学に起源を持つ力学系だが，次第に複素関数について深く調べられ，ジュリア，ファトゥーなどの功績もあり，1 つの確立された分野となった．コンピューターの発展から，マンデルブロ集合（図 7.3）などをきれいに図示で

[注1] 「エルゴード理論や位相力学系と呼ばれる分野を使って，等差数列を調べる」という分野もあり，これはもう少し歴史が古いが，本書で「数論的力学系」とは，代数幾何的な自己写像を調べる分野のこととする．

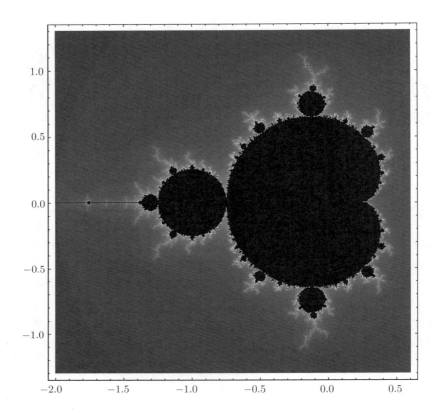

図 7.3 マンデルブロ集合：$z^2 + c$ のジュリア集合が連結となる複素数 c

きるようになると，カオス理論などとの関連もあり，数値解析理論上も大事な分野となっている．

これに対し，自己写像について数論的性質を調べることは，近年まであまりやられてこなかった．例えば，$\phi(x) = x + \frac{1}{x} = \frac{x^2+1}{x}$ を考えよう．これは，多項式を多項式で割ったものなので，**有理関数**である．2 を開始点として，ϕ で順次動かしていくと，

$$\mathcal{O}_\phi(2) = \left\{2, \frac{5}{2}, \frac{29}{10}, \frac{941}{290}, \frac{969581}{272890}, \frac{1014556267661}{264588959090}, \ldots, \right\} \tag{7.3.1}$$

となり，急速に複雑な分数になることが分かる．これをみる限り，$\mathcal{O}_\phi(2)$ には 2 の後には整数は登場しそうにない．数論的力学系という分野が発展するきっかけの 1 つとなったのは，シルバーマンによる結果で，$\phi(\phi(x))$ が多項式（つまり分母に 1 次以上の多項式がない）にならない限り，軌道上の整数点は有限個であ

ることを示した．この定理の証明には，ロスの定理（定理 5.1.3 (iv)）が活用された．

ロスの定理の強力化が abc 予想なので，「ほとんどの軌道の点が整数でない」という主張をより強めるような主張に対しては，abc 予想が活用できるかもしれない，と思える．「整数でない」というのは「分母が 1 でない」ということなので，「$n-1$ 番目までの軌道の点の分母の素因数分解には登場しなかった素数が，n 番目の軌道の点の分母の素因数分解に現れる」という主張を代わりに考えてみる．「1 でない」という主張より，「今まで登場していなかった新しい素数で割り切れる」という主張の方がずっと強い．

やや唐突な導入ではあったが，このような概念は**原始素数**として，様々な数列に関してすでに調べられていた．正確には，数列 $\{a_n\}$ の n 番目の項 a_n の原始素数とは，

$$p \mid a_n, \quad \text{かつ} \quad \text{どんな } 1 \leq m < n \text{ に対しても } p \nmid a_m$$

を満たす素数 p のことである．例えば，有名な**フィボナッチ数列**

$$1, 1, 2, 3, 5, 8, 13, 21, 34, 55, 89, 144, \dots,$$

とは，1 と 1 から始めて，直前 2 項の和を新しい項として作る数列である．これに関しては，カーマイケルの結果があり，1 番目と 2 番目の項の 1，6 番目の項の 8（3 番目の項の 2 でしか割り切れない），12 番目の項の 144（3 番目の項の 2 と，4 番目の項の 3 でしか割り切れない）を除くと，どの項にも原始素数があることが知られている．

先ほどの $\mathcal{O}_\phi(2)$ のようなものの分母で数列を作った場合の，原始素数について調べた結果が次である[注2]．

> **定理 7.3.1**（グラットン–グエン–タッカー）．abc 予想を仮定する．α を有理数とする．また，$\phi(x)$ を有理数係数の有理関数とし，分母か分子のどちらかは次数が 2 以上とする．もし，$\phi(x)$ が x^d や x^{-d} の定数倍でなく，$\mathcal{O}_\phi(\alpha)$ が無限集合ならば，
>
> $$\left\{ \phi^{(n)}(\alpha) \text{ の既約分数表示の分母} \right\}_{n=1}^{\infty} \qquad (7.3.2)$$
>
> には，有限項を除いて原始素数が存在する．

[注2] Gratton, C, Nguyen, K, Tucker, TJ: *Bulletin of the London Mathematical Society* (2013).

ここでは証明を詳しくは述べられないが，なぜ abc 予想が活躍するのかについてだけは触れよう．ϕ の分母か分子が d 次多項式だとする．このとき，高さ関数 (173 ページ) を使うと，(7.3.2) 式の m 番目の項の分母や分子はだいたい d^m 桁位の数になることが分かる（例えば (7.3.1) 式でも，桁数が毎回 2 倍ずつにだいたいなっている）．ここで，p が (7.3.2) 式の n 番目の項の原始素数ならば，

$$p \mid \mathrm{rad}(\phi^{(n)}(\alpha) \text{ の既約分数表示の分母}) \tag{7.3.3}$$

かつ

$$p \nmid \prod_{m=1}^{n-1} \left(\phi^{(m)}(\alpha) \text{ の既約分数表示の分母}\right) \tag{7.3.4}$$

である．(7.3.4) 式に関しては，

$$\prod_{m=1}^{n-1} \left(\phi^{(m)}(\alpha) \text{ の既約分数表示の分母}\right) \tag{7.3.5}$$

$$\approx \prod_{m=1}^{n-1} (d^m \text{桁の数}) \approx (d + d^2 + \cdots d^{n-1}) \text{ 桁の数}$$

$$\approx \frac{d^n - d}{d - 1} \text{桁の数} \tag{7.3.6}$$

を割らないような素数 p がほしいことになる．一方，$\phi^{(n)}(\alpha)$ の既約分数表示の分母は d^n 桁位の数で，abc 予想より，この根基も同じ位 $((1-\varepsilon)$ 乗位) の大きさがあることになる．十分大きい n に対しては，

$$d^n(1-\varepsilon) > \frac{d^n - d}{d-1}$$

なので[注3]，(7.3.3) 式の根基の方が (7.3.6) 式よりも大きい．したがって，単純に大きさの比較をすることで，(7.3.3) 式を割り切るような素数の中で (7.3.6) 式を割り切らないものが存在することが分かり，原始素数の存在性が言える．

さて，本節最後に，数論的力学系における有名な予想を紹介しよう．

注3　$d=2$ のときだけ，$d-1=1$ となってしまい，この議論がうまくいかなくなるので，少し調整が必要となる．

予想〈モートン–シルバーマン予想〉

d を 2 以上の自然数とする.このとき,ある定数 C が存在して,$\phi(x)$ が有理数係数の有理関数で分子・分母の次数が d 以下だとすると,

$$\{\alpha : \alpha \text{ は有理数}, \mathcal{O}_\phi(\alpha) \text{ が有限集合}\}$$

に含まれる元の個数は(ϕ によらず)C 以下である.

つまり,いろいろな有理数係数の有理関数を考えたとしても,次数を固定している限り,軌道が有限となるような有理数の個数は,ある一定の数以下となる.実はこれは,代数曲線上に有理点が見つかるのかどうか,という問題と密接に関わっていて,結局ディオファントス方程式に解がないことを示していくことになる.大変難しい問題だが,前節を踏まえると,上手に abc 予想を活用することでこの予想も解決できるのかもしれない.今後の研究に期待していきたい.

7.4 abc 予想よりもさらに先へ
—ボエタ予想

　abc 予想も十分壮大なのだが，すでに述べたように，ロスの定理や abc 予想の舞台は射影直線である．つまり，1 次元の問題なので，同じような問題を高次元で考えるのは自然な拡張となる．

　ディオファントス近似では，$\left|\frac{p}{q} - \alpha\right|$ という式がたびたび出てきた．これは，「方程式 $x - \alpha$ に有理数 $\frac{p}{q}$ を代入している」と捉えられる．よって，高次元化するには，多変数多項式 $F(x_1, \ldots, x_n)$ に有理数 $\frac{p_1}{q_1}, \ldots, \frac{p_n}{q_n}$ を代入し，

$$\left| F\left(\frac{p_1}{q_1}, \ldots, \frac{p_n}{q_n}\right) \right| \tag{7.4.1}$$

を調べるのが自然な問題となる．

　ここで，問題になるのが，ロスの定理における近似の精度の条件である「2」という数字の一般化である．ディリクレの定理（定理 5.1.1）と合わせると，近似の精度に関して 2 がちょうど境目になっているので，これを何らかの形で高次元の場合に一般化する必要がある．ボエタは，複素関数の値分布理論であるネヴァンリンナ理論に，ロスの定理や abc 予想に極めて似た形をした定理があることに着目し，複素関数の世界を数論の世界に，逆に数論の世界を複素関数の世界に翻訳する緻密な「辞書」を構築した．そして，ネヴァンリンナ理論の高次元化であるグリフィス予想を，数論の世界に翻訳することで，ロスの定理や abc 予想の高次元化を予想した[注1]．

　ボエタ予想を正確に述べるためには，代数幾何のいろいろな用語が必要となってしまうのでここでは行わないが，「代数多様体全体の幾何学によって，(7.4.1) 式が小さくなりうるかが制御される」というのがこの予想の神髄である．「幾何が

注1　これはボエタの博士論文 (1983 年) でもあるが，彼の本「Diophantine Approximations and Value Distribution Theory」に詳しく解説されている．

数論を決める」ということになり，第6章で述べたディオファントス幾何の考え方に沿っている．

ボエタ予想の一部としてもう一度ロスの定理を書き直すと，ロスの定理に登場する2という数の解釈は，ロスの定理の舞台である射影直線上での「微分積分」からくる，と捉えられる．もう少し具体的に書こう．射影直線の図（図7.1）は，図7.4のように，2つの数直線を「のりづけ」したとも捉えられる．つまり，0のまわりの通常の数直線（∞ の点がない）とその座標 x, ∞ のまわりの数直線（こちらには 0 という点がない）とその座標 y を用意し，$x = \frac{1}{y}$ という関係式を通して，2つの数直線が張り合わされている状況を考える．0 と ∞ 以外の $\mathbb{P}^1$ の点は，どちらの数直線の上にもある．

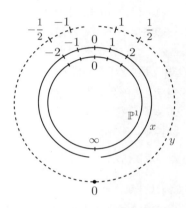

図 7.4　2つの数直線の張り合わせとしての $\mathbb{P}^1$

このとき，積分での変数変換を思い出すと，$x = \frac{1}{y}$ のとき，

$$dx = \left(\frac{1}{y}\right)' dy = -\frac{1}{y^2} dy = -y^{-2} dy$$

となる．したがって，射影直線の上で積分をしようと思ったとき，片方の数直線での座標での積分から，もう片方の数直線での座標での積分に移る際には，$-y^{-2}$ でかけなければいけないことになる．この指数 -2 が，ロスの定理の近似の精度の条件である「分母の -2 乗」に対応する．一般のボエタ予想では，dx や dy の一般化である微分形式に関する高さを用いることで，有理点による近似という数論が幾何学によって明示的に制御されている[注2]．

注2　より正確には，微分形式の最高次ウェッジ積というものをとることで得られる，代数多様体の「標準因子」が，ボエタ予想の中での「幾何からの情報」となる．

大変難解な予想で，特別な場合として，ファルティングスの定理（定理 6.4.2）や，ロスの定理の高次元化の 1 つであるシュミットの部分空間定理などを含んでしまう．特にファルティングスの定理に対しては，ネヴァンリンナ理論の考え方に基づいた別証明をボエタが与えており，ボエタ予想を信じる根拠として挙げられることも多い．また，「負の曲率を持つような多様体上には，有理点があまりない」と主張するラング予想も，ボエタ予想から導ける．このように夢物語のような話であることもあり，ほとんどの場合で未解決である．

一言で「ボエタ予想」と言っても，実は何種類か知られている．彼自身が「主予想」と呼んでいるものの他に，代数体を動かしたときの定数の変化も制御する「一様版」，そして根基の一般化をして，p で割り切れるときは p の何乗で割れたとしても 1 乗分しか数えない「打ち切り高さ関数版」がある．これらどのボエタ予想を仮定しても abc 予想を導けることが知られているので，ボエタ予想は，abc 予想のさらなる発展とみることができる[注3]．望月氏の理論を 2 次元以上に拡張できるかどうかは，今後のボエタ予想の研究の 1 つの鍵となるであろう．

本章最後に，2 次元におけるボエタ予想から導ける不思議な最大公約数の不等式を書こう．任意の $\varepsilon > 0$ と素数の有限集合 S に対して，ある定数 C が存在して，どんな整数の組 (a, b) に対しても，

$$\gcd(a-1, b-1) < C \cdot |ab|^{\varepsilon} \cdot \left[\, ab \text{ の素因数分解の } S \text{ の外の素数の部分} \,\right]$$

が成り立つ[注4]．「ab の素因数分解にどれだけ S の外の素数があるかどうかで，$a-1$ と $b-1$ の最大公約数の大きさが決まる」と主張している．a と b が S 単数（169 ページ）のときはすでに解決済みなのだが[注5]，一般の場合は未解決である．

注3　abc 予想を証明したとされる論文の中で，望月氏は「これでボエタ予想も解決した」とだけ書いているが，「一様版」のボエタ予想を射影直線の場合に解決した，というのが正確な表現である．

注4　実際には，有限個の代数曲線上にある (a, b) を「例外集合」として除かないといけない．特異点解消で大活躍するブローアップというプロセスを，射影平面から行った上でボエタ予想を考えると，この最大公約数の不等式を得られる．

注5　Corvaja P, Zannier U: *Monatshefte für Mathematik*, **144(3)** (2005).

第 **8** 章 | **整数論は社会でこっそり活躍,セキュリティの強化**
―RSA暗号, ディジタル署名,
　楕円曲線暗号, ペアリング暗号

スマートフォンやパソコンからクレジットカード番号を入力するのが当たり前となった今では，暗号は日常生活に必要不可欠となった．しかし，この暗号を実現する上で整数論が大活躍していることは，それほど知れ渡っていない．

本章では，受取人だけが解読できるような形に暗号化すること，そしてメールの送信者が偽りものでないかどうかを判断すること，の双方を可能にする整数論について述べる．素因数分解を利用するのが一番基本的ではあるが，楕円曲線も暗号では大活躍しているので，最後の2節で紹介する．

8.1 ヒント(鍵)があればすぐ計算できる―合同式でのべき乗根計算

暗号に求めたい特徴は，

- 正しい人物が受け取っている限り解読できる
- それ以外の人物が受け取っても解読できない

の2つである．これを実現するために，正しい人だけ「鍵」を持っている状況を考える．つまり，受け取るべき人物だけは，解読の鍵となるヒントを持っているので解読ができるが，それ以外の人がヒントなしで解読しようとするとほぼ計算不可能な状況を作る．

実はこれを合同式でのべき乗根計算で実践できるのだが，本節ではその準備をする．まず，より簡単な，合同式でのべき乗計算から始める．a の n 乗を法 m で計算する，つまり a^n を m で割ったときの余りを求めるには，実際に a^n を計算する必要はない．時間も，コンピューターへの負担もずっと少ないやり方があり，それが次の命題である．これはオイラーの基準を使ってルジャンドル記号を計算する効率のよさについて述べた余談 3.4.2 とも関連がある．

命題 8.1.1. 自然数 m, n と整数 a が与えられたとき，a^n を法 m で求める計算は，約 $4 \log_2 n$ 回の計算でできて，また，計算に必要なビット数は約 $(\log_2 n + 1) \cdot \log_2 m$ である．

証明． 余談 3.4.2 において述べた方法を一般化する．まず a を m で割った余りを b_0 とすると，$0 \leq b_0 < m$ より，b_0 に必要なビット数（2進法での桁数）は $\log_2 m$ で，$a \equiv b_0 \pmod{m}$ である．次に b_0^2 を m で割った余りを b_1 とする．これも最大 $\log_2 m$ ビットで，命題 1.3.2 より，

$$b_1 \equiv b_0^2 \equiv a^2 \pmod{m}$$

を満たす．一般に，b_i^2 を m で割った余りを b_{i+1} とすると，最大 $\log_2 m$ ビットであり，この計算に掛け算が 1 回，割り算が 1 回必要である．また，

$$b_{i+1} \equiv b_i^2 \equiv \left(a^{2^i}\right)^2 = a^{2^{i+1}} \pmod{m}$$

を帰納法で示せる．ここで n の 2 進法表示を

$$n = c_0 \cdot 1 + c_1 \cdot 2 + c_2 \cdot 4 + c_3 \cdot 8 + \cdots = \sum_{i:\ 0 \le i \le \log_2 n} c_i 2^i$$

とする．各 c_i は 0 か 1 である．n を 2 進法表示するのに必要な最大の指数は，$\log_2 n$ であることに注意しよう．よって，

$$\begin{aligned}a^n = a^{\sum c_i 2^i} &= \prod_{i:\ 0 \le i \le \log_2 n} a^{c_i 2^i} = \prod_{i:\ 0 \le i \le \log_2 n} \left(a^{2^i}\right)^{c_i} \\ &\equiv \prod_{i:\ 0 \le i \le \log_2 n} b_i^{c_i} \pmod{m}.\end{aligned} \quad (8.1.1)$$

最後の計算では，$c_i = 1$ のところだけ掛け算をすることになり，最大 $\log_2 n - 1$ 回の掛け算と割り算が必要となる．よって必要な計算の合計は約 $4 \log_2 n$ である．また，この計算には $i \le \log_2 n$ を満たす i に対して b_i を記憶しておく必要がある．(8.1.1) 式の計算をする際にまず $b_0^{c_0} \times b_1^{c_1}$ の法 m での結果を新しいスペースに記録する（必要なのは $\log_2 m$ ビット）．次に，これと $b_2^{c_2}$ の法 m での掛け算の結果を，元々 b_0 が記憶されていた場所に記録する．そして，この結果と $b_3^{c_3}$ との法 m での掛け算の結果を，元々 b_1 が記録されていた場所に記録し，．．．と続けていけば必要な記録スペースは

$$(\log_2 n + 1) \cdot (\log_2 m)$$

だと分かる． □

このように合同式でのべき乗計算は，コンピューターにとって高速で計算でき，容量負担も少ない．ところで，この逆の「べき乗根」の計算はできるのだろうか？ つまり，法 m での a^n の計算結果と n が与えられたとき，a を求められるのかどうか知りたい．

一般にはこれは難しい．少なくとも，難しいと信じられている．法 m でのべき乗根計算を簡単にできる方法が見つかってしまうと，次節の暗号が安全でない

ことになってしまうので，難しいことがよいことだともいえるかもしれない．

まずは例でみてみよう．$m=7$, $n=3$ として考えてみる．$a^3=6$ となるものを探すために，1, 2 と順番に a に代入していくと

$$1^3 = 1, \quad 2^3 = 8 \equiv 1, \quad 3^3 = 27 \equiv 6, \quad 4^3 = 64 \equiv 1,$$
$$5^3 = 125 \equiv 6, \quad 6^3 = 216 \equiv 6 \pmod{7}$$

より解が $a=3,5,6$ と 3 個あることが分かる．逆に，$2,3,4,5$ は，この計算の右辺には登場しなかったので，a^3 が法 7 でこれらの数になることはない．

このからくりはそんなに難しくない．原始根定理（定理 3.1.1）より，法が素数 p のときには原始根 g が存在して，p の倍数以外の整数 b は

$$g, g^2, g^3, \ldots, g^{p-1} \pmod{p}$$

のどれかと法 p で合同となる（命題 3.1.5）．したがって，n が $p-1$ の約数のとき，つまり $n\ell = p-1$ と書けるときは，1 つ $a^n \equiv b \pmod{p}$ を満たす解があれば，

$$\left(ag^\ell\right)^n = g^{n\ell} \cdot a^n \equiv g^{p-1} \cdot b, \quad \left(ag^{2\ell}\right)^n = g^{2n\ell} \cdot a^n \equiv g^{2(p-1)} \cdot b, \ldots$$

などとなるので，フェルマーの小定理（系 2.2.3）より，これらは全て法 p で b に合同となる．先ほどの例では，$p-1=6$ の約数である $n=3$ のときは，1 つの $a^3 \equiv 6 \pmod{7}$ の解である 5 を見つければ，原始根 3 の $\frac{p-1}{n} = \frac{6}{3} = 2$ 乗で掛け算していくと，

$$5, \quad 5 \cdot 3^2 = 45 \equiv 3, \quad 5 \cdot (3^2)^2 = 405 \equiv 6 \pmod{7}$$

が解であることが分かる．

それでは，n が $p-1$ と互いに素ならばどうなのだろうか？ p が素数の場合，$\varphi(p) = p-1$ なので，次の命題で，べき乗根の存在・一意性が理解できる．

命題 8.1.2. m と n を自然数，b を整数とし，φ をオイラー関数とする（35 ページ）．このとき，$\varphi(m)$ と n が互いに素で，b が m と互いに素ならば，

$$a^n \equiv b \pmod{m}$$

を満たす整数 a を見つけることができる．また，このとき，この式を満たす a は法 m の世界でただ 1 つに決まる．

証明. 次の方法で解を見つければよい.

(1) ユークリッドの互除法（定理 1.1.2）を使い, $in + j\varphi(m) = 1$ を満たす整数 i, j を見つける.

(2) (1) で得られた i が負のときは, $\varphi(m)$ の倍数を足して正にする.

(3) (2) で得られた i を使い, $b^i \pmod{m}$ を a とする.

$\varphi(m)$ と n が互いに素なので, (1) を満たす i と j を見つけることができる. また, 任意の整数 k に対して,

$$(i + k\varphi(m))n + (j - kn)\varphi(m) = 1 \tag{8.1.2}$$

が成り立つので, k を十分大きくとれば n の係数を正とすることができる. そこで, このような i を使って $a = b^i$ とすると, フェルマーの小定理のオイラーによる拡張（定理 2.2.2）から, $b^{\varphi(m)} \equiv 1 \pmod{m}$ が成り立つので,

$$\begin{aligned} a^n &\equiv (b^i)^n = b^{in} \cdot 1 \\ &\equiv b^{in} \left(b^{\varphi(m)}\right)^j = b^{in+j\varphi(m)} = b^1 = b \pmod{m} \end{aligned} \tag{8.1.3}$$

となるので, 解が見つかった.

最後に, 合同式の世界における解の一意性を示す. $a_1^n \equiv a_2^n \equiv b \pmod{m}$ が成り立つと仮定すると, $\gcd(b, m) = 1$ より $\gcd(a_k, m)$ も 1 である ($k = 1, 2$). 上の (1), (2) の通り, $in + j\varphi(m) = 1$ となる自然数 i と整数 j が見つかるので, 定理 2.2.2 を再び使うと

$$a_k = a_k^1 = a_k^{in+j\varphi(m)} = (a_k^n)^i \cdot (a_k^{\varphi(m)})^j \equiv b^i \pmod{m}$$

が $k = 1, 2$ 双方で成り立つ. よって, $a_1 \equiv a_2 \pmod{m}$ となる. □

命題 8.1.2 において, 「m と n が互いに素」ではなくて, 「$\varphi(m)$ と n が互いに素」が条件であることに注意しよう. 例えば, $m = 15$ の場合, 15 と互いに素な 15 以下の自然数は

$$1, 2, 4, 7, 8, 11, 13, 14 \tag{8.1.4}$$

の 8 個である. したがって, $\varphi(15) = 8$ となり, $n = 3$ の場合は命題 8.1.2 が適用できる. 例えば,

$$a^3 \equiv 13 \pmod{15}$$

を解きたいとしよう. 上の方針に沿うと, 8 と 3 にユークリッドの互除法を用い

る．$8 \div 3 = 2$ 余り 2，$3 \div 2 = 1$ 余り 1 であることより，

$$1 = 3 - 1 \times (8 - 2 \times 3) = 3 \times 3 - 8.$$

3 の係数はこの場合 3 と正なので，調整の必要はない．よって答えは

$$13^3 \equiv (-2)^3 = -8 \equiv 7 \pmod{15}.$$

ここでは，13^3 を計算する代わりに，$13 \equiv -2 \pmod{15}$ を使った．

逆に法 15 の場合，$\varphi(15) = 8$ と互いに素ではない数，つまり 2 の倍数を n としてとると，15 と互いに素かどうかは関係なく，命題 8.1.2 が適用できない．例えば，

$$a^2 \equiv 2 \pmod{15}$$

に解はない．これは，(8.1.4) 式を順に 2 乗していって法 15 でどれも 2 と合同にならないことを確認してもいいが，2 が法 3 で平方非剰余であることを使えばすぐ分かる（法 15 で 2 に合同ならば $15k + 2$ の形をしているので，法 3 でも 2 に合同となる）．

一見，何の変哲もない命題 8.1.2 だが，次節の RSA 暗号における根幹部分となる．ポイントは，法 m でのべき乗根を求めるのに，一番重要な情報が $\varphi(m)$ であることである．つまり，m を公開していても，$\varphi(m)$ が分からなければ，命題 8.1.2 の証明の第一ステップにあるユークリッド互除法の計算ができず，べき乗根が求まらない．これが合同式においてべき乗根を求める「ヒント」になるわけで，次の節で，暗号の基本的な仕組みとともに詳しく解説する．

8.2 世のためになった整数論
—RSA暗号の発明

 暗号とは，伝えたい大事な情報を，そのままの**平文**（「ひらぶん」と読む）ではなく，想定される受け取り人だけは理解できるが不特定多数の人たちは理解できない**暗号文**に変換することである．平文を暗号文に変換する作業を**暗号化**，暗号文を平文に戻す作業を**復号**という．平文，暗号文，のように「文」という文字が付いているが，現代ではデータをデジタルで保存しているので，それぞれある数（通常の 10 進法，あるいはコンピューターにはより便利な 2 進法）と考えていく．例えば，「あ」を 11，「い」を 12，とそれぞれの 50 音に 2 桁の数字を付けてあげれば，どんな文章も簡単にデジタル化できる．

 A さんが B さんに情報を暗号化して送る際の図式化が図 8.1 である．ここで，C さんは第三者，悪人である．「A は暗号化ができて，B は復号ができて，A が B に送っている情報をたとえ C が傍受したとしても，C には復号ができない」というのが理想的な暗号システムである．

 一番簡単な暗号方法は，あらかじめ A と B で取り決めをしておくことである．例えば，4 桁の暗証番号を A が B に送りたいとする．このとき，0 から 9 までの数と，それぞれに対応する 2 桁の数の対応表を A と B であらかじめ共有しておく．例えば

$$0 \leftrightarrow 12, \quad 1 \leftrightarrow 15, \quad 2 \leftrightarrow 19, \quad 3 \leftrightarrow 25, \quad 4 \leftrightarrow 97,$$
$$5 \leftrightarrow 47, \quad 6 \leftrightarrow 37, \quad 7 \leftrightarrow 73, \quad 8 \leftrightarrow 83, \quad 9 \leftrightarrow 41$$

という対応表が A と B の間で共有されていたとして，B が A から 41831273 という数（この場合の暗号文）を受け取ったら，A が本当に送りたかった暗証番号（この場合の平文）は 9807 であったと分かる．通信中の 41831273 という番号を第三者の C が傍受したとしても，対応表を持っていないので C は復号できない．
 このように，当事者間だけで共有されている鍵に基づいている暗号を**秘密鍵暗**

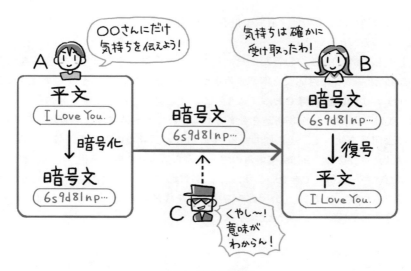

図 8.1　暗号の枠組み

号という．このシステムにはいくつかの欠点がある．

　まず，送信者と受信者の組ごとに，対応表を用意しないといけない点である．例えば，A が B さんと D さんに送りたいとき，D さんとも同じ表を使っていたのでは，A が B に送るときには D に分かってしまい，A が D に送るときには B に分かってしまう．同様に，A が B に送るのと，D が B に送るので同じ対応表を使っていたのでは，AB 間の通信が D にも分かってしまう．これは理想的ではない．したがって，送信者と受信者の組ごとに対応表が必要で，大人数とのやりとりが必要なときには膨大な情報の管理をしないといけない．

　次の欠点は，定期的に対応表を変えないと，何回かのやりとりが傍受されたことで対応表そのものが分かってしまう危険性がある点である．無論，元の平文と暗号文両方をたまたま C が入手できたとしたら本当に危険である．暗号文だけしか入手できなかったとしても，例えば A が送りたかった平文が元々日本語の文章ならば，まったく意味をなさない文章の可能性を除外できてしまうので，ある程度の量の暗号文を入手できれば，そのデータをもとに対応表の見当を付けることができてしまう．こういった欠陥への対応として，結局対応表を随時更新しなければいけないことになり，1 点目の，送信者―受信者の組ごとに対応表が必要なことと合わせると，必要な情報量が多くなってしまう．

　ただ，対応表の管理さえできれば，暗号化も復号も大変容易なので，計算も速

8.2　世のためになった整数論

い．この利点はあるので，取引の相手と取引量が少ない場合は，ある意味適した暗号システムともいえる．

しかし，例えばBが銀行だったとしたら，秘密鍵暗号では到底管理しきれない．顧客Aごとに対応表を準備する必要があるからである．そこで考えられるシステムが**公開鍵暗号**である．図8.2における典型的な公開鍵暗号の仕組みでは，受け取り側のBが秘密鍵をまず考え，それをもとに作られた鍵を公開する．この公開鍵を使って，送信側であるAは自分の送りたい内容を暗号化する．Bだけは元々の秘密鍵を知っているので，Aから送られた内容を復号できるが，公開鍵だけからは復号できないようにしておけば，第三者は秘密鍵を知らないので復号できない．つまり，「公開鍵から秘密鍵を作製できない」というのが，公開鍵暗号として機能する根幹となる．

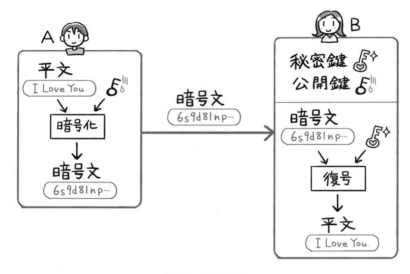

図 8.2 公開鍵暗号

さて，この公開鍵暗号の議論を踏まえて，もう一度命題 8.1.2 をみてみよう．「m と互いに素な b が与えられたら，n と $\varphi(m)$ が互いに素なとき，$a^n \equiv b \pmod{m}$ を満たす a を見つけられる」という主張であった．証明中のプロセスからも分かるように，法 m でのべき乗根を計算するのに必要不可欠な情報は，$\varphi(m)$ である．そこで，受信者側のBだけが $\varphi(m)$ の値を知っていたらどうなるだろうか？ Bが m と n を公開していれば，送信者Aは，送りたい平文 a に対して，a の n 乗を法 m で計算することができる．それを受け取ったBは，$\varphi(m)$

の値を知っているので，命題 8.1.2 に沿って，元の a を導き出せる．一方，第三者の C は，$\varphi(m)$ の値を知らないので，命題 8.1.2 に沿った計算ができない．

つまり，m は公開するものの，$\varphi(m)$ が m から計算できないようであれば，B 以外の人は法 m でのべき乗根を計算できず，この暗号は安全ということになる．そこで，どのような m がふさわしいのだろうか？ m を素数としてしまうと，$\varphi(m) = m - 1$ となり，公開されている m から，肝心の $\varphi(m)$ が分かってしまい，まずい．それでは，m を 2 つの素数 p, q の積としてみよう．この暗号システムを，発明者の Rivest, Shamir, Adleman の頭文字から **RSA 暗号**という[注1]．B はまず素数 p と q を選び（これらが秘密鍵となる），その積から m を作るので，$\varphi(m) = (p-1)(q-1)$ と計算できる（定理 2.1.3）．そして，p と q は公開せずに，m だけを公開する．

基本的に，命題 8.1.2 の繰り返しとなるが，RSA 暗号について次の命題でまとめておこう．以下，番号の後に S が付くのは送信者（sender）の手順，R が付くのは受信者（receiver）の手順である．

> **命題 8.2.1** （RSA 暗号）．図 8.3（次のページ）のように，受信者 B は
>
> 1R. 素数 p と q を選ぶ（これらは秘密にする）．
> 2R. 積 $m = pq$ を計算し，公開する．
> 3R. $p-1$ や $q-1$ と互いに素な自然数 n を選び，公開する．
>
> とする．送信者 A は
>
> 1S. 送りたい整数 a に対して，B の公開情報である m と n を使って $a^n \pmod{m}$ を計算して B に送る．
>
> このとき，B は a を法 m で復活することができる．

1 から $m-1$ までの間に A が送りたいと思うような情報が網羅されるくらい，m を十分大きくとっておけば，B は A が送りたかった自然数そのものが分かることになる．例えば，A が送りたい情報がクレジットカードならば，最大 16 桁なので，m を 17 桁の数以上にとっておけばよい．正確には，A が送りたかった数 a がたまたま m と互いに素でないとき，つまり a が p の倍数か q の倍数にな

注1　実際には，頭文字の 3 氏よりも早く，イギリスの情報機関内でこの暗号システムは開発されていたことが今は分かっている．

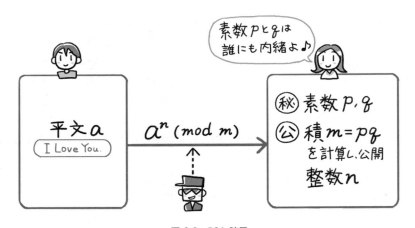

図 8.3 RSA 暗号

るときは，この方法が成り立たない．このような事態に備えて，B の方で何種類かの m のシステムを用意しておけば全ての数を網羅できるようになる．

証明． B は，素数 p と q の積として m を計算しているので，定理 2.1.3 より，$\varphi(m) = (p-1)(q-1)$ と分かる．上記 3R. のように n を選べば，$\gcd(n, \varphi(m)) = 1$ なので，命題 8.1.2 の証明のように，受信者 B は，n と $\varphi(m)$ に対してユークリッドの互除法を走らせることで，$ni + j\varphi(m) = 1$ を満たす自然数 i と整数 j を見つけられる．B が受け取った数を法 m の世界で i 乗したものが，元の a となることは，命題 8.1.2 の証明内 (8.1.3) 式の通りである． □

ここで 1 つ重要な観察をする．n と $\varphi(m)$ があれば，上記証明の i が決定するので，平文 a には依存しない．つまり，この i さえ大事に保管しておけば，B の計算は，送られてくる数を法 m で i 乗するだけであり，システムにとって極めて負担が少ない．

RSA 暗号の仕組みは至ってシンプルである．ただ，暗号システムは，「言われてみればバカみたい」というようなものが多い．整数論が暗号に使える，という可能性すら考えられていなかった時代にこのようなシステムを考え出したことは，個人的にはすごいと思う．

RSA 暗号が安全である，つまり第三者が復号できない，という根幹は，「m が公開されても $\varphi(m)$ が求まらない」という，いわば信念である．この信念の根拠

について，次に述べよう．まずは，この形の m に関しては，$\varphi(m)$ を求めることと，m の素因数分解をすることが同値であることを紹介する．

命題 8.2.2. m が 2 つの素数の積だとする．このとき，以下の 3 つは同値である．

(i) m を割り切る素数のうちの 1 つが求まる．

(ii) m を割り切る素数が 2 つとも求まる（つまり m の素因数分解が分かる）．

(iii) m から $\varphi(m)$ が求まる．

証明． "(i) $\Longrightarrow$ (ii)"：p が m を割り切るなら，もう 1 つの素数 q は設定より $q = m \div p$ となる．

"(ii) $\Longrightarrow$ (iii)"：m を割り切る p と q が求まれば，$\varphi(m) = (p-1)(q-1)$ なので，$\varphi(m)$ も求まる．

"(iii) $\Longrightarrow$ (i)"：これが非自明な部分である．m から $\varphi(m)$ が計算できたとしよう．このとき，m が 2 つの素数の積だということは仮定し，具体的にこの素数を求めたい．つまり，$m = pq$ とおいたときの p を求めたい．

$$\varphi(m) = (p-1)(q-1) = pq - (p+q) + 1 = m - (p+q) + 1$$

なので，p と q は次の 2 つの式を満たす：

$$\begin{cases} p + q = m - \varphi(m) + 1 \\ pq = m \end{cases}$$

左辺は分かっていないが，右辺はどちらの式も計算できることに注意しよう．したがって，

$$x^2 - (m - \varphi(m) + 1)x + m = x^2 - (p+q)x + pq = (x-p)(x-q)$$

となるので，2 次方程式 $x^2 - (m - \varphi(m) + 1)x + m = 0$ の解が，求めたい p や q である．解の公式を使うと，

$$p, q = \frac{(m - \varphi(m) + 1) \pm \sqrt{(m - \varphi(m) + 1)^2 - 4m}}{2}.$$

$\square$

命題 8.2.2 より，2 つの素数の積である m に関しては，素因数分解することと，$\varphi(m)$ を求めることが同程度の難しさだということが分かった．つまり，第三者が RSA 暗号を破ろうとして，公開されている m から何らかの形で $\varphi(m)$ を求めようとすると，m の素因数分解をするのと同じくらい難しい．m を $p \times q$ として計算するのは簡単だが，逆に，m から p や q を戻すことが難しいだろう，という計算の難易度の非対称性が安全性の根幹である．

しかしだからといって，RSA 暗号の解読そのものが，素因数分解と同程度の難しさとは限らない．$\varphi(m)$ を求めずに第三者が平文を復活させる，いわば「正攻法ではない」方法があるかもしれないからである．現に，「RSA 暗号を解くことと pq 型の素因数分解を行うことが同程度の難易度ならば，pq 型の素因数分解ができる」との結果がある[注2]ので，pq 型の素因数分解が難しいと信じるならば，RSA 暗号には，素因数分解を使わない攻撃方法があるとも思える．これに対し，RSA 暗号の変形版である **Rabin 暗号**では，復号アルゴリズムと $m = pq$ 型の素因数分解が同程度の難しさであることが示されている．ただ，この暗号の場合，復号の候補が複数出てきてしまうので，元々の平文に時間や日にちなど，この形しかないと明らかに分かるものをあえて付随させることで（例えば 13 月 32 日などはない，というような情報から），正しい復号がどれかを選ぶ必要がある．

また，素因子を 3 つ以上持つような自然数を素因数分解することと，$m = pq$ の形の素因数分解することが同程度の難しさなのかも分かってはいない．計算機の経験上，一番難しいのが，2 つの同じくらいの大きさの素数の積の素因数分解であることは間違いないが，数学的な証明（つまり，「2 個の素数の積を素因数分解できるアルゴリズムがあれば，全ての自然数の素因数分解を，同じ程度の計算量でできる」のような結果）があるわけでもない．

というわけで，RSA 暗号の安全性は，素因数分解が難しい，ということに頼っているものの，関係はやや複雑である．図式化すると図 8.4 のような感じである．

本節最後に，RSA 暗号の問題点を述べておこう．A が，同じ暗証番号を複数の銀行で使っているような状況に相当し，実は，$\varphi(m)$ を計算しないでも第三者が暗証番号を求められてしまう．素因数分解が難しいかどうかに関係なく，大変危険である．同じ暗証番号やパスワードを複数か所で使わない方がよい，という数学的根拠である．

[注2] Boneh と Venkatesan による論文 (Boneh, D, Venkatesan, R: In Proceedings EUROCRYPT '98, *Lecture Notes in Computer Science*, **1233** (1998)) では，$m = pq$ 型の素因数分解の計算を RSA 暗号を解くことに帰着できるようなアルゴリズムがもしあるならば，そのアルゴリズムからこの形の m の素因数分解アルゴリズムを作れる，と示されている．

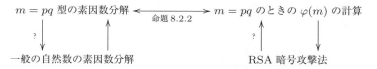

図 8.4 RSA 暗号と素因数分解の関係性

命題 8.2.3. B の RSA 暗号の法が m_1, C の RSA 暗号の法が m_2, D の RSA 暗号の法が m_3 で, m_1, m_2, m_3 はどの 2 つをとっても互いに素とする. また, 3 人とも使っているべき n は 3 だとする. A が同じ整数 a をそれぞれ RSA 暗号を利用して B～D に送信し, この通信内容全てが傍受されたとすると (つまり, a^3 が法 m_i で何に合同かが $i = 1, 2, 3$ 全てで分かっているとき), 元の a が何だったかが求まる.

証明. $a^3 \equiv b_i \pmod{m_i}$ とおこう. 暗号の設定より, $1 \leq a < m_i$ である (そのような数しか暗号化できないことになっている). m_1 と m_2 が互いに素なので, 中国剰余の定理 (定理 2.1.2) より,

$$c \equiv b_1 \pmod{m_1}, \qquad c \equiv b_2 \pmod{m_2}$$

を満たす自然数 $c \leq m_1 m_2$ が存在する. 中国剰余の定理の証明からも分かる通り, c はユークリッドの互除法から計算できる. 続いて, $m_1 m_2$ と m_3 が互いに素であることを利用して再度, 中国剰余の定理を使うと,

$$d \equiv c \pmod{m_1 m_2}, \qquad d \equiv b_3 \pmod{m_3}$$

を満たす自然数 $d \leq m_1 m_2 m_3$ が存在する. このとき, $d - c$ は $m_1 m_2$ の倍数なので, 特に m_1 の倍数でもあり m_2 の倍数でもある. このことから,

$$d \equiv c \equiv b_1 \pmod{m_1}, \qquad d \equiv c \equiv b_2 \pmod{m_2}.$$

よって, 元々, $a^3 \equiv b_i \pmod{m_i}$ だったので,

$$a^3 \equiv d \pmod{m_i} \quad (i = 1, 2, 3)$$

となる. これは $a^3 - d$ が m_1 の倍数でもあり, m_2 の倍数でもあり, m_3 の倍数でもあることを示す. m_i たちは互いに素なので, $a^3 - d$ は $m_1 m_2 m_3$ の倍数. 一方, $a \leq m_i$ を掛け合わせると, $a^3 \leq m_1 m_2 m_3$ も分かる. まと

めると，a^3 も d も 1 以上 $m_1 m_2 m_3$ 以下で，$a^3 - d$ が $m_1 m_2 m_3$ の倍数なので，<u>整数として</u>（合同式ではなく）$a^3 = d$ となる（範囲の両端をとっても $m_1 m_2 m_3 - 1$ なので，差が $m_1 m_2 m_3$ の倍数ならば，0 しかない）．したがって，$a = \sqrt[3]{d}$ となり（実数としての 3 乗根），a もユークリッドの互除法から求められることが分かった． □

8.3 原始根も役に立つ—離散対数

　RSA 暗号とは，平文 a を，法 m における a^n に暗号化するものであった．m と n が公開されている状況の下，$a^n \pmod{m}$ が傍受されても a は分からないであろう，という信念に基づいている．

　それでは，a と n の役割を変えて，n は公開せず a を公開したとき，$a^n \pmod{m}$ の情報から n を計算することはできるのだろうか？　これは，法 m の世界における「底 a の対数」を計算できるのか，ということなので，このような n のことを**離散対数**という．

　離散対数を求めるのが難しいという前提の下，次の **ElGamal 暗号**を作ることができる．

> **命題 8.3.1**　(ElGamal 暗号)．受信者 B は
>
> 1R. 自然数 m と，m と互いに素な整数 g を選び公開する．
> 2R. 乱数として自然数 x を生成し，これを秘密鍵とする．
> 3R. g^x を m で割った余りを y とし，これを公開鍵として公開する．$y=1$ のときは x をとり直す．
>
> 送信者 A は，a という自然数をそのまま送る代わりに
>
> 1S. 乱数として自然数 r を生成する．
> 2S. B の公開鍵 y，公開情報 m と g を使って，g^r と $a \cdot y^r$ を法 m で計算し，両方とも B に送る．
>
> このとき，受信者 B は，A の平文 a を復号することができる．

ここでは成立する一般的な形で書いたが、実際には m を素数 p とすることが多い。そのとき、g として原始根（定理 3.1.1）を利用してもよいし、ℓ を素数として ℓ 乗したときに初めて法 m で 1 に合同となるような g をとることもある。法 p では、p の倍数でないどんな整数 g も $g^{p-1} \equiv 1 \pmod{p}$ を満たすので（系 2.2.3）、$g^\ell \equiv 1 \pmod{p}$ を満たす最小の自然数 ℓ は $p-1$ の約数である（命題 3.1.3）。ℓ が小さいと、g のべきを全てあらかじめ計算しておくことが可能になってしまうので、ElGamal 暗号の安全性が失われる。そこで、ℓ を素数ととるときは、$p-1$ の素因数分解にある程度大きい素数が登場するように、p を選ぶ必要がある。いずれにせよ、m や g はシステム側の問題で、平文ごとに変える必要はないので、一度適切なものを見つければ十分である。

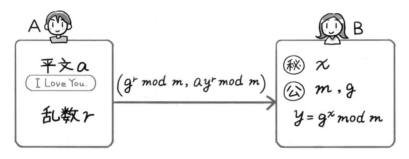

図 8.5 ElGamal 暗号

ElGamal 暗号を図式化したのが図 8.5 である。RSA 暗号と違い、送信者側にも受信者側にも乱数を使う余地がある。逆に、乱数を使わないと危険性を伴う暗号であることを、命題 8.3.2 で示す。

証明. A から送られてきた最初の数 $g^r \pmod{m}$ を（B は r を知らないことに注意）、B 自身の秘密鍵 x を使って x 乗すると、

$$(g^r)^x = g^{rx} = (g^x)^r \equiv y^r \pmod{m}$$

が求まる。g と m が互いに素なので、y^r と m も互いに素である。よってユークリッドの互除法（定理 1.1.2）により

$$iy^r + jm = 1$$

を満たす整数 i と整数 j を求めることができる（i は法 m における y^r の「逆数」である）。すると、

$$a = a \cdot 1 = a(iy^r + jm) = i(a \cdot y^r) + ajm \equiv i(a \cdot y^r) \pmod{m}$$

となるので，Aから送られてきた2番目の数 $a \cdot y^r \pmod{m}$ の i 倍を法 m で計算することで，Bは平文 a を復元できる． □

命題 8.3.1 の証明をみると分かるように，この暗号の根幹となっているのは
$$(g^x)^r = (g^r)^x$$
といういたって当たり前の式である．送信者Aは r という乱数を，受信者Bは x という乱数を用いているのにもかかわらず，お互いに理解できるように，この式が橋渡しをしている．つまり，x を知らないAでも，公開されている $y \equiv g^x \pmod{m}$ と自分の乱数 r からこれを計算できるし，r を知らないBでも，Aから送られてくる $g^r \pmod{m}$ と自分の乱数 x からこれが計算できる．RSA暗号同様，言われてしまえば非常にシンプルだが，べき乗計算を巧みに使った整数論の応用である．

ElGamal暗号の安全性の根幹は，「離散対数を求めるのは難しい」という信念である．受信者のBは g も $y \equiv g^x \pmod{m}$ も公開しているので，離散対数を求めるのが簡単なのであれば，これらの情報から秘密鍵 x も計算できてしまう．すると，Bが復号する方法で，AからBへの情報を傍受した第三者も復号できてしまうことになる．

離散対数問題が解決しなくても，ElGamal暗号にはいくつかの弱点がある．このうちのいくつかを紹介しよう．まずは，ElGamal暗号において，送信者側の乱数 r は，毎回変更しないと危険である点を説明する．

命題 8.3.2. ElGamal暗号において，乱数 r を送信者側が用いたときの平文と暗号文の組が1つ分かれば，同じ r を使って作られたどの暗号文も（r を求めたり，離散対数問題を解いたりする必要がなく）復号できてしまう．

この命題の証明では，傍受したときの平文 a が m と互いに素だと仮定する．ElGamal暗号を実装する際は，m を素数とすることが多いので，この仮定をしても実質一般性を失わない．

証明. a という平文と，$(g^r \pmod{m}, a \cdot y^r \pmod{m})$ という暗号文の組が分かっていたとしよう．a や y は m と互いに素なので，ユークリッドの互除法を用いて
$$i(a \cdot y^r) + jm = 1$$

8.3 原始根も役に立つ

を満たす整数 i と j を求められる．つまり，

$$ia \cdot y^r \equiv 1 \pmod{m}.$$

したがって，平文 a' に同じ r を使って作られた暗号文 $(g^r, a'y^r \pmod{m})$ があれば，

$$a' = a' \cdot 1 \equiv a'(ia \cdot y^r) = (a'y^r) \cdot ia \pmod{m}$$

より，平文 a' を復号できることが分かる． □

命題 8.3.2 のため，毎回送信者は r を変える必要があり，したがって，ElGamal 暗号（命題 8.3.1 内）の 2S. において，$g^r \pmod{m}$ および $a \cdot y^r \pmod{m}$ を毎回計算しないといけなくなる．r をしばらく固定してもよいのであれば，g^r や y^r の情報を書き留めておいて，a との掛け算を計算するだけで済むが，そうはいかないということである．この欠陥はシステムの重さにつながってしまう．RSA のときのべき乗計算は一度だけで済んだので，ElGamal 暗号の二度のべき乗計算の方が重い．

最後に，ElGamal 暗号の欠陥として，平文と暗号文の組の 1 つが分かってしまうと，ある形をした暗号文に対しては復号が簡単にできてしまう点を述べよう[注1]．例えば，a の暗号文として，(b_1, b_2) が分かっているとする．つまり，何らかの r に対して，

$$b_1 \equiv g^r, \qquad b_2 \equiv a \cdot y^r \pmod{m}$$

である．このとき，暗号文 (b_1^2, b_2^2) が送られてきたとすると，

$$g^{2r} \equiv b_1^2, \qquad a^2 \cdot y^{2r} \equiv b_2^2 \pmod{m}$$

となるので，送信者側が乱数を $2r$ に変えているのにもかかわらず，元の平文が a^2 だということが分かってしまう．無論，それぞれの座標が 2 乗されている，という特殊な暗号文だからこそできた仕業ではあるが，乱数を変えていても，離散対数を求めずに ElGamal 暗号の安全性がくずれてしまう場合がある．このような欠陥から守るように改善されたものとして Cramer–Shoup 暗号というものが知られている[注2]．

注1 このような攻撃方法を，**選択暗号文攻撃**という．
注2 例えば，宮地「代数学から学ぶ暗号理論」[16] §8.4.2 を参照のこと．

8.4 「あなたは本物?」に答える整数論 —ディジタル署名

　暗号理論を構築するのと似たような考え方で，**ディジタル署名**の理論が作れることも多い．インターネット上で取引を行う以上，直接会って本人確認を行うのは難しいが，何らかの形で正しい人物と取引をしていることを確認することは必要不可欠である．通信するデータを暗号化したところで，そもそも取引している相手が本人でなければ，元も子もない．そこで活用されるのが，ディジタル署名である．手書きの署名と同じような感じで，ある程度の本人保証を電子的に行うための理論である．

　一般的に，署名理論とは，送信者 A から受信者 B に送られてきた情報をもとに，B の側で「本物」か「偽物」かを判定するアルゴリズムのことである．一番理想的なのは，本人ならば「承認」，本人でないならば「拒否」，と判断してくれるアルゴリズムだが，なかなか実現は難しい．そこで，正しい人が拒否される，という事態は避けたいので，本人は必ず「承認」され，偽物は一部「拒否」されて一部「承認」されてしまったとしても，署名アルゴリズムとしてよし，ということにする．偽物の承認が少なければ少ないほど，ディジタル署名は優れている．

　署名が暗号と違う点として，公開鍵や秘密鍵が送信者の側に作られる点がある．図 8.6（次のページ）のように，送信者 A が鍵を用意し，署名を受信者 B に送ると，B が A の公開鍵を使って署名検証を行う．暗号のときには，公開鍵や秘密鍵がメッセージの受信者側にあったので，鍵のおかれる位置が逆になる．それ以外の点では，主な仕組みはほぼ同じで，暗号理論が作られれば，たいてい似た方法で署名理論も構築できる．特に，素因数分解に基づいた署名と離散対数に基づいた署名が構築できる．

　署名アルゴリズムのタイプとして，大きく分けて，メッセージを署名とともに送る**メッセージ添付型署名**と，メッセージそのものは送らずに署名から復元させる**メッセージ復元型署名**がある．どちらの場合も，署名を送る通信をさらに暗号

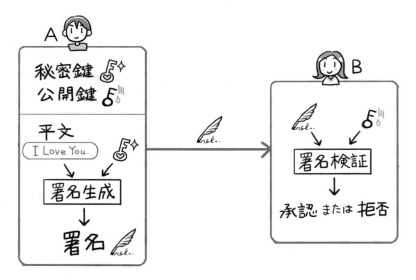

図 8.6 ディジタル署名の仕組み

化させないと安全ではない：メッセージ添付型の場合，署名とともに平文のメッセージが送られてくるので，受信者のBだけでなく，通信の傍受に成功した第三者でも平文のメッセージが見えてしまう．メッセージ復元型の場合でも，通信の傍受に成功した第三者は，送信者Aの公開鍵を使って，受信者Bが行う作業と同じ方法でメッセージを復元できてしまう．このような理由から，どちらのシステムでも，署名通信の部分を暗号化する必要がある．

　添付型・復元型の署名には，それぞれ利点・欠点がある．メッセージ添付型の場合，平文を署名とともに送るので，メッセージが届けられない心配はあまりないが，その分送る情報量は増える．これに対し，メッセージ復元型の場合，平文のメッセージを同時に送るわけではないので，復元されたメッセージが「まともな」メッセージか，という判断の下，署名検証が行われる．そのため，通信量は減るが，検証作業の精度は劣る．また，「まともでない」メッセージたちで大幅に水増ししておくことで，本物が送られたときだけが「まとも」と判断されるようにしたい．このような事情により，メッセージ空間そのものを大きくとる必要性が出てきてしまう．より詳しくは，命題 8.4.3 の主張の後でもまた述べる．

　「まとも」かどうかの判断であるが，例えば元々の a がある文章に対応しているのであれば，復元された数字に対応した文字列がちゃんと文章として意味を成せば「承認」，文章が破たんしていたら「拒否」と判断する．もう1つ例を挙げ

ると，元々の a がクレジットカード番号ならば，復元された数字の最初の 4 桁が，ちゃんと存在するカード会社に対応するかどうかで，「承認」「拒否」を決められる．

この節の各署名の命題内では，プロセスだけを記述し，証明内で，各プロセスの手順や署名検証の合理性などについて述べることにする．送信者側の手続きを番号の後に S で（send の略），受け取り側の手続きを番号の後に V で（verify の略）記すことにする．また，$\mathrm{Mod}(a, m)$ と書いたら a を m で割ったときの余り，ということにする．つまり，法 m の世界の代表として，$0, \ldots, m-1$ を使っている状態で，$0 \leq \mathrm{Mod}(a, m) \leq m - 1$ である．

まずは素因数分解に基づいた署名を紹介する．図 8.7（次のページ）も参照のこと．

命題 8.4.1 （RSA 署名）．送信者 A は

1S. 素数 p と q を選ぶ（これは秘密にする）
2S. $m = pq$ を計算し，公開する．
3S. $p-1$ や $q-1$ と互いに素な自然数 n を選び，公開する．
4S. ユークリッド互除法より，$ni + \varphi(m)j = 1$ を満たす自然数 i，整数 j を計算し，このうち i を秘密鍵とする．
5S. 送りたい平文 a に対して，$u = \mathrm{Mod}(a^i, m)$ を計算し，B に u を送る．a が p や q の倍数のときは，1S. からやり直す．

受信者 B は

1V. 送られてきた数字 u と A の公開情報を使い，$\mathrm{Mod}(u^n, m)$ を計算する．
2V. 計算結果が「まとも」なら承認，「まともでない」なら拒否．

これは署名アルゴリズムとなる．

平文のメッセージ a そのものは送っていないので，これはメッセージ復元型となる．ただ，u だけでなく a も送ることにすれば，メッセージ添付型の RSA 署名を作ることもできる．ユークリッドの互除法を使って秘密鍵 i を求める 4S. の

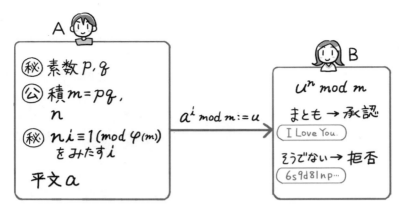

図 8.7 RSA 署名の仕組み

作業は，平文ごとには行わないでよいことに注意しよう[注1].

証明. まず，4S. における作業だが，n と $\varphi(m) = (p-1)(q-1)$ が互いに素なので，ユークリッド互除法（定理 1.1.2）より，この式を満たす整数 i と j がある．また，命題 8.1.2 の証明内の (8.1.2) 式の方法で i を正にできる．

本人から送られてきた署名である場合，$u \equiv a^i \pmod{m}$ であるから，オイラーの定理（定理 2.2.2）より，

$$u^n \equiv (a^i)^n = a^{1-\varphi(m)j} = a \cdot (a^{\varphi(m)})^{-j} \equiv a \pmod{m}. \tag{8.4.1}$$

これで，受信者 B が元の平文 a を復元できたので，本人からのものであれば「まとも」な平文が復元されることになり，ちゃんと「承認」される． □

RSA 署名は単純明快ではあるが，実はこのままでは大きな問題点があり，送信者 A の公開鍵を使うだけで，ある形をした平文に対しては，対応する署名を誰でも作れてしまう．なぜならば，a を m と互いに素な数としてとってくれば，$\mathrm{Mod}(a^n, m)$ という平文に対しての署名は $(a^n)^i \pmod{m}$ なので，(8.4.1) 式とまったく同じ計算で a となり，誰でも $\mathrm{Mod}(a^n, m)$ という平文の正しい署名を作れるからである．したがって，命題 8.4.1 のようにメッセージ復元型の場合，m と互いに素な数の大部分が「まとも」ではないようにするために，m を大きくとる（メッセージ空間を，「まとも」でないもので水増しする）必要がある．

[注1] このようにメッセージに依存しないでできる計算を**オフライン計算**と呼ぶ．逆に，5S. のように平文を使う計算を**オンライン計算**という．なるべくオンライン計算は減らしたい．

別の修正方法としては，メッセージ添付型にして，元々の平文 a を送るものの，署名には a を使わず，ある共有された関数 H を使って，$\mathrm{Mod}(H(a)^i, m)$ を署名にする手もある．このような関数 H のことを**ハッシュ関数**といい，全員に公開されていること，a が与えられたら $H(a)$ の計算が容易にできること，そして，単射に近いこと（つまり，$H(a') = H(a)$ を満たす $a' \neq a$ があまりないこと）が求められている．署名に $H(a)$ を使う以上，$H(a) = H(a')$ を満たす平文 a' も同じ署名となってしまうので，このようなことが少ない方が本人確認の精度があがる，ということである．念のため，ハッシュ関数を使った場合のメッセージ添付型 RSA 署名の変更点をまとめておこう（命題 8.4.1 の残りは変更なし）：

- 5S′. 送りたい平文 a に対して，$u = \mathrm{Mod}(H(a)^i, m)$ を計算し，B に a と u を送る．
- 1V′. 送られてきた 2 番目の数字 u と A の公開情報を使い，$\mathrm{Mod}(u^n, m)$ を計算する．
- 2V′. 送られてきた 1 番目の数字 a のハッシュ値 $H(a)$ と，1V′. の計算結果が同じなら承認，違うなら拒否．

次に，離散対数を用いたメッセージ添付型署名を紹介する．これにも同様の理由でハッシュ関数 H を使用する必要があるので，今度は，あらかじめ H をつけて説明するが，分かりにくいようだったら，$H(a) = a$ と思って読み進めても理論の理解には問題がない．この DSA とは，Digital Signature Algorithm の略で，アメリカ国立標準技術研究所によって提唱されて無償公開されたものである．RSA と違い，人名の頭文字ではない．

命題 8.4.2 (DSA 署名)．送信者 A は（下記 4S. までは平文によらずに固定する）

- 1S. 素数 p と ℓ を，$\ell | (p-1)$ かつ $\ell > \sqrt{p + \frac{9}{4}} + \frac{3}{2}$ を満たすように選び，公開する．
- 2S. ℓ 乗して初めて法 p で 1 に合同となる自然数 g を見つけ，公開する．
- 3S. 秘密鍵として，$2 \leq x < \ell$ を満たす自然数 x を選ぶ（これは非公開）．
- 4S. $y = \mathrm{Mod}(g^x, p)$ を計算し，公開する．
- 5S. $2 \leq r < \ell$ を満たす自然数 r を乱数として選び，$u = \mathrm{Mod}(g^r, p)$ を求める．

6S. $\gcd(H(a)+xu,\ell)=1$ ならば, $ir\equiv 1 \pmod{\ell}$ を満たす自然数 i を求め, $v=\mathrm{Mod}(i(H(a)+xu),\ell)$ と定義する. $\gcd(H(a)+xu,\ell)$ が 1 より大きいときは, r をとり直す.

A は B に平文 a と署名 (u,v) を送る. 受信者 B は検証として

1V. 受け取った署名の u や v が, $1\leq u<p$, $1\leq v<\ell$ を満たさなければ「拒否」.
2V. $jv\equiv 1 \pmod{\ell}$ を満たす自然数 j を求め, $g^{jH(a)}\cdot y^{ju} \pmod{p}$ を計算する.
3V. 2V. での計算結果が, u と法 p で合同になったら「承認」, 違うときは「拒否」.

これは署名アルゴリズムとなる.

ℓ が素数である必要は数学上はあまりなく, 実際 DSA 署名の起源である ElGamal 署名においては, $\ell=p-1$ で設計されていた. ただ, 計算量のうえでは, ℓ を素数にして p より小さくしておいた方が, 優れている. 同じような観点から, 5S. の u の定義を

5S′. $u=\mathrm{Mod}(\mathrm{Mod}(g^r,p),\ell)$

とする方が, より標準的である. ℓ での余りをみなくても, この署名アルゴリズム自体は成立するが, コンピューターの負担を減らすための手段である. p や ℓ を選ぶ部分は平文によらないので, 一度適切なものを見つければ, ずっと使える.

証明. 1S. に関しては, このような性質を満たす素数 p が無限個あることが知られている[注2].

2S. に関しては, 原始根定理 (定理 3.1.1) より, $p-1$ 乗して初めて法 p で 1 に合同となる自然数 b の存在が分かるので,

$$(b^{(p-1)/\ell})^i = b^{\frac{(p-1)i}{\ell}} \qquad (i=1,\ldots,\ell)$$

の計算から, $g=b^{(p-1)/\ell}$ とおけば, ℓ 乗して初めて法 p で 1 と合同になる自然数を得られる.

注2 例えば, Goldfeld による論文 (Goldfeld, M: *Mathematika*, **16** (1969)) では, $p-1$ を割り切る最大素数が $p^{0.583}$ より大きいような素数 p が正の密度を持つと示されている.

6S. に関しては，$\gcd(r, \ell) = 1$ よりユークリッドの互除法（定理 1.1.2）が使えて，命題 8.4.1 の証明内でも行った議論で自然数 i が求まる．また，もし r_1, r_2 に対して，

$$H(a) + x \operatorname{Mod}(g^{r_1}, p) \equiv H(a) + x \operatorname{Mod}(g^{r_2}, p) \pmod{\ell}$$

が成り立つならば，$\gcd(x, \ell) = 1$ の条件と系 1.4.2 から x には法 ℓ の世界での逆数があるので，

$$\operatorname{Mod}(g^{r_1}, p) \equiv \operatorname{Mod}(g^{r_2}, p) \pmod{\ell}.$$

しかし，2S. の条件から，$\operatorname{Mod}(g^2, p), \ldots, \operatorname{Mod}(g^{\ell-1}, p)$ は全て異なる．また，p 以下の自然数で法 ℓ で合同なもの（つまり差が ℓ の倍数なもの）の個数は高々 $\frac{p}{\ell} + 1$ 個しかない．しかし

$$\ell > \sqrt{p + \frac{9}{4}} + \frac{3}{2} \implies \left(\ell - \frac{3}{2}\right)^2 > p + \frac{9}{4}$$
$$\iff \ell^2 - 3\ell > p$$
$$\iff \ell - 2 > \frac{p}{\ell} + 1$$

なので，鳩の巣論法により，$\operatorname{Mod}(g^2, p), \ldots, \operatorname{Mod}(g^{\ell-1}, p)$ の中で法 ℓ では合同でないものがあることになる．これで，r を動かせば $\gcd(H(a) + xu, \ell) = 1$ を満たせることが分かった．

1V. に関しては，g は p と互いに素で，$H(a) + xu$ や i は ℓ と互いに素であることから，まともに署名生成されていれば，u や v は自然とこの範囲になる．したがって，2V. における j をユークリッドの互除法より見つけることができる．最後に，まともに生成された署名ならば，3V. で「承認」されることを示す．$jv \equiv ir \equiv 1 \pmod{\ell}$ より，

$$r \equiv (jv)r \equiv j(i(H(a) + xu))r \equiv j(H(a) + xu) \pmod{\ell}.$$

したがって，$g^\ell \equiv 1 \pmod{p}$ であることから，

$$g^{jH(a)} \cdot y^{ju} \equiv g^{j(H(a) + xu)} \equiv g^r \equiv u \pmod{p}$$

を満たすので，「承認」されることが分かる． □

命題 8.3.2 と同様，DSA 署名においても，乱数 r はメッセージごとに変えないと危険である．例えば，a と a' の署名が (u, v) と (u, v') とすると（r を変えてい

ないので，u や i は変わらない)．

$$vH(a') - v'H(a) \equiv i(H(a) + xu)H(a') - i(H(a') + xu)H(a)$$
$$= ixu(H(a') - H(a)) \pmod{\ell}$$

$$v' - v \equiv i(H(a') + xu) - i(H(a) + xu) = i(H(a') - H(a)) \pmod{\ell}$$

となる．もし $v' - v \equiv 0 \pmod{\ell}$ ならば，$H(a') \equiv H(a) \pmod{\ell}$ となるので，「おおむね単射」というハッシュ関数の性質に矛盾する．よって $v' - v$ は ℓ と互いに素である．そこで，u ももし ℓ と互いに素だとすると[注3]，$(v' - v)u$ も ℓ と互いに素なので，$(v' - v)uk \equiv 1 \pmod{\ell}$ を満たす整数 k があり，

$$x \equiv x(v' - v)uk \equiv xi(H(a') - H(a))uk \equiv k(vH(a') - v'H(a)) \pmod{\ell}.$$

この右辺を計算することで，署名生成の秘密鍵 x を求められるので，今後どんな署名でも作れてしまうことになる．このために，r はメッセージごとに変えておく必要がある．

また，ハッシュ関数を使わないと，ある種の平文に対しては，公開鍵を使うだけで「承認」と判断される暗号文を作れるようになってしまう．例えば，α, β を ℓ の倍数でない自然数として，整数 k を $k\beta \equiv 1 \pmod{\ell}$ を満たすようにとり，

$$a \equiv \alpha k g^\alpha y^\beta, \quad u = g^\alpha y^\beta, \quad v = k g^\alpha y^\beta$$

とおく．これらは全て公開情報から構築できることに注意する．すると，秘密鍵 x が分かっているわけではないが，乱数 r を $\alpha + \beta x$ としたときの g^r が u となっている．また，

$$rv = (\alpha + \beta x) k g^\alpha y^\beta = \alpha k g^\alpha y^\beta + k\beta x g^\alpha y^\beta \equiv a + xu \pmod{\ell}$$

となるので，両辺に i を掛けると 6S. の定義を満たすことが分かる．よって，あたかも A が秘密鍵を使って生成したような署名ができてしまうので，$\alpha k g^\alpha y^\beta$ の形をしたものがハッシュ値にならないような，ハッシュ関数を利用する必要がある．

本節最後に，Nyberg と Rueppel により提案された，離散対数に基づくメッセージ復元型の署名アルゴリズムを紹介する．

[注3] 5S. の代わりに 5S'. の $u = \text{Mod}(\text{Mod}(g^r, p), \ell)$ を利用する場合は，$u = 0$ のときは r をとり直すことになるので，この条件は自動的に満たされる．そうでなくても，ℓ の倍数以外は ℓ と互いに素なので，危険であることには変わりない．

命題 8.4.3 (NR 署名). 送信者 A は

1S. 素数 p と, $p-1$ を割り切る素数 ℓ を選び, ℓ 乗して初めて法 p で 1 に合同となる自然数 g を選び, 公開する.

2S. ℓ と互いに素な乱数 x を選び秘密鍵とし, $y \equiv g^x \pmod{p}$ を公開する.

3S. 平文メッセージ a に対して, $1 \le r < \ell$ を満たす自然数 r を乱数として選び, $u = \mathrm{Mod}(a + g^r, p)$ とする. $u = 0$ のときは r をとり直す.

4S. 秘密鍵 x を用いて, $v = \mathrm{Mod}(r - xu, \ell)$ とする. $v = 0$ の場合は r をとり直す.

メッセージ a そのものは送らず, 署名として (u, v) を送る. 受信者 B は

1V. $0 < u < p$, $0 < v < \ell$ でない場合は「拒否」.

2V. $\mathrm{Mod}(u - g^v y^u, p)$ を計算し, これが平文として「まとも」なら「承認」,「まとも」でないなら「拒否」.

このとき, 2V. の計算結果で a を復元することができて, これは署名アルゴリズムとなる.

メッセージ復元型なので,「まとも」な平文 a が法 p の中で散在的である必要がある. このため, p を大きくとる必要がある.

DSA 暗号のときと同様, ℓ が素数である必要性はあまりないが, 前段落のように p を大きくとる必要があるので, $\ell = p - 1$ とすると計算上パンクしてしまう. そのため, $p-1$ を割り切る十分大きな素数として ℓ をとるのが自然となる.

証明. 1S. に関しては, 命題 8.4.2 証明内と同じである.

正しく生成された署名に関して検証を行うと, $v = r - xu + k\ell$ を満たす整数 k があるので,

$$g^v y^u \equiv g^{r-xu+k\ell}(g^x)^u = g^r \cdot (g^\ell)^k \equiv g^r \pmod{p}$$

となり, $u \equiv a + g^r \pmod{p}$ であることから, 確かに $u - g^v y^u$ を法 p で計算すると, 元の平文 a が復元される. □

DSA 署名と同様, r は毎回変えないと一般にはいけない. なぜならば, (u_1, v_1)

と (u_2, v_2) がどちらも同じ r で作られると，

$$v_2 - v_1 \equiv (r - xu_2) - (r - xu_1) = x(u_1 - u_2) \pmod{\ell}$$

となるので，$u_1 - u_2$ が ℓ と互いに素ならば，秘密鍵 x が求まってしまうからである．

　正確には，ここで紹介した NR 署名は，元々 Nyberg と Rueppel により提案されたものの改良である．元々の彼らの提案では，3S. において足し算ではなく，掛け算（実際には割り算）が採用されていた．これでも署名アルゴリズム自体はうまくいくが，u に関する部分が全て掛け算となってしまい，$a_0 = g^{k_0}$ の形のメッセージに対する署名を一度入手してしまうと，$a = g^k$ の形の署名も作れてしまうという欠陥があった．具体的には，r_0 や x が分かっていないとしても，

$$a_0 = g^{k_0}, \quad u_0 = a_0 \cdot g^{r_0} = g^{k_0 + r_0}, \quad v_0 = r_0 - xu_0$$

ならば，乱数 $r = r_0 + (k_0 - k)$ に対して[注4]，

$$a = g^k, \quad u = ag^r = g^{k + r_0 + k_0 - k} = u_0,$$
$$v = (r_0 + k_0 - k) - xu = (r_0 + k_0 - k) - xu_0 = v_0 + k_0 - k$$

となる．よって，$a_0 = g^{k_0}$ の署名 (u_0, v_0) を入手すると，$g^k \pmod{p}$ の形をしたメッセージの署名を，x を知らずに作れてしまう．命題 8.4.3 のように，3S. を足し算にすると，u の計算の中身が掛け算だけではなくなり，このような安直なことはできない．命題 8.4.3 の形の署名は比較的安全だと信じられている．

[注4] 攻撃者にとっては乱数が何であったかを知る必要はなく，「ある乱数」を使って作成された「まとも」な署名を得られれば，それで十分である．

8.5 素因数分解が役立つならば楕円曲線も —楕円曲線暗号

これまでに扱ったものの中で,離散対数に基づいているのは,ElGamal 暗号・DSA 署名・NR 署名である.ElGamal 暗号のところで述べたように,この暗号の根幹となる数学的事実は

$$(g^x)^r = (g^r)^x$$

つまり,

$$\underbrace{\underbrace{(g \times \cdots \times g)}_{x \text{ 個}} \times \cdots \times \underbrace{(g \times \cdots \times g)}_{x \text{ 個}}}_{r \text{ 個}} = \underbrace{\underbrace{(g \times \cdots \times g)}_{r \text{ 個}} \times \cdots \times \underbrace{(g \times \cdots \times g)}_{r \text{ 個}}}_{x \text{ 個}}$$

(8.5.1)

であった.DSA 署名・NR 署名でも同じような事実が活躍している:公開されている $y = g^x$ を u 乗した g^{xu} が,きれいに打ち消されるように,これらの署名は作られている.

まとめると,離散対数を使った暗号や署名は,「$g^x \pmod{p}$ を計算するのは簡単だが,この結果と g から x を求めるのは難しい」という計算の難易度の非対称性と,(8.5.1) 式が成り立つことに基づいている.

それでは,(8.5.1) 式の足し算版を考えたらどうだろうか? 掛け算を全て足し算にすると,

$$\underbrace{\underbrace{(g + \cdots + g)}_{x \text{ 個}} + \cdots + \underbrace{(g + \cdots + g)}_{x \text{ 個}}}_{r \text{ 個}} = \underbrace{\underbrace{(g + \cdots + g)}_{r \text{ 個}} + \cdots + \underbrace{(g + \cdots + g)}_{r \text{ 個}}}_{x \text{ 個}}$$

となり,両辺ともに xr 個の g の足し算となるので,正しい.しかし,法 p での加法にした場合,計算の難易度の非対称性がくずれてしまう:

$$\underbrace{g + \cdots + g}_{x \text{ 個}} = xg \pmod{p}$$

の計算結果が分かったら，$\gcd(g,p) = 1$ なので（p は素数なので $\gcd(g,p) > 1$ のときは $g \equiv 0 \pmod{p}$ となってしまい，どんな x でも計算結果は 0 となる），1 次合同式の理論（定理 1.4.6）から x の値が求まってしまう！このため，合同式での加法に基づいて，同じように暗号や署名を作ると，公開鍵 y から秘密鍵 x が計算できてしまうことになってしまい，まったく意味がない．

それでは，同じ加法でも，第 6 章で述べた楕円曲線での加法にしたら，計算の非対称性は得られるのだろうか？つまり，P を楕円曲線 E の上の点として，$+$ を楕円曲線上の足し算としたとき，

$$\underbrace{P + \cdots + P}_{x \text{ 個}} = xP$$

の計算結果が分かったら，その x が求まるのか，ということになる．(6.3.13) 式の計算例を見ても分かるように，小さい x と単純な P でも，xP は非常に複雑な分数座標を持つ点となることが多いので，この問題は難しそうな気がする．

実は，この状況でもまだ計算の非対称性が成し遂げられない．なぜならば，有理数係数を持つ楕円曲線上では，x 座標の分母の桁数を計る**高さ関数**と呼ばれるものが定義でき，点 nP の高さは点 P の高さのだいたい n^2 倍になることが分かっている．したがって，P と nP の分母の桁数を比較すれば，おおむね n の値が分かるので，後はそのまわりをしらみつぶしてみれば n が分かってしまう．

そこで，有理数上で楕円曲線をみるのではなく，p を素数として，法 p で楕円曲線をみたらどうなのだろうか？元々離散対数問題のときも法 p で考えていたので自然な流れであり，実際この考え方が暗号や署名に使われることになる．まず，法 p での楕円曲線について少し述べよう．

整数係数の 3 次多項式 $f(x) = x^3 + ax^2 + bx + c$ があるとし，p を素数とする．このとき，整数 x, y が $0 \leq x \leq p-1$，$0 \leq y \leq p-1$ を満たし，

$$y^2 \equiv f(x) \pmod{p}$$

が成り立つとき，(x,y) のことを法 p での曲線 $E : y^2 = f(x)$ 上の点という．(x,y) が法 p での曲線 E 上の点のとき，命題 1.3.2 を繰り返し使うことで，任意の整数 k と ℓ に対して，

$$(y + pk)^2 = y^2 + 2ykp + k^2p^2$$
$$\equiv y^2$$

$$\equiv x^3 + ax^2 + bx + c$$
$$\equiv (x^3 + ax^2 + bx + c) + p(3x^2\ell + 3x\ell^2 p + \ell^3 p^2 + 2ax\ell + a\ell^2 p + b\ell)$$
$$= (x+\ell p)^3 + a(x+\ell p)^2 + b(x+\ell p) + c \pmod{p}$$

となる.よって,p の倍数によるずれを「同じ」とみなした世界[注1]で曲線 E を考えていることになるのだが,本書では,簡単のため x も y も 0 以上 $p-1$ 以下の整数として考えることにする.

有理数上の楕円曲線とは,$y^2 = x^3 + ax^2 + bx + c$ で,かつ右辺の方程式 $x^3 + ax^2 + bx + c = 0$ に重根がない場合であった.今は法 p で考えているので,法 p で重根がない,という条件となる.つまり,

$$x^3 + ax^2 + bx + c \equiv (x-\alpha)^2(x-\beta) \pmod{p}$$

を満たすような整数 $0 \leq \alpha \leq p-1$, $0 \leq \beta \leq p-1$ が存在しないとき,$y^2 = x^3 + ax^2 + bx + c$ のことを**法 p 上の楕円曲線**という.

さて,第 6 章で述べたように,楕円曲線上の有理点の重要な性質は,「点の足し算」ができることである.構成をおさらいすると,P と Q が楕円曲線 E 上の点ならば,まず P と Q を結ぶ直線($P = Q$ の場合は点 P における E の接線)を引き,その直線と E がもう一度交わる点を考え,その y 座標の符号を反転させたものを $P + Q$ とするのであった.これと同じ考え方を,法 p で行うこともでき,234~235 ページの性質を満たすことも確認できる.しかし,これらを証明するには,**標数 p** と呼ばれる世界[注2]での代数幾何学からの準備が必要となる.

そこで,本書では,もう 1 つのアプローチとして,命題 6.3.5 (iv) で挙げた公式を使う方法をとる.公式を再度書くと,$P_1 = (\alpha_1, \beta_1)$ と $P_2 = (\alpha_2, \beta_2)$ の x 座標が異なるとき,$P_1 + P_2$ は

$$\left(\left(\frac{\beta_2 - \beta_1}{\alpha_2 - \alpha_1} \right)^2 - a - \alpha_1 - \alpha_2, \right.$$
$$\left. -\frac{\beta_2 - \beta_1}{\alpha_2 - \alpha_1} \cdot \left(\left(\frac{\beta_2 - \beta_1}{\alpha_2 - \alpha_1} \right)^2 - a - 2\alpha_1 - \alpha_2 \right) - \beta_1 \right), \quad (8.5.2)$$

注1 このような世界を,$\mathbb{Z}/p\mathbb{Z}$(67 ページ参照),あるいは $\mathbb{F}_p$ と書き,p 個の元からなる**有限体**という.本書で扱っている 0 以上 $p-1$ 以下の整数は,有限体の元の**代表元**である.
注2 1 を p 回足すとゼロになる世界.例えば,法 p では
$$\underbrace{1 + \cdots + 1}_{p\ 個} = p \equiv 0 \pmod{p}.$$

$P_1 = P_2$ かつ $\beta_1 \neq 0$ のときの $P_1 + P_2 = 2P_1$ は

$$\left(\left(\frac{3\alpha_1^2 + 2a\alpha_1 + b}{2\beta_1}\right)^2 - a - 2\alpha_1,\right.$$
$$\left.-\frac{3\alpha_1^2 + 2a\alpha_1 + b}{2\beta_1} \cdot \left(\left(\frac{3\alpha_1^2 + 2a\alpha_1 + b}{2\beta_1}\right)^2 - a - 3\alpha_1\right) - \beta_1\right). \quad (8.5.3)$$

であった. この式をみると,足し算,引き算,掛け算,0 でない数による割り算さえできれば, この式の評価ができることが分かる. 系 1.4.2 により, 法 p では 0 に合同でない数には必ず逆数があるので, 割り算の代わりに, 合同式での逆数の掛け算をすることにすれば, 法 p でも (8.5.2) 式と (8.5.3) 式が使えることが分かる. これを法 p での楕円曲線上の 2 点の足し算と定義する. まとめると, (8.5.2) 式と (8.5.3) 式での $\alpha_2 - \alpha_1$ や $2\beta_1$ による割り算を, 法 p でのそれらの逆数での掛け算に置き換えることで, これら 2 式を足し算, 引き算, 掛け算の繰り返しとしてみることができるようになり, これを法 p での $P_1 + P_2$ と定義する.

このように書いても分かるように, $p = 2$ のときは, この説明がうまくいかない. なぜならば, $P_1 = P_2$ の場合の足し算の公式の分母に 2 があるため, 法と分母が互いに素でなくなってしまい, 逆数がとれないからである. したがって, 本節の議論では, p は**必ず奇数とする**. $p = 2$ の場合も楕円曲線上の加法を定義することはできるが, 楕円曲線の形も加法の公式の形もやや変わってしまうので, ここでは扱わないことにする.

また, 補足となるが, 234〜235 ページの性質を満たすことの一部として, 法 p でも無限遠点 $\mathcal{O}$ が必要だと分かり, また, 法 p でも, $\mathcal{O}$ が, 楕円曲線の点がなすアーベル群の単位元となることが分かる. よって, 正確には 314 ページで述べた点のほかに, 無限遠点も考慮したものが, 法 p での楕円曲線の点となる.

ここで 1 つ計算例を挙げよう. 有理数の場合の (6.3.13) 式と同様, 楕円曲線 $y^2 = x^3 + 9x$ と点 $Q = (4, 10)$ をみるが, 今度は法 $p = 101$ で考えることにする. 公式 (8.5.2) 式と (8.5.3) 式を繰り返し使うことで,

$2Q = (13, 30)$, $3Q = (64, 25)$, $4Q = (52, 79)$, $5Q = (23, 70)$
$6Q = (49, 18)$, $7Q = (81, 1)$, $8Q = (84, 61)$, $9Q = (56, 73)$
$10Q = (88, 98)$, $11Q = (33, 51)$, $12Q = (17, 97)$, $13Q = (71, 0)$
$14Q = (17, 4)$, $15Q = (33, 50)$, $16Q = (88, 3)$, $17Q = (56, 28)$
$18Q = (84, 40)$, $19Q = (81, 100)$, $20Q = (49, 83)$, $21Q = (23, 31)$
$22Q = (52, 22)$, $23Q = (64, 76)$, $24Q = (13, 71)$, $25Q = (4, 91)$

を経て，Q と $25Q$ の x 座標が一致しているので，$26Q$ が無限遠点となることが分かる．使う公式は同じなのだが，有理数で考えるのか，法 p で考えるのかで，(6.3.13) 式とまったく違うものになっている．

$2Q$ の場合だけ計算過程を明示しよう．まず，$2\beta_1 = 2 \cdot 10 = 20$ の法 101 での逆数が必要となる．ユークリッドの互除法で考えてもできるが，この場合，$5 \cdot 20 = 100 \equiv -1 \pmod{101}$ を使えば，$(-5) \cdot 20 \equiv 1 \pmod{101}$ とすぐ分かる．よって，今の場合，

$$\frac{3\alpha_1^2 + 2a\alpha_1 + b}{2\beta_1} \equiv (3 \cdot 4^2 + 2 \cdot 0 \cdot 4 + 9) \cdot (-5) = 57 \cdot (-5) = -285$$
$$\equiv 18 \pmod{101}$$

となるので，(8.5.3) 式より，

$$\left(18^2 - 0 - 2 \cdot 4,\ -18 \cdot (18^2 - 0 - 3 \cdot 4) - 10\right) \equiv (13,\ 30) \pmod{101}.$$

常に法 101 で考えるので，100 以下の数の掛け算や足し算で計算できる．$3Q$ 以降は，$nQ = (n-1)Q + Q$ とみて，(8.5.2) 式を使えばよい．

さて，ここまでの準備を踏まえ，法 p での楕円曲線を活用して，離散対数に基づいた暗号や署名を構築することを考えてみよう．法 p での楕円曲線上でも，きちんと加法が定義できたので，

$$\underbrace{\underbrace{(P + \cdots + P)}_{x \text{ 個}} + \cdots + \underbrace{(P + \cdots + P)}_{x \text{ 個}}}_{r \text{ 個}} = \underbrace{\underbrace{(P + \cdots + P)}_{r \text{ 個}} + \cdots + \underbrace{(P + \cdots + P)}_{r \text{ 個}}}_{x \text{ 個}}$$

は成り立つ．また，そもそも $0 \leq x \leq p-1$ と $0 \leq y \leq p-1$ を満たす整数しか考えていないので，法 p での楕円曲線上の点の可能性は，たとえ全てのこのような整数たちが $y^2 \equiv f(x) \pmod{p}$ を満たしたとしても，無限遠点も含めて p^2+1 個しかない．これは，今までの暗号や署名理論で扱ってきた法 p の世界で可能性が p 個しかなかったことの類似となり，有限の容量しか持たないコンピューターに実装させるには，便利な特徴となる．そこで，法 p での楕円曲線を暗号や署名構築に利用する最後のハードルが，法 p での楕円曲線 E に点 P があるとき，

$$\underbrace{P + \cdots + P}_{x \text{ 個}} = xP$$

の結果から x の値を導き出すことができるかどうか，ということになる．この問題のことを**楕円曲線上の離散対数問題**という．有理数上の楕円曲線の場合と違

い，高さ関数のようなものを使えなくなってしまうので，一般の楕円曲線では，基本的に難しい問題と考えられている[注3]．

ここまでくれば，ElGamal 暗号，DSA 署名，NR 署名の楕円曲線版を作るのは容易である．基本的に対応している法 p 版をコピーすればよい．ただ唯一違う点は，「原始根」についてである．一般に，法 p での楕円曲線には原始根の類似はない．つまり，法 p である点 P が存在し，法 p での E のどんな点 Q も

$$Q = nP = \underbrace{P + \cdots + P}_{n\,個}$$

の形で書ける，とは必ずしもならない．合同式の場合，具体的に求めるのは難しいにしても，「$p-1$ 乗しないと法 p で 1 に合同とならない数がある」という理論的事実はあったが，法 p での楕円曲線では，点を何倍すると初めて無限遠点（つまり群でいう単位元）と等しくなるか，というのは一般的に難しい問題で，E によっても変わってしまう．

次節でも述べるが，個人個人が楕円曲線を見つけて，それぞれが別々の楕円曲線上で暗号や署名を構築することに，安全面であまり得られることはなく，逆に，危険な楕円曲線を選んでしまうデメリットの方が大きい．実際，「安全な楕円曲線のリスト」が公開されており，それらを使うことが推奨されている．そこで，法 p での楕円曲線とその点を 1 つ選ぶところまでは，システム上ですでに行われているとする．

まずは楕円曲線版 ElGamal 暗号である．

命題 8.5.1（楕円曲線 ElGamal 暗号）．法 p での楕円曲線 E，素数 ℓ と，ℓ 倍して初めて無限遠点となるような法 p における E の点 G が，あらかじめシステム上で公開されているとする．受信者 B は

1R. ℓ 未満の自然数 x を選び，これを秘密鍵とする．
2R. $Y = xG$ を法 p での楕円曲線上で計算し，これを公開鍵として公開する．

送信者 A は，平文 n という自然数をそのまま送る代わりに

1S. 乱数として自然数 r を生成する．

[注3] ただ，特殊な楕円曲線においては，非常に簡単に求まる場合もある．このことについては，ペアリング暗号を導入する動機づけとして次節で述べる．

> 2S. Bの公開鍵 Y, 公開情報 G を使って, rG の両座標と,
> $\mathrm{Mod}(n + (rY \text{ の } x \text{ 座標}), p)$ の両方を B に送る.
>
> このとき, 受信者 B は, A の平文 n を復号することができる.

最後の 2S. は様々な形に変形できる. rY の座標を計算できる人が n を取り戻せるような物であれば, なんでもよい. 実装上よく使われるのが, xor というもので, この場合

$$n \text{ xor } (rY \text{ の } x \text{ 座標})$$

とする. ここで, **xor** とは, それぞれの整数を 2 進法表示したうえで, それぞれの桁で

$$1 \text{ xor } 1 = 0, \quad 1 \text{ xor } 0 = 1, \quad 0 \text{ xor } 1 = 1, \quad 0 \text{ xor } 0 = 0$$

と演算するものである. コンピューターにとっては非常に楽に計算ができる. また,

$$(0 \text{ xor } 0) \text{ xor } 0 = 0 \text{ xor } 0 = 0$$
$$(0 \text{ xor } 1) \text{ xor } 1 = 1 \text{ xor } 1 = 0$$
$$(1 \text{ xor } 0) \text{ xor } 0 = 1 \text{ xor } 0 = 1$$
$$(1 \text{ xor } 1) \text{ xor } 1 = 0 \text{ xor } 1 = 1$$

より, $(\alpha \text{ xor } \beta) \text{ xor } \beta = \alpha$ である. したがって, $\alpha \text{ xor } \beta$ と β から α を戻すことができるので, n が復号できる. もう 1 つの方法としては, 法 p での E の点にあらかじめ順番を付けておいて (例えば x 座標が低い順に並べて, x 座標が等しい場合は y 座標の小さい順にする, など), 平文 n を, n 番目の E の点 P_n だと思う方法もある. この場合, 楕円曲線上で, $P_n + rY$ を行えばよい (この結果に $-rY$ を足せば, P_n が戻ってくるので, 順番表より n が分かる).

証明. 2S. の作業で B が n を復元できることだけ確かめればよい.

$$rY = r(xG) = (rx)G = x(rG)$$

なので, B は受け取った rG と自身の秘密鍵 x を使うことで, rY を求めることができる. よって, B が受け取った 2 番目の数から, rY の x 座標を法 p で引いてあげれば, 元の平文 n を求められる. □

命題 8.3.2 と同様，メッセージごとに r を取り換える必要がある．なぜならば，平文 n とそれに対して乱数 r を使った暗号文が分かってしまうと，平文 n' に対する暗号文は B に送る 2 個目の情報を $n'-n$ だけ法 p で足す形になるので，暗号文から n' が分かってしまうからである．

x を知っている B は，$rY = x(rG)$ の計算をできるので復号できるが，第三者は，rG の情報だけからは rY が計算できない．これで安全性が保たれている．もちろん，Y は公開されているので，楕円曲線上の離散対数問題が解けてしまって，Y の情報から x が計算できるようだと，全員復号できてしまい，この暗号の安全性は崩壊する．

続いてメッセージ添付型署名である．楕円曲線 DSA 署名である．

命題 8.5.2 (楕円曲線 DSA 署名)．法 p での楕円曲線 E, $\sqrt{2p+9}+3$ より大きな素数 ℓ と，ℓ 倍して初めて無限遠点となるような法 p における E の点 G が，あらかじめシステム上で公開されているとする．また，H をハッシュ関数（307 ページ）とする．送信者 A は（2S. までは，平文 n によらずに固定してよい）

1S. ℓ 未満の自然数 x を選び，これを秘密鍵とする．

2S. $Y = xG$ を法 p での楕円曲線上で計算し，これを公開鍵として公開する．

3S. 2 以上 ℓ 未満の自然数 r を乱数として選び，$U = rG = (\alpha_U, \beta_U)$ を楕円曲線上で計算する．$\alpha_U = 0$ ならば，r をとり直す．

4S. $\gcd(H(n)+x\alpha_U, \ell) = 1$ ならば，$ir \equiv 1 \pmod{\ell}$ を満たす自然数 i を求め，$v = \mathrm{Mod}(i(H(n)+x\alpha_U), \ell)$ と定義する．$\gcd(H(n)+x\alpha_U, \ell)$ が 1 より大きいときは，r をとり直す．

A は B に平文 n と署名 (α_U, v) を送る．受信者 B は検証として

1V. 受け取った署名が $1 \leq \alpha_U < p$ や $1 \leq v < \ell$ を満たさなければ「拒否」．

2V. $jv \equiv 1 \pmod{\ell}$ を満たす自然数 j を求め，$jH(n)G + j\alpha_U Y$ を計算する．

3V. 2V. での計算結果の x 座標が α_U と法 p で合同ならば「承認」，違うときは「拒否」．

これは署名アルゴリズムとなる．

$g^r \pmod{p}$ を u とした部分を，楕円曲線上の点 $U = rG$ の x 座標とした以外は，完全に同じであることが分かる．特に，通常の DSA 署名のときとまったく同じ議論で，r を毎回とり直さないといけないことと，ハッシュ関数をとらないといけないことが分かる．余談だが，2010 年にゲーム機から個人情報が盗まれた一番の原因は，使用されていた楕円曲線 DSA 署名において，r が毎回固定されたことによる．

証明． α_U を固定すると，$y^2 \equiv f(\alpha_U) \pmod{p}$ を満たすような $0 \leq y \leq p-1$ な整数 y は，最大でも 2 個しかない（命題 3.1.2 参照のこと）．よって，3S. において $\alpha_U = 0$ となるような r は最大 2 個である．また，4S. において，$H(n) + x\alpha_U$ が ℓ の倍数となるような α_U は最大でも $\frac{p}{\ell} + 1$ 個なので，該当する r は最大でも $\frac{2p}{\ell} + 2$ 個となる．これらが r の可能性である $\ell - 2$ 未満である限り，命題 8.4.2 のとき同様，鳩の巣論法により，ある r に対しては 4S. の作業ができる．条件を書き換えると，

$$2 + \left(\frac{2p}{\ell} + 2\right) < \ell - 2 \iff 2p < \ell^2 - 6\ell \iff 2p + 9 < (\ell - 3)^2$$

となるので，ℓ の仮定より $v \neq 0$ となる r を見つけることができる．

正しく生成された署名の検証については，$jv \equiv ir \equiv 1 \pmod{\ell}$ より，

$$r \equiv (jv)r \equiv j(i(H(n) + x\alpha_U))r \equiv j(H(n) + x\alpha_U) \pmod{\ell}.$$

したがって，$\ell G = \mathcal{O}$ であることから，

$$jH(n)G + j\alpha_U Y = j(H(n) + x\alpha_U)G = rG$$

となるので，「承認」されることが分かる． □

最後にメッセージ復元型署名である楕円曲線 NR 署名を紹介する．

命題 8.5.3 (楕円曲線 NR 署名). 法 p での楕円曲線 E, 素数 ℓ と, ℓ 倍して初めて無限遠点となるような法 p における E の点 G が, あらかじめシステム上で公開されているとする. 送信者 A は (2S. までは, 平文 n によらずに固定してよい)

1S. ℓ 未満の自然数 x を選び, これを秘密鍵とする.
2S. $Y = xG$ を法 p での楕円曲線上で計算し, これを公開鍵として公開する.
3S. 平文メッセージ n に対して, 2 以上 ℓ 未満の乱数 r を選び, $u = \mathrm{Mod}(n + (rG \text{ の } x \text{ 座標}), p)$ とする.
4S. 秘密鍵 x を用いて, $v = \mathrm{Mod}(r - xu, \ell)$ とする. $v = 0$ の場合は r をとり直す.

メッセージ n そのものは送らず, 署名として (u, v) を送る. 受信者 B は

1V. $0 < u < p$, $0 < v < \ell$ でない場合は「拒否」.
2V. $\mathrm{Mod}\bigl(u - [(vG + uY) \text{ の } x \text{ 座標}], p\bigr)$ を計算し, これが平文として「まとも」なら「承認」,「まとも」でないなら「拒否」.

2V. の計算結果で n を復元することができ, これは署名アルゴリズムとなる.

証明. 命題 8.4.3 のときとまったく同様ではあるが, 正しく生成された署名が「承認」されることだけ確認しよう. ある整数 k を用いると, $v = r - xu + k\ell$ であるから, $\ell G = \mathcal{O}$ であることも使うと,

$$vG + uY = (r - xu + k\ell)G + uxG = rG + k\ell G = rG.$$

よって, 3S. における u の構成方法から n が復元できる. □

8.6 実は楕円曲線暗号はアブない？
―ペアリング暗号へ

楕円曲線上の演算 (8.5.2) 式と (8.5.3) 式の計算は，コンピューターにとっても負担が大きいので，合同式を使った RSA 暗号や ElGamal 暗号に比べると，楕円曲線暗号においては法の大きさをだいぶ小さくとっても問題がないと考えられていた．実際，2016 年現在，約 2^{350} 位の大きさの 2 つの素数の積（つまり 2^{700} 位の法）でも，RSA 暗号は攻撃されうるのに対し，楕円曲線暗号の場合は，2^{250} 位の法で十分とされている場合もある．

しかし，どの楕円曲線でも大丈夫か，というとそこに落とし穴がある．楕円曲線には，点の足し算以外の構造としてペアリングを持つことが知られており，このさらなる美しさが逆にあだとなり，暗号攻略方法に使われてしまう可能性があるからである．このペアリングについてこの節では扱い，そのような攻撃から防御するための方法，また，この新たな構造を上手に利用して，1 つのセンターで全ユーザーの鍵を管理することのできる暗号方法を紹介する．暗号理論の最先端分野の 1 つである．

まず一般に，ペアリングについて述べる．X を足し算と引き算ができる集合とする．例えば，整数全体や，法 p での楕円曲線の点の集合などが考えられる．次に K を（可換な）**乗法群**，つまり掛け算と割り算ができる集合とする．例えば，0 以外の複素数の集合（0 では割り算ができないので除く必要がある）や，法 p で 0 と合同になるもの以外（命題 1.4.4 より，0 と合同でないものには法 p で「逆数」が存在するので割り算ができる）などが考えられる．このとき，X 上の（乗法的）**ペアリング**とは，2 個の X の元を入力すると 1 つの K の元を返す関数 ϕ で，次の性質を満たすものである：

- （双線形）任意の X の元 x_1, x_2, x_3 に対して，

$$\phi(x_1+x_2, x_3) = \phi(x_1, x_3) \cdot \phi(x_2, x_3), \quad \phi(x_1, x_2+x_3) = \phi(x_1, x_2) \cdot \phi(x_1, x_3).$$

また，ペアリングがさらに次のような性質を満たすとき，**交代的ペアリング**，**非退化ペアリング**という．

- （交代）任意の X の元 x_1 に対して，$\phi(x_1, x_1) = 1$．
- （非退化）任意の X の元 x_2 に対して $\phi(x_1, x_2) = 1$ を満たすならば，$x_1 = 0$．

法 p 上の楕円曲線 E において，ℓ 倍すると無限遠点になるような点の集合を考える．この集合には**ヴェイユ・ペアリング** e_ℓ という非退化交代双線形ペアリングを定義することができる．ここでは正確な定義は述べないが，楕円曲線上の関数やその因子を使って定義されるものである[注1]．これにより，想定よりも楕円曲線における離散対数問題が簡単になってしまうことがあり，発見者 Menezes, Okamoto, Vanstone にちなんで **MOV 攻撃**とも言われる．具体的には，双線形性より

$$e_\ell(P, xG) = e_\ell(P, G)^x$$

を満たすので，「公開鍵 xG から x を求める」という楕円曲線上の離散対数問題が，「$e_\ell(P, xG)$ という K の元が，$e_\ell(P, G)$ の何乗か」という K における離散対数問題に帰着されてしまう．そこで，K における離散対数問題が難しくないとまずい．楕円曲線を使うからと言って安易に p を小さくしてしまうと，楕円曲線の離散対数問題が，小さい法での（通常の）離散対数問題に帰着されてしまうかもしれず，非常に危険となる．

実は，ヴェイユ・ペアリング e_ℓ の場合，K の元の個数は，初めて ℓ の倍数となる $p^k - 1$ に等しい．この k が十分大きければ，ヴェイユ・ペアリングを使って K の離散対数問題に帰着してもまだ難しいので，安全面で問題はない．ただ，k が小さいとき（例えば 5 以下のときは），ヴェイユ・ペアリングを使って帰着された離散対数問題の方が簡単な場合も多く，注意が必要である．

楕円曲線には，テート・ペアリングと呼ばれる非退化ペアリングも知られており，これはさらに計算効率がよい．このペアリングを使って離散対数に帰着することは Frey と Rück により発見された．ヴェイユ・ペアリングやテート・ペアリングを使って，楕円曲線上の離散対数問題を通常の離散対数問題に帰着してもまだ十分難しいように，$p^k - 1$ が初めて ℓ の倍数となる k がある程度大きいように楕円曲線を選ぶことは非常に重要である．

また，ℓ はある程度大きい必要がある．そうでないと，上手なしらみつぶしの

注1 詳しくは，辻井–笠原 編著「暗号理論と楕円曲線」[17] §5.2, Silverman「The Arithmetic of Ellitpic Curves」[14] §III.8 を参照のこと．

方法と捉えることもできる**ポラードの ρ 法**という攻撃が有効となってしまう．この攻撃方法の最も簡単な場合を紹介しよう．公開情報である，法 p での楕円曲線の点 Y と点 G それぞれから，$Y+G$ ずつ足していったときの軌跡を考える．

表 8.1 ポラードの ρ 法

時間	軌跡 1	軌跡 2
0	$Y = xG$	G
1	$Y + (Y+G) = (2x+1)G$	$G + (Y+G) = (x+2)G$
2	$Y + 2(Y+G) = (3x+2)G$	$G + 2(Y+G) = (2x+3)G$
$\vdots$	$\vdots$	$\vdots$

このように軌跡を 2 つとると，だいたい $\sqrt{\ell}$ 位の時間で軌跡が交わる．つまり，$\sqrt{\ell}$ 以下の n と m に対して，n 時間目の軌跡 1 の点と，m 時間目の軌跡 2 の点が同じになることから，

$$((n+1)x + n)G = (mx + (m+1))G$$

を満たす．このことと，G は ℓ 倍したときに初めて無限遠点になることから，

$$(n+1-m)x \equiv m+1-n \pmod{\ell}.$$

この合同式を解けば（定理 1.4.6），秘密鍵 x が求まってしまう．したがって，この「上手なしらみつぶし」が利かない位，$\sqrt{\ell}$ が大きい必要がある．

以上をまとめると，楕円曲線や p, G, ℓ を

- 法 p での楕円曲線の点 G は，ℓ 倍すると初めて無限遠点となる．ここで p と ℓ は素数．
- $\sqrt{\ell}$ 個のしらみつぶしができない位，ℓ は大きい．
- 初めて ℓ の倍数となる $p^k - 1$ の k は少なくとも 6 以上．

を全て合わせ持つように選ぶ必要があり，そう簡単ではない．また，前節でも触れたように，1 人ひとりが別々の楕円曲線を利用するメリットは実はあまりなく，逆に，自分で楕円曲線を選ぶことにより，本節で述べたような攻撃方法が可能な楕円曲線を使ってしまうリスクが高い．このような事情から，アメリカでは，現在安全と思われている楕円曲線・法 p・点 G を求める研究が行われ，結果が公開されている[注2]．

さて，ここまでは，楕円曲線暗号や楕円曲線署名を危険にする「悪者」として

注2 例えば，Bernstein と Lange による Safe Curves: https://safecurves.cr.yp.to/

のペアリングをみてきたが，ペアリングを活用した暗号の開発が近年進んでいる．その一例として **IDベース暗号** について述べて，本章を終えよう．

例えば，あるウェブサイトにたくさんの会員がいたとする．このとき，会員たちにとっては，自分の情報（例えばメールアドレス）などを公開鍵にできると大変便利である．こうすることにより，相手のメールアドレスさえ知っていれば，それが公開鍵なので，何も調べずに暗号化されたメッセージを送ることができる．またウェブサイトのセンターにとって，会員各々が勝手に秘密鍵を作るよりも，センターで統一的に管理できた方が，何か問題が起きたときに対処がしやすい．このように，双方にメリットがある暗号方式が，次のIDベース暗号である．発明者の Boneh と Franklin の頭文字をとって，BF-IDベース暗号と呼ばれる．

命題 8.6.1 （BF-IDベース暗号）．センターは

1C. 楕円曲線 E，法 p，法 p での E 上の点 G で ℓ 倍したときに初めて無限遠点になるものを用意し，全員に公開する．ここで ℓ は素数．
2C. 全員の公開ID（メールアドレス）を，法 p での E 上の点に変換するハッシュ関数 H_1 を公開する．
3C. G の倍数の点で定義され，乗法群 K に値を持つ双線形写像 ϕ を公開し，また，K の元を整数の値に変換するハッシュ関数 H_2 も公開する．
4C. センターの秘密鍵として，自然数 x を選び，$Y = xG$ を公開する．
5C. 受信者Bの公開IDである $B^{公}$ をもとに，Bの秘密鍵 $B^{秘} = xH_1(B^{公})$ を計算し，Bに送る．

送信者Aが受信者Bにメッセージ n を送りたいとする．このとき，送信者Aは

1S. $2 \leq r < p-1$ を満たす乱数 r を選ぶ．
2S. センターの公開情報と受信者 B の公開IDである $B^{公}$ を利用して，rG と $n + H_2\bigl(\phi(H_1(B^{公}), Y)^r\bigr)$ をBに送る．

このとき，C_1 と C_2 を受け取ったBは，$C_2 - H_2\bigl(\phi(B^{秘}, C_1)\bigr)$ を計算すると，元々のメッセージ n を復元できる．

やや複雑であるが，ポイントは2つある．1つ目は，それぞれのユーザーの秘密鍵がセンターによって一括管理されていることである．つまり，各々のユー

ザーが使っている ID（名前，メールアドレスなど）をもとに，センターはどのユーザーにも同じ秘密鍵 x を使うことで，各々のユーザーの秘密鍵を作ることができている．ユーザー自身が勝手に秘密鍵を選んでいるわけではないので，何か問題が発生したときにセンターが復旧させやすい．もちろん，逆にこのせいで，センターの秘密鍵が盗まれると，システム全体の問題となり，全ユーザーの全通信が解読可能状態となってしまう．

2つ目は，A が B に情報を送る際に A が必要なのは B の ID だけである，という点である．送信相手ごとに，送信相手の公開鍵情報を調べる必要がなく，A がすでに知っているであろう名前やメールアドレスから，公開鍵が分かる．このように，多数のユーザーを持つようなシステムにおいて，ID ベース暗号は優れており，実際活用されている．

証明. 2S. の方法で平文を復号できることだけ示せばよい．

$$
\begin{aligned}
\phi(H_1(B^{公}), Y)^r &= \phi(H_1(B^{公}), rY) && (\because 双線形) \\
&= \phi(H_1(B^{公}), r(xG)) && (\because Y \text{ の定義}) \\
&= \phi(H_1(B^{公}), x(rG)) && (\because rx = xr) \\
&= \phi(H_1(B^{公}), rG)^x && (\because 双線形) \\
&= \phi(xH_1(B^{公}), rG) && (\because 双線形) \\
&= \phi(B^{秘}, rG) && (\because B^{秘} \text{ の定義})
\end{aligned}
$$

より，この両端を H_2 の中に入れると

$$
H_2\bigl(\phi(B^{秘}, rG)\bigr) = H_2\bigl(\phi(H_1(B^{公}), Y)^r\bigr).
$$

これで復号が確かめられた． □

今まで扱った暗号同様，送るメッセージごとに r を変えないといけない：送る暗号文の1つ目は rG なので，r を変えないと変わらない．2つ目の方も $H_2(\phi(H_1(B^{公}), Y)^r)$ の部分は r を変えないと変わらないので，一度平文 n と暗号文の組がもれてしまうと，別の平文 n' に対する暗号文は，n に対する暗号文

と $n'-n$ ずれるだけとなり，すぐに解読できてしまう．また，ここでは簡単のため，ハッシュ関数 H_2 の値を整数としたが，これでは無限の可能性があってコンピューターには不都合なので，十分大きい m をとって，1 から $m-1$ までの値を持つようにする形で実装されることが多い．さらに，楕円曲線 ElGamal 暗号（命題 8.5.1）の後にも述べたように，2S. の 2 つ目は別の形に変形することもでき，それに応じて H_2 も変える必要があるときもある．$\phi(H_1(B^{公}), Y)^r$ が計算できる人が n を求めることができればよいので，コンピューターに実装する上では，H_2 の値を十分に長い 2 進法の数字とすることにして，

$$n\text{ の 2 進法 xor } H_2\Big(\phi\big(H_1(B^{公}), Y\big)^r\Big)$$

とすると便利である．この場合復号は，

$$C_2 \text{ xor } H_2\Big(\phi(B^{秘}, C_1)\Big)$$

とすれば，n の 2 進法が返ってくる．

　もう 1 点，ID ベース暗号に関して気を付けなければいけない点を述べる．ϕ として楕円曲線上のヴェイユ・ペアリング e_ℓ を使うと，双線形性と交代性より，どんな自然数 m に対しても，

$$e_\ell(mG, Y) = e_\ell(G, xG)^m = (e_\ell(G,G)^x)^m = 1^{xm} = 1$$

となってしまう．これではペアリングを使う意味がまったくない．そこで，2C. で公開するハッシュ関数 H_1 の値は，G の m 倍点とならないような，法 p での E 上の点である必要がある．これを効果的に行う 1 つの方法が，楕円曲線の自己同種写像と呼ばれるものを使って，**ディストーション写像**を作る方法である．楕円曲線 E の**自己同種写像** ψ とは，$\psi : E \longrightarrow E$ で

$$\psi(P+Q) = \psi(P) + \psi(Q)$$

を満たすもののことをいう[注3]．E と素数 p を上手に選べば，法 p での楕円曲線 E 上の点 G に対して，$\psi(G)$ が G の m 倍点とならないようにすることができる．そこでヴェイユ・ペアリングに同種写像 ψ による歪み（ディストーション）を加えて

$$\phi(P, Q) = e_\ell(P, \psi(Q))$$

注3　自己同種写像やディストーション写像の具体例については，Hoffstein, Pipher, Silverman「An Introduction to Mathematical Cryptography」[18] §5.9.3 を参照のこと．

とペアリングを定義する．このようにすれば，P と Q がどちらも G の倍点であっても，Q の方には歪み ψ を加えて G の倍点からずらしてから e_ℓ の評価を行うので，ペアリングの値が 1 にならないで済む．このような方式を採用して初めて，ID ベース暗号は成立する[注4]．

ID ベース暗号の最大の利点は，先にも述べたように，センターが鍵の一元管理をできる点である．通常の暗号では，ユーザー自身が公開鍵を作成するので，本当に本人なのかを証明するために，信頼のおける公的機関が署名理論を使って公開鍵の鍵証明書を作成するが，ID ベース暗号ではこの必要性がなくなる．この活用法以外にも，ID ベース暗号の考え方は広く応用されている．例えば，**Key-insulated 暗号**は，センターが存在しない通常の暗号だが，ID と今日の日付を受信者の公開鍵とし，ネットワークから隔離されたマスターキー x を使って，ID ベース暗号における 5C. の作業で 1 日 1 回受信者の秘密鍵を作成するシステムである．たとえこの秘密鍵がもれたとしても，マスターキーがもれない限り，その日以外では安全な通信が保証される．**Keyword searchable 暗号**では，Key-insulated 暗号における「日付」の役割を特定のキーワードにすることで，あるキーワードを共有しているものだけを暗号化して抽出できるようにする．また，ID ベース暗号自身も，ヴェイユ・ペアリングやテート・ペアリングでなくエート・ペアリングを使う方法など，鍵サイズや計算量で効率の改良がなされている．

元々は，「法 p での掛け算を使って暗号を作れるならば，楕円曲線の加法を使っても暗号を作れるだろう」という発想から生まれた楕円曲線暗号であったが，法 p での世界にはなく楕円曲線にはある「ペアリング」により，攻撃方法も増え，また新たな暗号方式も可能となった．今後もこのような形で，整数論の何らかの性質を利用した新しい暗号方式が提案され，それによる攻撃方法，そしてよりよい暗号方式が作られるであろう．

[注4] 歴史的にも，大岸–境–笠原（Sakai, R, Ohgishi, K, Kasahara, M: Proc. of SCIS2000 (2000)）によってまず，ペアリングに基づく ID ベースの鍵共有方式が提案され，それにディストーションを取り入れて暗号方式を作ったのが，Boneh–Franklin（Boneh, D, Flanklin, M: *Lect. Notes Comput. Sci.*, **2139** (2001). (*SIAM J. of Comput.*, **32(3)** (2003))）である．

付　録　解析学より

ここでは，大学の学部で学ぶ解析学の定理，特に級数の収束判定法について，証明付きで紹介する．

解析学の入門書や本格的な微積分の本であれば必ず掲載されている内容であるが，本書の特に第4章で必要な結果をまとめた．

A.1　三角不等式

解析的な議論の中では，断りもなく多用されるものの 1 つに，**三角不等式**がある．実数 a の絶対値は

$$|a| = \begin{cases} a & (a \geq 0) \\ -a & (a \leq 0) \end{cases}$$

と定義し，また，複素数 $a = b + ic$ の絶対値は

$$|a| = \sqrt{b^2 + c^2}$$

と定義する．図解すると，図 A.1 のようになり，数直線上での原点からの距離，あるいは複素平面上での原点からの距離となっている．

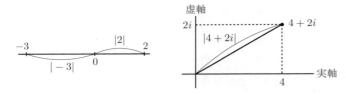

図 A.1　絶対値の図解

命題 A.1.1　（三角不等式）．a, b を実数，あるいは複素数とすると，

$$|a + b| \leq |a| + |b|.$$

「三角不等式」という名前の由来は図 A.2 からくる．複素平面上で，$a + b$ という複素数が表す点，a が表す点，原点，b が表す点の 4 点を結ぶと平行四辺形になるので，三角不等式は「三角形の 2 辺の長さの和は残りの 1 辺の長さより大きい」というユークリッド幾何の事実を述べたに過ぎない．命題 A.1.1 では等号つきの不等号になっているが，等号は「つぶれた三角形」の場合に起きる（例えば $a = 2, b = 1$）．

証明． 図 A.2（次のページ）で証明終わり，ともいえるのだが，一応式でも証明しておく．まず，a が実数の場合，虚部が 0 なので，複素数としての絶対値を計算すると，$\sqrt{a^2 + 0}$ となり，まさに実数としての $|a|$ となる．したがって，複素数の絶対値に関して証明すれば，実数の場合を含む．

そこで，$a = a_1 + ia_2, b = b_1 + ib_2$ としよう（a_1, a_2, b_1, b_2 は実数）．ま

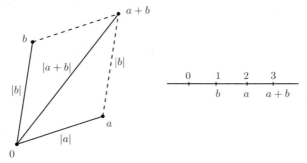

図 A.2　三角不等式の図解

ずは,
$$0 \leq (b_1 a_2 - a_1 b_2)^2 = b_1^2 a_2^2 + a_1^2 b_2^2 - 2a_1 b_1 a_2 b_2$$
から,
$$2a_1 b_1 a_2 b_2 \leq b_1^2 a_2^2 + a_1^2 b_2^2.$$
両辺に $a_1^2 b_1^2 + a_2^2 b_2^2$ を足して整理すると,
$$(a_1 b_1 + a_2 b_2)^2 \leq (a_1^2 + a_2^2)(b_1^2 + b_2^2).$$
右辺は非負なので, 平方根をとっても大小関係はくずれず, それを 2 倍すると
$$2a_1 b_1 + 2a_2 b_2 \leq 2\sqrt{a_1^2 + a_2^2}\sqrt{b_1^2 + b_2^2}.$$
両辺に $a_1^2 + b_1^2 + a_2^2 + b_2^2$ を足して整理すると,
$$(a_1 + b_1)^2 + (a_2 + b_2)^2 \leq \left(\sqrt{a_1^2 + a_2^2} + \sqrt{b_1^2 + b_2^2}\right)^2.$$
$a + b = (a_1 + b_1) + i(a_2 + b_2)$ なので, これにより, $|a+b|^2 \leq (|a| + |b|)^2$ が示せた. 絶対値は非負なので, 平方根をとれば, 題意が示せる. □

時には次の形で三角不等式は使われる.

系 A.1.2（三角不等式の変形）. $|b - a| \geq |b| - |a|$

証明. 命題 A.1.1 より, $|a + (b - a)| \leq |a| + |b - a|$. 左辺は $|b|$ なので, $|a|$ を移項すればよい. □

A.2　級数の収束判定

　この節では，本書の主に第 4 章で登場する級数の収束判定について，証明付きで紹介する．まずは，数列・収束・発散・級数などの概念のおさらいである．

　$a_1, a_2, a_3, \ldots$ のような数の無限列のことを**数列**といい，$\{a_n\}_{n=1}^{\infty}$ などとも書く．時によっては，添え字を 0 から始めた方が式が単純になるので，この場合は $a_0, a_1, a_2, \ldots$ が数列となり，$\{a_n\}_{n=0}^{\infty}$ と書く．数列が**収束**するとは，ある数 a が存在して，n を大きくするとどんどん a_n が a に近づくことを言う．また，このときの a を**極限**といい，$\lim a_n$ と書く．例えば，$1, \frac{1}{2}, \frac{1}{3}, \ldots$ という数列は 0 に収束する．数列が収束しないとき，**発散**するという．例えば，$1, -1, 1, -1, 1, \ldots$ という数列はどの値にも近づかないので発散するし，また，$1, 2, 3, 4, \ldots$ のような数列も無限へ向けてどんどん大きくなってしまうので発散する．

　数列 $\{a_n\}$ が a に収束することの収束の正式な定義は，「どんなに小さい正の数 ε が与えられても，それに応じて自然数 N を適切にとれば，N 以上の自然数 n に対して，$|a_n - a| < \varepsilon$ である」となる．つまり，どんなに小さい誤差 ε を用意しても，ある項より後は全て，a の ε 誤差内に収まる，ということであり，前段落の通りとなる．

　数列に関しては次の 2 つの命題を示す．

> **命題 A.2.1**（はさみうち）．3 つの数列 $\{a_n\}, \{b_n\}, \{c_n\}$ があり，各自然数 n ごとに $a_n \leq b_n \leq c_n$ を満たしているとする．このとき，$\lim a_n = \lim c_n = \alpha$ ならば，数列 $\{b_n\}$ も収束し，$\lim b_n = \alpha$ となる．

　同じ値に収束する 2 つの数列の間に上下から「はさまれて」しまった数列は，強制的に同じ収束値に収束する，という主張である．

　証明． ε を正とする．$\lim a_n = \alpha$ より，ある自然数 N_1 があり，$n \geq N_1$ ならば $|a_n - \alpha| < \varepsilon$．特に，$a_n > \alpha - \varepsilon$．また，$\lim c_n = \alpha$ より，ある自然数 N_2 があり，$n \geq N_2$ ならば $|c_n - \alpha| < \varepsilon$．特に，$c_n < \alpha + \varepsilon$．したがって，$n \geq \max(N_1, N_2)$ ならば，

$$\alpha - \varepsilon < a_n \leq b_n \leq c_n < \alpha + \varepsilon$$

となるので，$|b_n - \alpha| < \varepsilon$．これで題意が示せた．　□

次は連続関数と収束する数列の関係である．これは第 4 章のディリクレ級数定理の証明内で重要な役割を果たす（134 ページの注 5 を参照のこと）．関数 f が $x = \alpha$ で**連続**であるとは，任意の正の ε に対して，ある正の数 δ が存在して，$|x - \alpha| < \delta$ ならば $|f(x) - f(\alpha)| < \varepsilon$ を満たすことである．つまり，x が α に近い（δ 以内）ならば，$f(x)$ の値は $f(\alpha)$ に近い（ε 以内）．「グラフがつながっている」ことを正確にしたものである．

命題 A.2.2. $\{a_n\}$ が α に収束する数列とし，$f(x)$ は $x = \alpha$ で連続とする．このとき，数列 $\{f(a_n)\}$ は $f(\alpha)$ に収束する．

連続性の仮定は必要である：

$$a_n = \frac{1}{n}, \quad f(x) = \begin{cases} 1 & (x > 0) \\ 0 & (x \leq 0) \end{cases}$$

とすると，$\lim a_n = 0$ なので $f(\lim a_n) = 0$ だが，全ての n に対して $f(a_n) = 1$ なので，$\lim f(a_n) = 1$ となる．この f のグラフは，$x = 0$ でつながっていない．

証明． ε を正とする．連続性の定義より，ある正の数 δ が存在して，

$$|x - \alpha| < \delta \Longrightarrow |f(x) - f(\alpha)| < \varepsilon.$$

この δ は正であること，そして数列 $\{a_n\}$ が α に収束することから，ある自然数 N が存在して，$n \geq N$ ならば

$$|a_n - \alpha| < \delta.$$

よって，$n \geq N$ ならば $|f(a_n) - f(\alpha)| < \varepsilon$ となるので，題意が示せた． □

続いて，級数について紹介する．**級数**とは数列 $\{a_n\}$ の有限部分和で作られた数列のことである．具体的には，

$$a_1, \quad a_1 + a_2, \quad a_1 + a_2 + a_3, \quad a_1 + a_2 + a_3 + a_4, \ldots,$$
$$a_1 + a_2 + \cdots + a_k, \ldots \tag{A.2.1}$$

という数列のことで，この数列のことを記号として $\sum_{n=1}^{\infty} a_n$ と書く．級数 $\sum_{n=1}^{\infty} a_n$ が**収束・発散**するとは，(A.2.1) 式の数列が収束・発散することを指す．つまり，

級数が収束するということは,

$$a_1 + \cdots + a_k \to \sum_{n=1}^{\infty} a_n \quad (k \to \infty)$$

なので,

$$\left| (a_1 + \cdots + a_k) - \sum_{n=1}^{\infty} a_n \right| = \left| \sum_{n=k+1}^{\infty} a_n \right|$$

が k を大きくすると 0 に近づくこととなる.したがって,ε を使った級数の収束の定義は,「どんなに小さい正の数 ε が与えられても,それに応じて自然数 N を適切にとれば,N 以上の自然数 k に対して,

$$\left| \sum_{n=k+1}^{\infty} a_n \right| < \varepsilon \tag{A.2.2}$$

が成り立つこと」となる.

このようにきちんと定義しておくと,例えば次のような命題を証明できる.「0 に向かわないような項たちの足し算の和は収束しない」ということで,感覚としても信じやすいと思う.

命題 A.2.3. 数列 $\{a_n\}$ の極限 $\lim a_n$ が存在しない,あるいは極限値が 0 でないならば,級数 $\sum a_n$ は発散する.

証明. 対偶(50ページ)「級数 $\sum a_n$ が収束するならば,$\lim a_n = 0$」を証明する.ε を正の数とする.級数 $\sum a_n$ が収束するので,(A.2.2) 式を $\frac{\varepsilon}{2}$ で利用すると,ある自然数 N があり,$k \geq N$ ならば,

$$\left| \sum_{n=k+1}^{\infty} a_n \right| < \frac{\varepsilon}{2}$$

$\ell \geq N+1$ ならば,この式を $k = \ell - 1$ と $k = \ell$ 両方で使えて,三角不等式(命題 A.1.1)も用いると,

$$|a_\ell| = \left| \sum_{n=\ell}^{\infty} a_n - \sum_{n=\ell+1}^{\infty} a_n \right|$$

$$\leq \left| \sum_{n=\ell}^{\infty} a_n \right| + \left| \sum_{n=\ell+1}^{\infty} a_n \right| < \frac{\varepsilon}{2} + \frac{\varepsilon}{2} = \varepsilon.$$

これを数列の収束の定義に照らし合わせると $\lim a_n = 0$ となることが分かる. □

次に，高校数学でも扱う内容ではあるが，等比級数の場合の収束・発散をきちんと証明しよう．

命題 A.2.4. 初項 a，公比が r の等比級数

$$a + ar + ar^2 + ar^3 + \cdots$$

は $|r| < 1$ のときに収束し，極限値は $\dfrac{a}{1-r}$ となる．$|r| \geq 1$ のときは，収束しない（$a = 0$ の場合は，r が無意味になるので除外している）．

証明. まず $|r| < 1$ とし，$\varepsilon > 0$ とする．三角不等式より

$$|ar^k + ar^{k+1} + ar^{k+2} + \cdots| \leq |ar^k|(1 + |r| + |r|^2 + \cdots) \quad (\text{A.2.3})$$

である．K を k より大きい自然数とし，

$$S_{k,K} = |ar^k|(1 + |r| + |r|^2 + \cdots + |r|^K)$$

を考えると，定理 2.3.2 の証明での議論と同様，次の波線部分が打ち消し合い，

$$S_{k,K} - |r|S_{k,K} = |ar^k|(1 + |r| + |r|^2 + \cdots + |r|^K)$$
$$- |ar^k|(|r| + |r|^2 + \cdots + |r|^K + |r|^{K+1})$$
$$= |ar^k|(1 - |r|^{K+1}).$$

よって，

$$S_{k,K} = |ar^k| \cdot \frac{1 - |r|^{K+1}}{1 - |r|}$$

である．特に，$|r|^{K+1} > 0$ なので，$S_{k,K} \leq \dfrac{|ar^k|}{1-|r|}$．$K$ によらない上界がこれで求まったので，(A.2.3) 式と合わせると，

$$|ar^k + ar^{k+1} + ar^{k+2} + \cdots| \leq \frac{|ar^k|}{1 - |r|}.$$

そこで，k が，$|ar^k| < \varepsilon(1 - |r|)$ を満たせば（$|r| < 1$ なので，左辺は 0 に向かい，k が十分に大きければこれは満たされる[注1]），上の式が ε 未満となり，(A.2.2) 式が満たされる．よって等比級数が収束する．

注1　具体的には，k を $\log_{|r|} \dfrac{\varepsilon(1-|r|)}{|a|}$ より大きくすればよい．

$a \neq 0$ である限り，$r = 1$ のときは，$a + a + a + a + \cdots$ なので発散し，$r = -1$ のときは，$a, a - a = 0, a - a + a = a, a - a + a - a = 0, \ldots$ と a と 0 の間を行ったり来たりするので，この級数も収束しない．これで，$|r| = 1$ の場合の発散性が示せた．

$|r| > 1$ の場合，$a \neq 0$ ならば，$|ar^k|$ は k を大きくするとどんどん大きくなってしまうので，特に 0 には向かわない．したがって，命題 A.2.3 から発散性が言える． □

命題 A.2.5. もし各項の絶対値をとった級数 $\sum_{n=1}^{\infty} |a_n|$ が収束するならば，元々の級数 $\sum_{n=1}^{\infty} a_n$ も収束する．

証明． ε を正の数とする．級数 $\sum |a_n|$ が収束することより，(A.2.2) 式から，ある自然数 N が存在し，$k \geq N$ ならば

$$\sum_{n=k+1}^{\infty} |a_n| < \varepsilon$$

となる．三角不等式より，

$$\left| \sum_{n=k+1}^{\infty} a_n \right| \leq \sum_{n=k+1}^{\infty} |a_n| < \varepsilon$$

となるので，再び (A.2.2) 式より，級数 $\sum a_n$ が収束することも分かる． □

命題 A.2.5 のように，級数 $\sum |a_n|$ が収束するとき，$\sum a_n$ は**絶対収束**するという．つまり，絶対値を付けた級数を作っても収束する状況のことで，命題 A.2.5 より，元の級数 $\sum a_n$ も収束する．絶対収束する級数の場合は，次の「和をとる順番を入れ替えることができる」というとても便利な性質が知られている．

命題 A.2.6. $\sum a_n$ が絶対収束するとき，全ての項が登場するように a_n を並べ替えてから和をとっても，$\sum a_n$ と同じ値に収束する．より正確には，σ を自然数から自分自身への全単射集合写像（つまり $\sigma(m) = \sigma(n)$ ならば $m = n$，また，どの自然数 k も何らかの自然数 n に対して $k = \sigma(n)$；39 ページも参照のこと）とすると，$\sum a_n$ が絶対収束するとき，

$$\sum_{n=1}^{\infty} a_{\sigma(n)}$$

も $\sum a_n$ と同じ値に収束する．

証明． ε を正の数とする．絶対収束することより，ある自然数 N が存在し，$n \geq N$ ならば，

$$|a_n| + |a_{n+1}| + \cdots < \varepsilon \tag{A.2.4}$$

である．また，σ は全単射であることより，逆写像 σ^{-1} が存在する．これを使い，

$$M = \max(\sigma^{-1}(1), \ldots, \sigma^{-1}(N))$$

とする．このとき，$1 \leq i \leq N$ ならば，

$$a_i = a_{\sigma(\sigma^{-1}(i))} \quad \text{かつ} \quad \sigma^{-1}(i) \leq M$$

より，$a_{\sigma(1)}, \ldots, a_{\sigma(M)}$ までに $a_1, \ldots, a_N$ は全て登場する．したがって，$a_{\sigma(M+1)}$ 以降には $a_1, \ldots, a_N$ は登場しないので，$m \geq M$ とすると，

$$\left| a_{\sigma(1)} + \cdots + a_{\sigma(m)} - \sum_{n=1}^{\infty} a_n \right| = \left| \sum_{n:\, n \neq \sigma(1), \ldots, \sigma(m)} a_n \right|$$

$$\leq \sum_{n:\, n \neq \sigma(1), \ldots, \sigma(m)} |a_n| \quad (\because \text{三角不等式})$$

$$\leq \sum_{n=N+1}^{\infty} |a_n| \leq \varepsilon \quad (\because \text{(A.2.4) 式})$$

これで，新しい順番の級数 $\sum a_{\sigma(m)}$ も $\sum a_n$ に収束することが分かった． $\square$

級数 $\sum a_n$ は収束するが，$\sum |a_n|$ は収束しないとき（つまり絶対収束はしないとき），$\sum a_n$ は**条件収束**するという．例えば，$1 - \frac{1}{2} + \frac{1}{3} - \frac{1}{4} + \cdots$ という級数は条件収束する（後に述べる命題 A.2.11 によりこの級数が収束することが示せ，また，命題 A.2.10 より，絶対値をとった $1 + \frac{1}{2} + \frac{1}{3} + \frac{1}{4} + \cdots$ が収束しないことが分かる）．

条件収束の場合，絶対収束する場合と完全に対極的で，和をとる順番を変えることで，

$$\infty \text{ に発散}, \quad -\infty \text{ に発散}, \quad \text{任意の実数 } c \text{ に収束}$$

のいずれも実現可能となる．つまり，項を並べかえて和をとるとどんな値にもできてしまう．このとんでもない事実は，リーマンによって証明されたもので，「無限和」の扱いに細心の注意を払う必要性を示唆する．有限個の和の場合は，和をとる順番は無論関係なく，また絶対収束している場合も命題 A.2.6 より同様であるが，条件収束の場合は，これが完全崩壊し，和をとる順番によりどんな収束値にもできてしまう（発散させることまでできる）．美しい定理ではあるが，本書では必要ないので，ここでは証明はしない[注2]．

続いて，本書で利用する，級数の収束判定法について紹介する．まずは，**比較判定法**である．

命題 A.2.7（比較判定法）．非負の項の数列 $\{a_n\}$ と $\{b_n\}$ があり，$a_n \leq b_n$ が必ず成り立つとする．このとき，$\sum b_n$ が収束するならば，$\sum a_n$ も収束する．また，$\sum a_n$ が発散するのであれば，$\sum b_n$ も発散する．

感覚としては，「より大きい数たちの無限和をとっても，無限に発散しないのであれば，小さい数たちの無限和も，何らかの数に収束する」ということである．

証明． 後半の主張は，前半の主張の対偶（50 ページ参照）なので，前半だけ示せばよい．$\sum b_n$ を B とおくと，全ての b_i が 0 以上であることより，

$$0 \leq a_1 + \cdots + a_n \leq b_1 + \cdots + b_n \leq B.$$

したがって，$a_1, a_1 + a_2, a_1 + a_2 + a_3, \ldots$ は単調に増加していき，しかも常に B 以下であるような数列である．「単調有界な数列は収束する」という実数の性質[注3]から，$\sum a_n$ が収束することが分かる． □

これを踏まえて，いくつかの判定法を証明する．

注2 例えば，高木「解析概論」[19] §43 に証明が記載されている．
注3 基本的にはこれは，「実数直線上には穴がない」という公理（実数連続性）からすぐ導き出せるものである．正式には，「実数の任意の有界部分集合 E には**上限**がある，つまりどの $e \in E$（E の元 e）に対しても $e \leq a$ を満たすような最小の元 a がある」と主張する．単調有界数列な場合，数列の集合の上限が極限となる．

命題 A.2.8 (ダランベールの判定法). 非零の項からなる数列 $\{a_n\}$ があり,$\lim_{n\to\infty}\left|\frac{a_{n+1}}{a_n}\right|$ が存在すると仮定し,この極限値を R とする[注4]. R が 1 未満のとき,無限級数 $\sum a_n$ は絶対収束し,R が 1 より大きいとき,無限級数 $\sum a_n$ は発散する.

R がちょうど 1 のときはどちらとも言えない.
$$\lim_{n\to\infty}\frac{1/(n+1)}{1/n}=\lim_{n\to\infty}\frac{n}{n+1}=1,\quad \lim_{n\to\infty}\frac{1/(n+1)^2}{1/n^2}=\lim_{n\to\infty}\frac{n^2}{(n+1)^2}=1$$
であるが,後の積分判定法(命題 A.2.10)でみるように,$\sum\frac{1}{n}$ は発散し,$\sum\frac{1}{n^2}$ は収束する.

証明. まず,$R<1$ だとする.$\varepsilon=\frac{1-R}{2}$ とすると,これは正なので,極限の定義より,ある自然数 N が存在し,$n\geq N$ ならば
$$\left|\frac{a_{n+1}}{a_n}-R\right|<\varepsilon$$
を満たす.特に,$n\geq N$ ならば,
$$\left|\frac{a_{n+1}}{a_n}\right|<R+\varepsilon=R+\frac{1-R}{2}=\frac{1+R}{2}<1 \tag{A.2.5}$$
である.この式を何度も使うことで,
$$|a_{N+1}|<\frac{1+R}{2}\cdot|a_N|$$
$$|a_{N+2}|<\frac{1+R}{2}\cdot|a_{N+1}|<\left(\frac{1+R}{2}\right)^2|a_N|$$
$$|a_{N+3}|<\frac{1+R}{2}\cdot|a_{N+2}|<\left(\frac{1+R}{2}\right)^3|a_N|$$
$$\vdots$$
となる.したがって,どんな自然数 k に対しても,
$$|a_N|+|a_{N+1}|+\cdots+|a_{N+k}|$$
$$<|a_N|\left(1+\frac{1+R}{2}+\left(\frac{1+R}{2}\right)^2+\cdots+\left(\frac{1+R}{2}\right)^k\right)$$

[注4] $\overline{\lim}$ の定義を知っていれば,この証明は $\lim$ の代わりに $\overline{\lim}$ として成立することが分かる.$\overline{\lim}$ は $\lim$ と違い常に存在するので,$\overline{\lim}$ がちょうど 1 にならない限りダランベールの判定法は必ず使える.

が成り立つ．この右辺は，初項 $|a_N|$，公比 $\dfrac{1+R}{2}$ の等比級数で，(A.2.5) 式の条件より，$k \to \infty$ としたときに収束する（命題 A.2.4）．したがって，比較判定法（命題 A.2.7）より，

$$|a_N| + |a_{N+1}| + \cdots = \sum_{n=N}^{\infty} |a_n|$$

も収束する．これに有限個の和 $|a_1| + \cdots + |a_{N-1}|$ を足したものが

$$(|a_1| + \cdots + |a_{N-1}|) + (|a_N| + |a_{N+1}| + \cdots) = \sum_{n=1}^{\infty} |a_n|$$

であるから，級数 $\sum |a_n|$ が収束することが分かる．したがって，級数 $\sum a_n$ は絶対収束し，特に，命題 A.2.5 より，級数 $\sum a_n$ は収束する．

次に $R > 1$ と仮定する．今度は，$\varepsilon = \dfrac{R-1}{2}$ ととると，これは正なので，極限の定義より，ある自然数 N が存在し，$n \geq N$ ならば

$$\left| \dfrac{a_{n+1}}{a_n} - R \right| < \varepsilon$$

を満たす．特に，

$$\left| \dfrac{a_{n+1}}{a_n} \right| > R - \varepsilon = R - \dfrac{R-1}{2} = \dfrac{1+R}{2} > 1$$

である．よって，$n \geq N$ ならば

$$|a_{n+1}| > \dfrac{1+R}{2} \cdot |a_n| > |a_n|.$$

$a_N \neq 0$ という仮定と合わせると，全ての自然数 k に対して $|a_{N+k}| > |a_N|$ が成り立つので，

$$\lim_{n \to \infty} a_n = 0$$

となることはない（極限が存在しないか，存在したとしても 0 ではない）．これより，命題 A.2.3 から，級数 $\sum a_n$ が発散することが分かる． □

系 A.2.9. 数列 $\{a_n\}_{n=0}^{\infty}$ に対し,

$$\lim_{n\to\infty}\left|\frac{a_n}{a_{n+1}}\right|$$

が存在するとき（無限への発散の場合も含め）[注5]，これを R とおく．このとき，数列 $\{a_n\}$ の**母関数**（あるいは**べき級数**ともいう）$\sum_{n=0}^{\infty} a_n(x-a)^n$ は，$|x-a| < R$ のときに収束し，$|x-a| > R$ のときに発散する．ただし，$R=0$ のときは $x=a$ でのみ収束し，$R=\infty$ のときは全ての x で収束する．

R のことを母関数の**収束半径**という．母関数の場合，中心点 a からの距離が収束半径未満なら収束し，収束半径を超えると発散する．また，この収束半径は，隣接する項の比の極限をみることで計算できるので，母関数は比較的分析がしやすい級数といえる．

証明. ダランベールの判定法（命題 A.2.8）を $\sum a_n(x-a)^n$ に用いると，

$$\lim_{n\to\infty}\left|\frac{a_{n+1}(x-a)^{n+1}}{a_n(x-a)^n}\right| = \lim_{n\to\infty}\left|\frac{a_{n+1}(x-a)}{a_n}\right| = |x-a|\lim_{n\to\infty}\left|\frac{a_{n+1}}{a_n}\right|$$
(A.2.6)

が 1 未満のときに収束し，1 より大きいときに発散する．つまり，

$$R = \lim_{n\to\infty}\left|\frac{a_n}{a_{n+1}}\right|$$

が存在するならば，$|x-a| < R$ のときに収束，$|x-a| > R$ のときに発散することが分かる．特に $R=\infty$ のときは全ての x で収束することが分かる．また，$R=0$ のときは，$x \neq a$ では (A.2.6) 式は発散してしまうが，母関数に $x=a$ を代入すると a_0 だけなので，これは収束する． □

次の判定法は，定理 4.3.1 の証明内の議論の一般化である．

[注5] 証明にはダランベールの判定法を使うので，命題 A.2.8 の脚注でも述べたように，R の定義の $\lim$ を，存在が保証されている $\overline{\lim}$ に置き換えることができる．

命題 A.2.10 （積分判定法）．$f(x)$ を実数上の連続関数として，また十分大きい数では，非負の値を持つ減少関数とする（つまり，ある大きい数 R があり，$x_1 \geq x_2 \geq R$ ならば $0 \leq f(x_1) \leq f(x_2)$）．このとき，

$$\text{級数} \sum_{n=1}^{\infty} f(n) \text{ が収束} \iff \text{広義積分} \int_1^{\infty} f(x)\,dx \text{ が収束}.$$

積分する範囲が 1 から ∞ なので，通常の定積分ではなく，**広義積分**と呼ばれるものになるが，これが収束するとは，

$$\lim_{t \to \infty} \int_1^t f(x)\,dx$$

が存在することである．

証明．

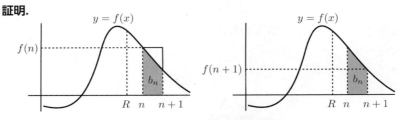

図 A.3　広義積分と級数の関係

関数 $f(x)$ は，$x \geq R$ で非負の値をとる減少関数だとする．また，$b_n = \int_n^{n+1} f(x)\,dx$ と定義する（$n = 1, 2, \ldots$）．まず，級数が収束すると仮定する．図 A.3 の左側より，$n > R$ においては，高さ $f(n)$, 幅 1 の長方形の中に $y = f(x)$ のグラフの下の部分（$n \leq x \leq n+1$）が含まれるので，$0 \leq b_n \leq f(n) \cdot 1 = f(n)$. したがって，比較判定法（命題 A.2.7）により，R より大きい自然数 N を 1 つ固定すると，

$$b_N + b_{N+1} + \cdots \tag{A.2.7}$$

が収束することが分かる．そこで，t を R より大きい実数とし，$\lfloor t \rfloor$ を t の整数部分とすると，

$$\int_N^t f(x)\,dx \leq \sum_{n=N}^{\lfloor t \rfloor} b_n \leq \sum_{n=N}^{\infty} b_n.$$

$f(x)$ が非負なので，$t > R$ において t を大きくすると左辺は単調増加で，か

つ右辺が t によらない上界となっているので，

$$\int_N^\infty f(x)\,dx = \lim_{t\to\infty}\int_N^t f(x)\,dx$$

が存在する．これに通常の定積分 $\int_1^N f(x)\,dx$ を足すことで，広義積分 $\int_1^\infty f(x)\,dx$ の収束性が示せた．

次に広義積分が収束すると仮定する．N を R より大きい自然数とすると，非負の関数の積分は 0 以上なので，任意の自然数 k に対して，

$$\sum_{n=N}^{N+k} b_n = \int_N^{N+k+1} f(x)\,dx \leq \int_N^\infty f(x)\,dx.$$

$b_n \geq 0$ より左辺は単調増加の数列となり，右辺が k によらない上界となるので，

$$\sum_{n=N}^\infty b_n$$

が収束する．また，図 A.3 の右側より，$n > R$ のとき，$y = f(x)$ のグラフの下の部分（$n \leq x \leq n+1$）は，高さ $f(n+1)$，幅 1 の長方形を含むので，$0 \leq f(n+1) = f(n+1) \cdot 1 \leq b_n$．よって，比較判定法（命題 A.2.7）より，

$$\sum_{n=N}^\infty f(n+1)$$

が収束することになる．これに有限個の項の和 $f(1) + \cdots + f(N)$ を足すことで，

$$\sum_{n=1}^\infty f(n)$$

が収束することが示せた． □

命題 A.2.10 を使うと，非常に重要な級数の収束性を簡単に示すことができる．a を正の実数とし，級数 $\sum_{n=1}^\infty \frac{1}{n^a}$ を考える．ダランベールの判定法（命題 A.2.8）は，

$$\lim_{n\to\infty} \frac{1/(n+1)^a}{1/n^a} = \lim_{n\to\infty} \left(\frac{n}{n+1}\right)^a = 1$$

より使えない．しかし，関数 $f(x) = \frac{1}{x^a}$ が正の値をとる減少関数であることから，積分判定法（命題 A.2.10）は利用できる．$a \neq 1$ のときは，

$$\int_1^\infty \frac{1}{x^a}\,dx = \int_1^\infty x^{-a}\,dx$$

$$= \lim_{t \to \infty} \left[\frac{1}{-a+1} x^{-a+1} \right]_1^t$$
$$= \lim_{t \to \infty} \frac{1}{-a+1} \left(t^{-a+1} - 1 \right)$$

なので，$a < 1$ のときは，t の指数が正となり発散，$a > 1$ のときは，t の指数が負なので $t \to \infty$ のときには

$$\frac{1}{-a+1} \cdot (0 - 1) = \frac{1}{a-1}$$

に収束する．また，$a = 1$ のときは，

$$\int_1^\infty \frac{1}{x}\, dx = \lim_{t \to \infty} \left[\log x \right]_1^t = \lim_{t \to \infty} \log t = \infty$$

となり発散する．命題 A.2.10 より，広義積分の収束・発散性と級数 $\sum_{n=1}^\infty \frac{1}{n^a}$ の収束・発散性は一致するので，

$$\sum_{n=1}^\infty \frac{1}{n^a} \text{ は } \begin{cases} a > 1 \text{ で収束} \\ a \leq 1 \text{ で発散} \end{cases} \tag{A.2.8}$$

と分かる．

最後の判定法は，命題 4.4.3 の議論の一般化である．正負の符号が交互になっている数列のことを**交代数列**という．

命題 A.2.11（ライプニッツ判定法）．$\{a_n\}$ は交代数列で，$|a_n|$ が単調減少しながら 0 に収束するとする．このとき，級数 $\sum a_n$ は収束する．

証明． 交代数列であることと，$|a_n|$ が単調減少であることより，隣接 2 項の和の符号は必ず最初の項の符号と一致すること（つまり，$a_n + a_{n+1}$ の符号は a_n の符号と同じであること）を，繰り返し使う．

ε を正とする．数列 $|a_n| \to 0$ であることより，ある自然数 N が存在して，$n \geq N$ ならば，$|a_n| < \varepsilon$ である．$n \geq N$ とする．a_n が正だとすると，どんな自然数 k に対しても

$$0 \leq a_n + a_{n+1} + \cdots + a_{n+k} < \varepsilon \tag{A.2.9}$$

を満たすことを示す．k が偶数ならば，

$$\underbrace{a_n + a_{n+1}}_{\geq 0} + \underbrace{a_{n+2} + a_{n+3}}_{\geq 0} + \cdots + \underbrace{a_{n+k-2} + a_{n+k-1}}_{\geq 0} + \underbrace{a_{n+k}}_{\geq 0}$$

より非負で,また

$$a_n + \underbrace{a_{n+1} + a_{n+2}}_{\leq 0} + \cdots + \underbrace{a_{n+k-1} + a_{n+k}}_{\leq 0} \leq a_n < \varepsilon$$

である.同様に k が奇数ならば,

$$\underbrace{a_n + a_{n+1}}_{\geq 0} + \underbrace{a_{n+2} + a_{n+3}}_{\geq 0} + \cdots + \underbrace{a_{n+k-1} + a_{n+k}}_{\geq 0}$$

より非負で,

$$a_n + \underbrace{a_{n+1} + a_{n+2}}_{\leq 0} + \cdots + \underbrace{a_{n+k-2} + a_{n+k-1}}_{\leq 0} + \underbrace{a_{n+k}}_{\leq 0} \leq a_n < \varepsilon$$

である.これで,(A.2.9) 式が示せた.同様に,a_n が負の場合は

$$-\varepsilon < a_n + a_{n+1} + \cdots + a_{n+k} \leq 0$$

を示すことができる.これらの事実から両辺で $k \to \infty$ を考えると,

$$|a_n + a_{n+1} + \cdots| < \varepsilon$$

が示されたので,(A.2.2) 式の定義から,級数 $\sum a_n$ は収束する. □

A.3　テイラー展開

関数 $f(x)$ が何回でも微分できるとする．このとき，$x = a$ のまわりでの $f(x)$ の**テイラー展開**とは，

$$f(a) + f'(a)(x-a) + \frac{f''(a)}{2!}(x-a)^2 + \frac{f'''(a)}{3!}(x-a)^3$$
$$+ \frac{f^{(4)}(a)}{4!}(x-a)^4 + \cdots \tag{A.3.1}$$

のことを指す（ここで $f^{(n)}$ は f の n 階微分）．微分は点 a で評価しているが，その後に x という変数があるので，これは多項式の無限級数である．特に，$a = 0$ の場合を**マクローリン展開**という．つまり，$f(x)$ のマクローリン展開とは

$$f(0) + f'(0)x + \frac{f''(0)}{2!}x^2 + \frac{f'''(0)}{3!}x^3 + \frac{f^{(4)}(0)}{4!}x^4 + \cdots \tag{A.3.2}$$

のことである．

テイラー展開はべき級数の一種なので，系 A.2.9 により収束半径が求まる．つまり，

$$\lim_{n \to \infty} \left| \frac{(n+1)! \cdot f^{(n)}(a)}{n! \cdot f^{(n+1)}(a)} \right| = \lim_{n \to \infty} \left| \frac{(n+1) f^{(n)}(a)}{f^{(n+1)}(a)} \right| \tag{A.3.3}$$

が存在するとき（無限へ発散の場合も含め），これを R とおくと，$x = a$ のまわりでの $f(x)$ でのテイラー展開は $|x - a| < R$ で収束，$|x - a| > R$ で発散する（$R = 0$ のときは $x = a$ でのみ収束，$R = \infty$ のときは全ての x で収束）．系 A.2.9 の脚注でも述べたように，実際には極限でなく $\overline{\lim}$ でも同じことが成り立つので，収束半径 R は必ず存在する．

また，平均値の定理をもとに証明できる「テイラーの定理」というものがあり，それを使うと，テイラー展開が収束するような x においては，級数の収束値と元々の関数の値 $f(x)$ が等しいことが分かる．したがって，収束半径内 $|x - a| < R$ では，

$$f(x) = f(a) + f'(a)(x-a) + \frac{f''(a)}{2!}(x-a)^2 + \frac{f'''(a)}{3!}(x-a)^3$$
$$+ \frac{f^{(4)}(a)}{4!}(x-a)^4 + \cdots .$$

つまり，$f(x)$ という，元々は複雑だったかもしれない関数を，右辺のような多項式の無限和の形で書き換えられる．また，高い次数の多項式まで許すことにすればするほど，どんどん元の関数 $f(x)$ への近似がよくなる．「関数を点 a のまわり

で多項式で近似する」というのがテイラー展開のポイントである．

いくつか例をみよう．$f(x) = e^x$ のマクローリン展開を考える．$f'(x) = e^x$ なので，何度微分しても同じ関数となり，$f^{(n)}(x) = e^x$．よって $f^{(n)}(0) = e^0 = 1$．これをマクローリン展開の式 (A.3.2) 式に代入すると，

$$e^x = 1 + x + \frac{x^2}{2!} + \frac{x^3}{3!} + \frac{x^4}{4!} + \cdots. \tag{A.3.4}$$

収束半径を求めるには，(A.3.3) 式より，

$$R = \lim_{n \to \infty} \frac{(n+1) \cdot 1}{1} = \infty$$

となるので，全ての x において (A.3.4) 式が成り立つ．

次に，$f(x) = \log(1 + x)$ のマクローリン展開を考える．このとき，$f'(x) = \frac{1}{1+x}$，$f''(x) = -\frac{1}{(1+x)^2}$，$f'''(x) = \frac{2}{(1+x)^3}$，$f^{(4)}(x) = -\frac{6}{(1+x)^4}$，... となり，一般に帰納法により

$$f^{(n)}(x) = (-1)^{n-1} \frac{(n-1)!}{(1+x)^n}$$

を示せる．そこで，$a = 0$ で評価すると，

$$f(0) = 0, \quad f^{(n)}(0) = (-1)^{n-1} \frac{(n-1)!}{(1+0)^n} = (-1)^{n-1} \cdot (n-1)! \quad (n \geq 1).$$

よって，マクローリン展開 (A.3.2) 式は，

$$\log(1+x) = \sum_{n=1}^{\infty} (-1)^{n-1} \frac{(n-1)!}{n!} x^n = x - \frac{x^2}{2} + \frac{x^3}{3} - \frac{x^4}{4} + \cdots \tag{A.3.5}$$

である．この収束半径は，(A.3.3) 式より，

$$R = \lim_{n \to \infty} \left| \frac{(n+1) \cdot (-1)^{n-1} \cdot (n-1)!}{(-1)^n \cdot n!} \right| = \lim_{n \to \infty} \frac{n+1}{n} = 1$$

である．つまり，$-1 < x < 1$ において (A.3.5) 式が成り立つ．

参考文献

1) N. コブリッツ 著, 櫻井幸一 訳：数論アルゴリズムと楕円暗号理論入門, 丸善 (2012).
2) Ireland, K, Rosen, M: "A Classical Introduction to Modern Number Theory (Graduate Texts in Mathematics) 2nd *ed.*", Springer (1990).
3) Cohen, H: "A Course in Computational Algebraic Number Theory", Springer (1993).
4) 雪江明彦：整数論 1（初等整数論から p 進数へ）, 日本評論社 (2013).
5) 小山信也：素数とゼータ関数, 共立出版 (2015).
6) Apostol, TM: "Introduction to Analytic Number Theory", Springer (1976).
7) Hindry, M, Silverman, JH: "Diophantine Geometry: An Introduction", Springer (2000).
8) 塩川宇賢：無理数と超越数, 森北出版 (1999).
9) Schmidt, WM: "Diophantine Approximation", Springer (1980).
10) 芹沢正三：数論入門：証明を理解しながら学べる（ブルーバックス B-1595）, 講談社 (2008).
11) Davenport, H: "The Higher Arithmetic: An Introduction to the Theory of Numbers 8th *ed.*", Cambridge University Press (2008).
12) Bombieri, E, Gubler, W: "Heights in Diophantine Geometry", Cambridge University Press (2007)
13) J.H. シルヴァーマン, J. テイト 著, 足立恒雄ほか 訳：楕円曲線論入門, 丸善 (2012).
14) Silverman, JH: "The Arithmetic of Elliptic Curves 2nd *ed.*", Springer (2009).
15) 野口潤次郎：多変数ネヴァンリンナ理論とディオファントス近似, 共立出版 (2003).
16) 宮地充子：代数学から学ぶ暗号理論：整数論の基礎から楕円曲線暗号の実装まで, 日本評論社 (2012).
17) 辻井重男, 笠原正雄 編著, 有田正剛, 境 隆一, 只木孝太郎, 趙 晋輝, 松尾和人 著：暗号理論と楕円曲線：数学の土壌の上に花開く暗号技術, 森北出版 (2008).
18) Hoffstein, J, Pipher, J, Silverman, JH: "An Introduction to Mathematical Cryptography (Undergraduate Texts in Mathematics) 2nd *ed.*", Springer (2014).
19) 高木貞治：解析概論 改訂第 3 版, 岩波書店 (1983).

索　引

■ ……　記号・アルファベット　…… ■

$\in$ 39
$M \setminus S$ 255
$\mathrm{Mod}(a, m)$ 305
$\mathscr{P}$（素数全体の集合）................ 115
$\sum_{d:d|n}$ 106
x_i^k 37
xor 319
$(\mathbb{Z}/m\mathbb{Z})^*$ 140
$\mathbb{Z}/p\mathbb{Z}$ 67, 315

abc 予想 171, 258
ElGamal 暗号 299
ID ベース暗号 326
MOV 攻撃 324
p 進絶対値 172, 251
Rabin 暗号 296
RSA 暗号 293
S 単数 169

■ ……………　あ行　…………… ■

アーベル群 235
暗号 290
暗号化 290
暗号文 290

位数 69
一様収束 114
陰関数 227

ヴェイユ・ペアリング 324
裏 50

演算 230

オイラー積 115
オイラー φ 関数 35

オフライン計算 306
オンライン計算 306

■ ……………　か行　…………… ■

階乗 47
解析接続 128
解析的密度 137
カタラン予想 269
加法群 235
カーマイケル数 52
ガロア共役 200
完全乗法的関数 116
完全数 53

奇素数 77
軌道 275
逆 50
逆元 235
既約ピタゴラス数 208
級数 336
極限 335

群 45

結合法則 235
結節点 221
原始根 66
原始素数 277
原始ピタゴラス数 208

公開鍵暗号 292
広義積分の収束 345
合成数 12
交代数列 347
交代的ペアリング 324
合同 18
根基 257

さ行

最良近似	193
三角不等式	333
シグマ関数	56
自己同種写像	328
自然数	2
自然密度	145
実効的	161
指標	140
自明な——	140
射影直線	253
射影平面	240
収束	335, 336
収束軸	114
収束半径	114, 344
種数	246
循環連分数	195
純循環連分数	199
(体) 準同型	200
上限	341
条件収束	340
乗法群	323
乗法的関数	41
数学的帰納法	13
数列	335
数論的関数	41
スピロ予想	261, 274
正規性	179
斉次多項式	168
整数	2
積分判定法	114
ゼータ関数	117
絶対収束	114, 339
絶対値最小剰余	94
全射	39
選択暗号文攻撃	302
全単射	39
尖点	221
素因数分解	14
素数	12

た行

体	199
——準同型	200
第一象限	210
対偶	50
代数学の基本定理	222, 245
代数体	236, 259
代数的数	176
代表元	315
楕円曲線	222
法 p 上の——	315
——加法	231
——上の離散対数問題	317
——の導手	261, 274
——の判別式	261, 274
互いに素	11
高さ	252
高さ関数	173, 314
ダランベールの判定法	342
単位元	235, 240
単射	39
単純極	131
チャンパノウン数	179
中国剰余の定理	36
超越数	158, 176
直積	38
ディオファントス幾何	206
ディオファントス近似	150
ディオファントス問題	150, 206
ディジタル署名	303
ディストーション写像	328
テイラー展開	349
ディリクレ L 関数	140
ディリクレ級数	113
ディリクレ密度	137
トゥエ方程式	164, 168
導手	261, 274
同値関係	19
特異点	221

な行

ナゲル–ルッツの定理	237

| なめらかな曲線 .... 221 | マンゴルト関数 .... 121 |

ノルム 162

無限遠点 229, 238

■ .... **は行** .... ■

メッセージ添付型署名 303

倍数 3, 19
背理法 16
はさみうち 124, 335
発散 335, 336
ハッシュ関数 307
鳩の巣論法 24
判別式 261, 274

メッセージ復元型署名 303
メビウス μ 関数 105
メルセンヌ素数 55

モーデル–ヴェイユの定理 236
モーデルの定理 236

■ .... **や行** .... ■

比較判定法 341
非退化ペアリング 324
ピタゴラス数 207
ピタゴラスの定理 207
非特異曲線 221
秘密鍵暗号 290
平文 290

約数 3
ヤコビ記号 89

有限体 315
有理関数 276
有理点 232
床関数 98
ユークリッドの互除法 4

フィボナッチ数列 277
フェルマーの最終定理 15, 150
復号 290
フライ曲線 274

■ .... **ら行** .... ■

ライプニッツの判定法 141
ラムダ関数 121

ペアリング 323
　交代的—— 324
　非退化—— 324
平方剰余 78
平方非剰余 78
べき級数 344
ベズーの定理 240
ペル方程式 162, 163

リウヴィル数 158
力学系 275
離散対数 299
リーマン・ゼータ関数 117
リーマン予想 131

ルジャンドル記号 83

母関数 111, 344
ポラードの ρ 法 325

連続 336
連分数 184, 187
連分数展開 189

■ .... **ま行** .... ■

■ .... **わ行** .... ■

マクローリン展開 134, 349

ワイエルシュトラス式 222

〈著者略歴〉
安福　悠（やすふく　ゆう）
中学2年の時に，父の転勤に伴い渡米．ハーバード大学で最優秀学士，
ブラウン大学でPh.D.，東京大学で博士（数理科学）．
ニューヨーク市立大学大学院センター，東京電機大学を経て，
現在，日本大学理工学部数学科教授．
専門：ディオファントス幾何と数論的力学系．
趣味：ピアノ，テニス，野球観戦．

●イラスト：サワダサワコ

- 本書の内容に関する質問は，オーム社ホームページの「サポート」から，「お問合せ」
  の「書籍に関するお問合せ」をご参照いただくか，または書状にてオーム社編集局宛
  にお願いします．お受けできる質問は本書で紹介した内容に限らせていただきます．
  なお，電話での質問にはお答えできませんので，あらかじめご了承ください．
- 万一，落丁・乱丁の場合は，送料当社負担でお取替えいたします．当社販売課宛にお
  送りください．
- 本書の一部の複写複製を希望される場合は，本書扉裏を参照してください．
  JCOPY ＜出版者著作権管理機構　委託出版物＞

発見・予想を積み重ねる─それが整数論

2016年12月20日　　第1版第1刷発行
2023年 4月10日　　第1版第3刷発行

著　者　安福　悠
発行者　村上和夫
発行所　株式会社オーム社
　　　　郵便番号　101-8460
　　　　東京都千代田区神田錦町3-1
　　　　電　話　03(3233)0641（代表）
　　　　URL　https://www.ohmsha.co.jp/

© 安福 悠 2016

組版　Green Cherry　印刷・製本　壮光舎印刷
ISBN978-4-274-21969-6　Printed in Japan

関連書籍のご案内

The R Tips 第3版
―データ解析環境Rの基本技・
グラフィックス活用集―

Rを使って統計計算から複雑なグラフィックスまで詳細に解説！

【このような方におすすめ】
・Rの初心者で、操作やコード記述に慣れていない方のマニュアルとして
・Rを学習や実務に用いている方のリファレンスとして

● 舟尾 暢男　著
● B5変判・440頁
● 定価(本体3,600 円【税別】)

見えないものをさぐる―それがベイズ
―ツールによる実践ベイズ統計―

「ベイズ統計学」の敷居を低くする、「理論より実践」の本！

【このような方におすすめ】
・ベイズ統計学と数理統計学がよくわからない人
・データ分析部門の企業内テキストとして

● フォワードネットワーク　監修／藤田 一弥　著
● A5判・256頁
● 定価(本体2,000 円【税別】)

プログラミングのための線形代数

コンピュータサイエンスに携わる人のために書かれた線形代数の教科書！

【このような方におすすめ】
・情報科の学生
・職業プログラマ
・一般の線形代数を学ぶ学生

● 平岡 和幸・堀 玄　共著
● B5変判・384頁
● 定価(本体3,000 円【税別】)

もっと詳しい情報をお届けできます。
○書店に商品がない場合または直接ご注文の場合も右記宛にご連絡ください。

ホームページ　http://www.ohmsha.co.jp/
TEL/FAX　TEL.03-3233-0643　FAX.03-3233-3440

(定価は変更される場合があります)